# 建筑施工技术

## （第4版）

主 编　赵　研

参 编　杨庆丰　张　琨

　　　　赵辰洋　信思源

北京理工大学出版社

BEIJING INSTITUTE OF TECHNOLOGY PRESS

## 内 容 提 要

本书按照高等院校人才培养目标以及专业教学改革的需要，依据建筑施工最新标准规范进行编写。全书主要内容包括土方工程、地基处理与基础工程、砌筑工程、混凝土结构工程、预应力混凝土工程、结构安装工程、建筑防水工程、装饰工程、建筑节能工程等。

本书可作为高等院校建筑工程技术等相关专业的教材，也可供建筑工程施工现场相关技术和管理人员工作时参考使用。

**图书在版编目（CIP）数据**

建筑施工技术 / 赵研主编 .-- 4 版 .-- 北京 : 北京理工大学出版社，2022.3

ISBN 978-7-5763-0245-5

Ⅰ.①建…　Ⅱ.①赵…　Ⅲ.①建筑工程－工程施工－高等学校－教材　Ⅳ.① TU74

中国版本图书馆 CIP 数据核字（2021）第 247937 号

| | | |
|---|---|---|
| 出版发行 / | 北京理工大学出版社有限责任公司 | |
| 社　　址 / | 北京市海淀区中关村南大街5号 | |
| 邮　　编 / | 100081 | |
| 电　　话 / | （010）68914775（总编室） | |
| | （010）82562903（教材售后服务热线） | |
| | （010）68944723（其他图书服务热线） | |
| 网　　址 / | http://www.bitpress.com.cn | |
| 经　　销 / | 全国各地新华书店 | |
| 印　　刷 / | 河北鑫彩博图印刷有限公司 | |
| 开　　本 / | 787毫米 ×1092毫米　1/16 | |
| 印　　张 / | 17 | 责任编辑 / 武君丽 |
| 字　　数 / | 415千字 | 文案编辑 / 武君丽 |
| 版　　次 / | 2022年3月第4版　2022年3月第1次印刷 | 责任校对 / 周瑞红 |
| 定　　价 / | 88.00元 | 责任印制 / 边心超 |

# 第4版前言

本书主要依据教育部发布的《高等职业学校建筑工程技术专业教学标准》中对专业核心课程"建筑施工技术"主要教学内容的相关规定进行编写。本书主动适应专业教学和课程改革的需要，紧密结合我国住建行业转型升级在施工领域技术创新和管理创新的要求，严格遵照建筑施工最新标准、规范和工法，引入最新的施工技术和管理模式。

本书共分为九个模块，主要内容包括土方工程、地基处理与基础工程施工、砌筑工程、混凝土结构工程、预应力混凝土工程、结构安装工程、建筑防水工程、装饰工程、建筑节能工程。为便于教师准确把握教学核心，使学生明确学习要求，对教材每个模块的知识目标、能力目标均进行了具体描述。为便于学生自学和考评，本书还开发了训练习题等配套资源。

本书由赵研担任主编，杨庆丰、张琨、赵辰洋、信思源参与了本书的编写工作。

本书可作为高等院校建筑工程技术、智能建造技术、工程管理、工程监理等相关专业的教材，也可作为建筑工程相关职业岗位培训教材使用，还可供建筑工程施工现场相关技术和管理人员工作时参考。

由于目前我国建筑业正处于转型升级关键阶段，建筑施工领域的新技术、新装备、新体系不断推陈出新，各地的施工技术水平尚存在一定的差异。因此在教材内容的设计、典型施工机具设备的选择、推荐施工案例的应用等方面存在"先进性和普适性，通用性和特色化"的权衡与取舍。由于编写团队掌握信息也可能存在不全面的问题，在教材内容上可能存在疏漏和偏颇，请广大读者在应用本教材的过程中及时反馈意见，以便再版时修改和优化。

编　者

# 第3版前言

本书依据高等职业教育教学要求，土建类专业指导性教学计划及建筑施工技术教学大纲组织编写，突出专业人才技能培养，强调操作内容学习。本书遵循高等职业院校学生的认知规律，结合产教结合的人才培养模式，注重学生专业知识和专业技能的培养，侧重培养学生的学习能力、动手操作能力及创新思考的能力，如怎样编写施工方案，确定施工方法，怎样在施工过程中进行质量控制和质量检验等。

由于建筑施工技术实践性较强，涉及范围广，因此本书编写时始终坚持"能力培养、技能学习、知识使用"的原则组织内容。本次修订对原有章节未做较大改动，主要是在原有内容的基础上进行大幅度的修改与充实，从而强化了教材的实用性和操作性，更好地满足高职高专院校的教学需要。本书的修订坚持以理论知识够用为度，以培养面向生产第一线的应用型人才为目的，提升学生的实践能力和动手能力。

本书共分为8章，主要内容包括土方工程、地基处理与基础工程施工、砌筑工程、混凝土结构工程、预应力混凝土工程、结构安装工程、建筑防水工程、装饰工程等。本书在一定基础上反映了国内建筑工程施工的先进经验和成熟技术，并对建筑工程相关施工质量验收规范的内容进行了详细阐述，引导学生边学边应用所学知识去解决实际工程中的施工技术问题。

本书由潍坊工商职业学院刘彦青、南宁职业技术学院梁敏、江西应用科技学院刘志宏担任主编，由柳州铁道职业技术学院易斌和沈新福、山东协和学院赵彦彦、云南经贸外事职业学院吴海燕担任副主编，云南经贸外事职业学院徐文飞参与了本书部分章节的编写工作。具体编写分工为：刘彦青编写第一章，梁敏编写第四章，刘志宏编写第二章，易斌编写第三章，沈新福编写第五章，赵彦彦编写第七章，吴海燕编写第六章，徐文飞编写第八章。

本书在编写过程中参阅了国内同行大量相关教材与著作，部分高职高专院校老师提出了很多宝贵意见，在此对他们表示衷心的感谢。由于篇幅较大，涉及内容较多，加之编者学识和经验有限，书中难免存在疏漏或不妥之处，敬请读者与同行批评指正。

编　者

本教材自出版发行以来，经有关院校教学使用，反映较好。根据各院校使用者的建议，结合近年来高职高专教育教学改革的动态，加之建筑工程施工领域大量新材料、新技术、新工艺、新设备广泛使用，建筑工程施工质量验收规范也陆续修订颁布实施，我们对本教材进行了修订。

本次修订对原有章、节结构未做大的改动，主要是在内容上进行了较大幅度的修改与充实，从而强化了教材的实用性和可操作性，能更好地满足高职高专院校教学的需要。本教材的修订坚持以理论知识够用为度，以培养面向生产第一线的应用型人才为目的，强调提升学生的实践能力和动手能力。

本教材的修订主要秉承第1版的编写主旨进行，力求理论联系实际，反映当前建筑工程施工领域主要的施工工艺和施工技术水平，充分满足高职高专院校学生毕业后工作的需要。本次修订情况如下：

（1）根据各院校使用者的建议，在部分章节中增加了对相应施工质量验收标准规范的介绍。

（2）为突出实用性，对一些具有较强实用价值但在第1版中未给予详细介绍的内容进行了补充，对一些实用性不强的理论知识或现阶段已较少使用的施工工艺进行了适当修改与删除。如在土方工程中补充了基坑（槽）土方工程量和场地平整土方工程量的计算方法、公式及土方调配原则等内容；在砌筑工程中新增了框架填充墙施工的内容；在厨房、卫生间防水工程施工中新加厨房、卫生间渗漏及堵漏措施等。

（3）结合最新建筑工程施工标准规范对有关内容进行了修订。本次修订主要依据的标准规范包括：《建筑地面工程施工质量验收规范》（GB 50209—2010）、《砌体结构工程施工质量验收规范》（GB 50203—2011）、《混凝土结构工程施工质量验收规范》（GB 50204—2002）（2011年版）、《地下防水工程质量验收规范》（GB 50208—2011）、《普通混凝土配合比设计规程》（JGJ 55—2011）、《砌筑砂浆配合比设计规程》（JGJ/T 98—2010）等。

本教材修订后共包括土方工程、地基处理与桩基础施工、砌筑工程、混凝土结构工程、预应力混凝土工程、结构安装工程、建筑防水工程、装饰工程等八章内容。本版由刘彦青、毛颖、刘志宏统稿、定稿并担任主编，冉迅、陈晖、梁利生、周晓东担任副主编。

本教材在修订过程中参阅了国内同行多部著作，部分高职高专院校教师提出了很多宝贵意见供我们参考，在此表示衷心感谢！对于参与本教材第1版编写但未参加本次修订的教师、专家和学者，本版教材所有编写人员向你们表示敬意，感谢你们对高等职业教育教学改革所做出的不懈努力，希望你们对本教材保持持续关注并多提宝贵意见。

限于编者的学识及专业水平和实践经验，修订后的教材仍难免有疏漏或不妥之处，敬请广大读者指正。

编　者

# 第 1 版前言

"建筑施工技术"是一门综合性很强的课程，其涉及的知识面广、实践性强，而且由于建筑工程施工技术发展迅速，所以其时效性较强。"建筑施工技术"这门课程主要是以建筑工程施工中不同工种的施工为研究对象，根据其特点和规模，结合施工地点的地质水文条件、气候条件、机械设备和材料供应等客观条件，运用先进技术，研究建筑工程不同工种的施工工艺原理和施工方法、施工质量验收标准与安全技术措施等。通过对这些内容的研究，最终选择经济、合理的施工方案，保证建筑工程能够按质按期地完成，做到技术和经济的统一。

"建筑施工技术"是高职高专土建类相关专业必修的基础性课程。本教材根据全国高职高专教育土建类专业教学指导委员会制定的教育标准和培养方案及主干课程教学大纲，以国家现行《建筑工程施工质量验收统一标准》（GB 50300—2001）及相关专业工程施工质量验收标准规范为依据，本着"必需、够用"的原则，以"讲清概念、强化应用"为主旨组织进行编写。要学好本课程，应该坚持理论联系实际的方法，掌握建筑工程相关施工质量验收规范，并应边学边实践，应用所学知识去解决实际工程中的施工技术问题。

本教材共分9章，主要内容包括土方工程、桩基础工程、地基处理及加固、砌筑工程、混凝土结构工程、预应力混凝土工程、结构安装工程、建筑防水工程、冬期与雨期施工等。本教材的编写力求体现高等职业教育教学的特点，力求理论联系实际，综合运用有关学科的基本理论和知识，注重实践能力的培养，在阐述建筑施工技术的基本理论、各工种施工工艺、施工方法和技术措施的同时，突出针对性和实用性，力求反映建筑施工的新技术、新工艺和新方法。

为方便教学，本教材在各章前设置了【学习重点】和【培养目标】，【学习重点】以章节提要的形式概括了本章的重点内容，【培养目标】则对需要学生了解和掌握的知识要点进行了提示，对学生学习和老师教学进行引导；在各章后面设置了【本章小结】和【思考与练习】，【本章小结】以学习重点为框架，对各章知识作了归纳，【思考与练习】以问答题和应用题的形式，从更深的层次给学生提供思考和复习的切入点，从而构建一个"引导—学习—总结—练习"的教学全过程。

本教材的编写人员，一是来自具有丰富教学经验的教师，因此教材内容更加贴近教学实际需要，方便"老师的教"和"学生的学"，增强了教材的实用性；二是来自建筑工程施工领域的工程师或专家学者，在编写内容上更加贴近建筑工程施工需要，保证了学生所学到的知识就是进行建筑工程施工技术管理工作所需要的知识，真正做到"学以致用"。

本教材以现行建筑工程施工技术标准规范为依据进行编写，且编入了建筑工程施工领域的最新工艺及发展趋势，充分体现了一个"新"字，不仅具有原理性、基础性，还具有先进性和现代性。另外，本教材的编写还充分考虑了我国不同地域各高校的办学条件，淡化细节，强调对学生综合思维和能力的培养，尤其是在建筑施工技术实践能力的培养方面，更是进行了慎重考虑和认真选择。

本教材既可作为高职高专教育土建类相关专业教学的教材，也可作为土建工程施工人员、技术人员和管理人员学习、培训的参考教材。本教材在编写过程中，参阅了国内同行多部著作，部分高职高专院校老师提出了很多宝贵意见供我们参考，在此对他们表示衷心的感谢！

本教材编写过程中，虽经推敲核证，但限于编者的专业水平和实践经验，仍难免有疏漏或不妥之处，敬请广大读者指正。

编 者

# Contents

# 目　录

模块一　土方工程 …………………………… 1

　单元一　土方工程概述 ………………………… 1

　　一、土方工程施工特点 ……………………… 1

　　二、土的工程分类 …………………………… 2

　　三、土的性质 ………………………………… 3

　单元二　土方工程量的计算与调配 …………… 5

　　一、基坑（槽）土方量计算 ………………… 6

　　二、场地平整土方工程量计算 ……………… 7

　　三、土方调配 ………………………………… 12

　单元三　基坑(槽)的施工 ……………………… 13

　　一、土方开挖 ………………………………… 13

　　二、土方边坡 ………………………………… 16

　　三、浅基坑（槽）支护 ……………………… 17

　　四、基坑边坡保护 …………………………… 19

　　五、深基坑支护 ……………………………… 20

　单元四　人工降低地下水水位 ………………… 24

　　一、集水井降水 ……………………………… 24

　　二、井点降水 ………………………………… 26

　单元五　土方工程机械施工 …………………… 31

　　一、土方工程施工机械 ……………………… 31

　　二、土方工程机械化施工选择 ……………… 40

　单元六　土方的回填与压实 …………………… 42

　　一、填方土料的选择和填筑要求 …………… 42

　　二、填土压实方法 …………………………… 43

　　三、影响填土压实的因素 …………………… 44

模块二　地基处理与基础工程施工 ………… 48

　单元一　地基处理 ……………………………… 48

　　一、特殊土地基工程性质及处理原则 … 48

　　二、地基土处理方法 ………………………… 49

　单元二　浅基础施工 …………………………… 56

　　一、浅基础的类型 …………………………… 56

　　二、常见刚性基础施工 ……………………… 56

　　三、常见柔性基础施工 ……………………… 59

　单元三　预制桩施工 …………………………… 62

　　一、预制桩的制作和桩的起吊、运输、
　　　　堆放 …………………………………… 63

　　二、锤击沉桩（打入桩）施工 ……………… 64

　　三、静力压桩 ………………………………… 68

　单元四　混凝土灌注桩施工 …………………… 69

　　一、干作业成孔灌注桩 ……………………… 70

　　二、泥浆护壁成孔灌注桩 …………………… 72

　　三、套管成孔灌注桩 ………………………… 74

　　四、人工挖孔灌注桩 ………………………… 78

模块三　砌筑工程 …………………………… 82

　单元一　砌筑材料 ……………………………… 82

　　一、砖 ………………………………………… 82

二、砂浆 ……………………… 82

三、砌块 ……………………… 85

单元二 脚手架工程及垂直运输设施 …… 85

一、脚手架工程 ………………… 85

二、垂直运输设施 ……………… 91

单元三 砌筑施工工艺 …………… 93

一、砖砌体施工 ………………… 93

二、石砌体施工 ………………… 95

三、小型砌块砌体施工 ………… 95

四、框架填充墙施工 …………… 98

五、钢筋混凝土构造柱、芯柱施工 … 99

单元四 砌筑工程冬、雨期施工 …… 102

一、砌筑工程冬期施工 ………… 102

二、砌筑工程雨期施工 ………… 103


模块四 混凝土结构工程 ………… 106

单元一 混凝土结构工程概述 …… 106

一、混凝土结构简介 …………… 106

二、混凝土结构工程的种类 …… 106

三、混凝土结构工程的组成及施工工艺

流程 ……………………… 107

单元二 模板工程 ………………… 107

一、模板工程的基本要求 ……… 107

二、模板的分类 ………………… 108

三、胶合板模板 ………………… 108

四、木模板 ……………………… 111

五、组合钢模板 ………………… 114

六、模板的拆除 ………………… 118

单元三 钢筋工程 ………………… 119

一、钢筋的分类及验收堆放 …… 119

二、钢筋加工 …………………… 120

三、钢筋连接 …………………… 122

四、钢筋配料与代换 …………… 127

五、钢筋安装 …………………… 131

单元四 混凝土工程 ……………… 133

一、混凝土配料 ………………… 133

二、混凝土搅拌 ………………… 135

三、混凝土运输 ………………… 137

四、混凝土浇筑与振捣 ………… 139

五、混凝土养护 ………………… 144

单元五 混凝土结构工程冬期施工 …… 145

一、混凝土冬期施工的一般规定 …… 145

二、混凝土冬期施工方法 ……… 147


模块五 预应力混凝土工程 ……… 151

单元一 先张法施工 ……………… 151

一、先张法施工设备 …………… 152

二、先张法施工工艺 …………… 156

单元二 后张法施工 ……………… 159

一、锚具及张拉设备 …………… 160

二、预应力筋的制作 …………… 163

三、后张法施工工艺 …………… 165

单元三 无粘结预应力混凝土施工 …… 170

一、无粘结预应力筋的制作 …… 170

二、无粘结预应力混凝土施工工艺 · 170


模块六 结构安装工程 …………… 174

单元一 起重机械与设备 ………… 174

一、起重机械 …………………… 174

二、索具设备 …………………… 179

单元二 单层工业厂房结构安装 …… 179

一、结构安装前的准备 ………… 179

二、构件的吊装工艺 …………… 180
三、结构安装方案 …………… 185

单元三　装配式框架结构吊装 …… 190
一、吊装方案 …………… 190
二、安装方法 …………… 194
三、柱的吊装与校正 …………… 195

**模块七　建筑防水工程** ……… 198
单元一　建筑屋面防水工程施工 …… 198
一、卷材防水屋面 …………… 199
二、涂膜防水屋面 …………… 204
三、刚性防水屋面 …………… 206

单元二　地下建筑防水工程施工 …… 207
一、地下工程防水混凝土施工 …… 207
二、地下工程沥青防水卷材施工 … 211
三、水泥砂浆防水施工 …………… 214

单元三　厨房、卫生间防水工程施工 … 214
一、厨房、卫生间地面防水构造与施工
要求 …………… 215
二、厨房、卫生间地面防水层施工 … 216
三、厨房、卫生间渗漏及堵漏措施 … 220

**模块八　装饰工程** ………… 223
单元一　抹灰工程 …………… 223
一、抹灰工程的分类和组成 …… 223
二、一般抹灰施工 …………… 224
三、装饰抹灰施工 …………… 227

单元二　饰面工程 …………… 228
一、饰面板安装 …………… 228
二、饰面砖安装 …………… 230

第三节　楼地面工程 …………… 232
一、楼地面工程组成和分类 …… 233
二、整体地面 …………… 233
三、块料地面 …………… 234

单元四　涂饰工程 …………… 235
一、涂饰工程材料质量要求 …… 236
二、涂饰工程基层处理要求 …… 236
三、涂饰工程施工方法 …………… 236

单元五　门窗工程 …………… 237
一、木门窗安装 …………… 237
二、铝合金门窗安装 …………… 237
三、塑料门窗安装 …………… 238

单元六　吊顶工程 …………… 239
一、吊顶的构造 …………… 239
二、木龙骨吊顶施工 …………… 239
三、轻钢龙骨吊顶施工 …………… 239
四、铝合金龙骨吊顶 …………… 240

**模块九　建筑节能工程** ……… 244
单元一　建筑节能工程概述 …… 244
一、建筑节能概念 …………… 244
二、节能建筑发展方向 …………… 244
三、建筑节能意义 …………… 246
四、建筑节能管理 …………… 246

单元二　建筑遮阳与自然通风技术 … 248
一、建筑遮阳 …………… 248
二、房间自然通风 …………… 250

单元三　供热采暖系统节能 …… 251
一、供热采暖系统节能途径 …… 251
二、采暖节能方法 …………… 252
三、供暖空调新途径 …………… 254

单元四　建筑空调节能 ················ 255

　　一、空调节能的重要性 ·········· 255

　　二、集中式空调节能途径 ········ 255

　　三、中央空调系统节能 ·········· 256

单元五　建筑照明节能 ·············· 257

　　一、采用高效率节能光源 ········ 257

　　二、采用高效率节能灯具及器件 ····· 258

　　三、选用合理的照明方式 ········ 258

四、照明控制节能 ················ 258

五、充分利用天然光 ·············· 259

单元六　可再生能源利用与建筑节能 259

　　一、太阳能与建筑节能 ·········· 259

　　二、热泵节能技术 ·············· 260

　　三、风能与建筑节能 ············ 260

参考文献 ·················· 262

# 模块一　土方工程

## 知识目标

1. 了解土的基本性质,具有现场鉴别各种土的能力。

2. 掌握土方工程量计算方法、场地设计标高确定的方法,能用表上作业法进行土方调配。

3. 了解基槽,深、浅基坑的各种支护方法及其使用条件。

4. 了解常见的降低地下水水位的方法,了解流砂产生的原因和防治方法;掌握轻型井点布置及施工的基本规则。

5. 了解常用土方机械的性能及应用知识。

6. 掌握填土压实的方法和影响填土压实质量的因素。

## 能力目标

1. 能判别土的类别。

2. 能组织基坑(槽)开挖施工。

3. 能正确选择填土压实方法,并组织压实施工作业。

4. 能运用推土机、铲运机、单斗挖土机等设备组织土方机械化施工。

5. 能组织人工降低地下水水位施工。

# 单元一　土方工程概述

土方工程是建筑工程施工的首项工程,主要包括基坑开挖、土的运输和填筑等施工,有时还要进行排水、降水和土壁支护等准备与辅助工作。土方工程具有量大面广、劳动繁重和施工条件复杂等特点,受气候、水文、地质、地下障碍等因素影响较大,不确定因素较多,存在较大的危险性。因此,在施工前必须做好调查研究,选用合理的施工方案,采用先进的施工方法和机械施工,以保证工程的质量和安全。

## 一、土方工程施工特点

### 1. 土方工程的工程内容

土方工程施工通常包括平整场地、挖基槽、挖基坑、挖土方、回填土等。

(1)平整场地。平整场地是指工程破土开工前对施工现场厚度 300 mm 以内地面的挖填和找平。

(2)挖基槽。挖基槽是指挖土宽度在 3 m 以内且长度大于宽度 3 倍时设计室外地坪以下的挖土。

(3)挖基坑。挖基坑是指挖土底面面积在 20 m² 以内且长度小于或等于宽度 3 倍时设计室外地坪以下挖土。

(4)挖土方。凡是不满足上述平整场地、挖基槽、挖基坑条件的土方开挖,均为挖土方。

(5)回填土。回填土可分为夯填和松填。基础回填土和室内回填土通常都采用夯填。

#### 2.土方工程的施工特点

(1)土方量大,劳动繁重,工期长。因此,为了减轻土方施工繁重的劳动、提高劳动生产率、缩短工期、降低工程成本,在组织土方工程施工时,应尽可能采用机械化施工。

地基土的现场鉴别

(2)施工条件复杂。土方施工一般为露天作业,受地区、气候、水文地质条件的影响大,同时,受周围环境条件的制约也很多。因此,在组织土方施工前,必须根据施工现场的具体施工条件、工期和质量要求,拟订切实、可行的土方工程施工方案。

## 二、土的工程分类

土的种类繁多,分类方法各异。在土方工程施工中,土的工程分类按土的开挖难易程度可以分为八类,见表1-1。表中一类土至四类土为土,五类土至八类土为岩石。在选择施工挖土机械和套用建筑安装工程劳动定额时要依据土的工程类别进行选择。

表 1-1　土的分类

| 土的分类 | 土的名称 | 坚实系数 $f$ | 密度/$(t \cdot m^{-2})$ | 开挖方法及工具 |
|---|---|---|---|---|
| 一类土<br>(松软土) | 砂土、粉土、冲积砂土层、疏松的种植土、淤泥(泥炭) | 0.5～0.6 | 0.6～1.5 | 用锹、锄头挖掘,少许用脚蹬 |
| 二类土<br>(普通土) | 粉质黏土;潮湿的黄土;夹有碎石、卵石的砂;粉土混卵(碎)石;种植土、填土 | 0.6～0.8 | 1.1～1.6 | 用锹、锄头挖掘,少许用镐翻松 |
| 三类土<br>(坚土) | 软及中等密实黏土;重粉质黏土、砾石土;干黄土,含有碎石、卵石的黄土,粉质黏土;压实回填土 | 0.8～1.0 | 1.75～1.9 | 主要用镐,少许用锹、锄头挖掘,部分用撬棍 |
| 四类土<br>(砂砾坚土) | 坚硬密实的黏性土或黄土;含碎石、卵石的中等密实的黏性土或黄土;粗卵石;天然级配砂石;软泥灰岩 | 1.0～1.5 | 1.9 | 先用镐、撬棍,后用锹挖掘,部分用楔子及大锤 |
| 五类土<br>(软石) | 硬质黏土;中密的页岩、泥灰岩、白主土;胶结不紧的砾岩;软石灰及贝壳石灰石 | 1.5～4.0 | 1.1～2.7 | 用镐或撬棍、大锤挖掘,部分使用爆破方法 |
| 六类土<br>(次坚石) | 泥岩、砂岩、砾岩;坚实的页岩、泥灰岩,密实的石灰岩;风化花岗岩、片麻岩及正长岩 | 4.0～10.0 | 2.2～2.9 | 用爆破方法开挖,部分用风镐 |
| 七类土<br>(坚石) | 大理石;辉绿岩;玢岩;粗、中粒花岗石;坚实的白云岩、砂岩、砾岩、片麻岩、石灰岩;微风化的安山岩;玄武岩 | 10.0～18.0 | 2.5～3.1 | 用爆破方法开挖 |
| 八类土<br>(特坚石) | 安山岩;玄武岩;花岗片麻岩;坚实的细粒花岗石、闪长岩、石英岩、辉长岩、辉绿岩、玢岩、角闪岩 | 18.0～25.0<br>以上 | 2.7～3.3 | 用爆破方法开挖 |

注:坚实系数 $f$ 相当于普氏岩石强度系数。

## 三、土的性质

土一般由土颗粒(固相)、水(液相)和空气(气相)三部分组成,这三部分之间的比例关系随着周围条件的变化而变化。三者之间比例不同,表示土的物理状态也不同,如干燥、稍湿或很湿,密实、稍密或松散。这些指标是土最基本的物理性质指标,对评价土的工程性质、进行土的工程分类具有重要的意义。

土的三相物质是混合分布的,为阐述方便,一般用土的三相图表示,如图1-1所示。三相图中将土的固体颗粒、水、空气各自划分。

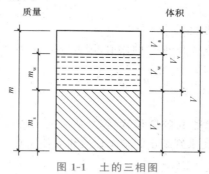

图 1-1  土的三相图

图中符号的意义  $m$——土的总质量($m=m_s+m_w$)(kg);

$m_s$——土中固体颗粒的质量(kg);

$m_w$——土中水的质量(kg);

$V$——土的总体积($V=V_s+V_w+V_a$)(m³);

$V_a$——土中空气体积(m³);

$V_s$——土中固体颗粒体积(m³);

$V_w$——土中水所占的体积(m³);

$V_v$——土中孔隙体积($V_v=V_a+V_w$)(m³)。

1. 土的天然密度和干密度

土在天然状态下单位体积的质量,称为土的天然密度。土的天然密度用 $\rho$ 表示,计算公式为

$$\rho=m/V$$

式中　$m$——土的总质量(kg);

$V$——土的总体积(m³)。

单位体积中土的固定颗粒的质量称为土的干密度,土的干密度用 $\rho_d$ 表示,计算公式为

$$\rho_d=m_s/V$$

式中　$m_s$——土中固体颗粒的质量(kg);

$V$——土的总体积(m³)。

土的干密度越大,表示土越密实。工程上常将土的干密度作为评定土体密实程度的标准,以控制填土工程的压实质量。土的干密度与土的天然密度之间的关系可表示为

$$\rho_d=\frac{\rho}{1-w}$$

2. 土的天然含水率

土的含水率是土中水的质量与固体颗粒质量之比的百分率,即

$$w=\frac{m_w}{m_s}\times100\%$$

式中　$w$——土的含水率；

　　　　$m_w$——土中水的质量（kg）；

　　　　$m_s$——土中固体颗粒的质量（kg）。

### 3.土的孔隙比和孔隙率

孔隙比和孔隙率反映了土的密实程度，孔隙比和孔隙率越小土越密实。孔隙比 $e$ 是土中孔隙体积 $V_v$ 与固体颗粒体积 $V_s$ 的比值，可表示为

$$e=\frac{V_v}{V_s}$$

式中　$V_v$——土中孔隙体积（m³）；

　　　　$V_s$——土中固体颗粒体积（m³）。

孔隙率 $n$ 是土中孔隙体积与总体积 $V$ 的比值，用百分率表示，可表示为

$$n=\frac{V_v}{V}\times100\%$$

式中　$V$——土的总体积（m³）。

对于同一类土，孔隙率 $e$ 越大，孔隙体积就越大，从而使土的压缩性和透水性都增大，土的强度降低。故工程上也常用孔隙比来判断土的密实程度和工程性质。

### 4.土的可松性

土具有可松性，即自然状态下的土经开挖后，其体积因松散而增大，以后虽经回填压实，在相当长的时间内仍不能恢复到原来的体积。土的可松性系数可表示为

$$K_s=\frac{V_{松散}}{V_{原状}}$$

$$K_s'=\frac{V_{压实}}{V_{松散}}$$

式中　$K_s$——土的最初可松性系数；

　　　　$K_s'$——土的最后可松性系数；

　　　　$V_{原状}$——土在天然状态下的体积（m³）；

　　　　$V_{松散}$——土挖出后在松散状态下的体积（m³）；

　　　　$V_{压实}$——土经回填压（夯）实后的体积（m³）。

土的可松性对确定场地设计标高、土方量的平衡调配、计算运土机具的数量和弃土坑的容积，以及计算填方所需的挖方体积等均有很大影响。各类土的可松性系数参考数值见表1-2。

表 1-2　各种土的可松性系数参考数值

| 土的类别 | 体积增加百分率/% | | 可松性系数 | |
|---|---|---|---|---|
| | 最初 | 最终 | $K_s$ | $K_s'$ |
| 一类（种植土除外） | 8~17 | 1~2.5 | 1.08~1.17 | 1.01~1.03 |
| 一类（种植土、泥炭） | 20~30 | 3~4 | 1.20~1.30 | 1.03~1.04 |
| 二类 | 14~28 | 1.5~5 | 1.14~1.25 | 1.02~1.05 |
| 三类 | 24~30 | 4~7 | 1.24~1.30 | 1.04~1.07 |
| 四类（泥灰岩、蛋白石除外） | 26~32 | 6~9 | 1.26~1.32 | 1.06~1.09 |
| 四类（泥灰岩、蛋白石） | 33~37 | 11~15 | 1.33~1.37 | 1.11~1.15 |
| 五至七类 | 30~45 | 10~20 | 1.30~1.45 | 1.10~1.20 |
| 八类 | 45~50 | 20~30 | 1.45~1.50 | 1.20~1.30 |

注：最初体积增加百分率＝$(V_2-V_1)/V_1\times100\%$；最终体积增加百分率＝$(V_3-V_1)/V_1\times100\%$；$V_1$ 为开挖前土的自然体积；$V_2$ 为开挖后土的松散体积；$V_3$ 为运至填方处压实后土的体积。

#### 5.土的压缩性

土的压缩性是指土在压力作用下体积变小的性质。取土回填或移挖作填,松土经运输、填压以后,均会压缩。一般土的压缩率参考值见表1-3。

表1-3　土的压缩率参考值

| 土的类别 | 土的名称 | 土的压缩率/% | 每立方米松散土压实后的体积/m³ | 土的类别 | 土的名称 | 土的压缩率/% | 每立方米松散土压实后的体积/m³ |
|---|---|---|---|---|---|---|---|
| 一～二类土 | 种植土 | 20 | 0.80 | 三类土 | 天然湿度黄土 | 12～17 | 0.85 |
| | 一般土 | 10 | 0.90 | | 一般土 | 5 | 0.95 |
| | 砂土 | 5 | 0.95 | | 干燥坚实黄土 | 5～7 | 0.94 |

#### 6.土的渗透性

土的渗透性是指土体被水透过的性质,通常用渗透系数 $K$ 表示。渗透系数 $K$ 表示单位时间内水穿透土层的能力,以 m/d 表示。根据渗透系数不同,土可分为透水性土(如砂土)和不透水性土(如黏土)。土的渗透性影响施工降水与排水的速度。土的渗透系数参考值见表1-4。

表1-4　土的渗透系数参考值

| 土的名称 | 渗透系数 $K/(\mathrm{m \cdot d^{-1}})$ | 土的名称 | 渗透系数 $K/(\mathrm{m \cdot d^{-1}})$ |
|---|---|---|---|
| 黏土 | <0.005 | 含黏土的中砂 | 3～15 |
| 粉质黏土 | 0.005～0.1 | 粗砂 | 20～50 |
| 粉土 | 0.1～0.5 | 均质粗砂 | 60～75 |
| 黄土 | 0.25～0.5 | 圆砾石 | 50～100 |
| 粉砂 | 0.5～1 | 卵石 | 100～500 |
| 细砂 | 1～5 | 漂石(无砂质充填) | 500～1 000 |
| 中砂 | 5～20 | 稍有裂缝的岩石 | 20～60 |
| 均质中砂 | 35～50 | 裂缝多的岩石 | >60 |

# 单元二　土方工程量的计算与调配

土方工程开工前,需要先计算出土方工程量,以便拟订施工方案,配备人力和物力,安排施工计划。

工程中需要挖掘或填筑的土方几何形状与大小,随工程种类、要求与地形不同而各异。对于不规则的土方几何体积,一般是先将其划分成若干较规则的形状,然后逐一计算,再求其总和,基本可以满足所需的计算精度。

## 一、基坑(槽)土方量计算

### 1.边坡坡度

土方边坡用边坡坡度和边坡系数表示。

边坡坡度以土方挖土深度 $h$ 与边坡底宽度 $b$ 之比来表示(图1-2),即

$$土方边坡坡度=\frac{h}{b}=1:m$$

边坡系数以土方边坡底宽度 $b$ 与挖土深度 $h$ 之比来表示,用 $m$ 表示,即土方边坡系数为

$$m=\frac{b}{h}$$

式中　$h$——土方边坡高度;

　　　　$b$——土方边坡底宽。

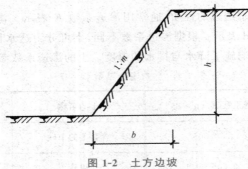

图1-2　土方边坡

边坡可以做成直线形边坡、折线形边坡及阶梯形边坡,如图1-3所示。

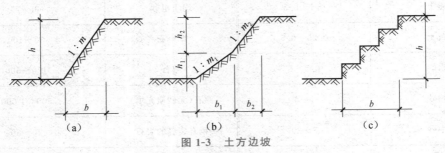

图1-3　土方边坡

(a)直线形边坡;(b)折线形边坡;(c)阶梯形边坡

若边坡高度较高,土方边坡可根据各层土体所受的压力,其边坡可做成折线形或阶梯形,以减少挖填土方量。土方边坡的大小主要与土质、开挖深度、开挖方法、边坡留置时间的长短、边坡附近的各种荷载状况及排水情况有关。

### 2.基槽土方量计算

基槽开挖时,两边留有一定的工作面,分为放坡开挖和不放坡开挖两种情形,如图1-4所示。

当基槽不放坡时　　　　　　　　$V=h(a+2c)L$

当基槽放坡时　　　　　　　　　$V=h(a+2c+mh)L$

式中　$V$——基槽土方量($m^3$);

　　　　$a$——基础底面宽度(m);

　　　　$h$——基槽开挖深度(m);

　　　　$c$——工作面宽(m);

$m$——坡度系数;

$L$——基槽长度(外墙按中心线,内墙按净长线)(m)。

如果基槽沿长度方向断面变化较大,应分段计算,然后将各段土方量汇总即得总土方量。

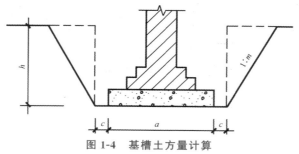

图 1-4  基槽土方量计算

### 3. 基坑土方量计算

基坑开挖时,四边留有一定的工作面,分为放坡开挖和不放坡开挖两种情况,如图 1-5 所示。

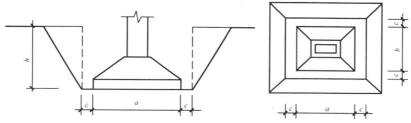

图 1-5  基坑土方量计算

当基坑不放坡时
$$V=h(a+2c)(b+2c)$$

当基坑放坡时
$$V=h(a+2c+mh)(b+2c+mh)+1/3m^2h^3$$

式中  $V$——基坑土方量(m³);

$h$——基坑开挖深度(m);

$a$——基础底长(m);

$b$——基础底宽(m);

$c$——工作面宽(m);

$m$——坡度系数。

## 二、场地平整土方工程量计算

场地平整就是将自然地面改造成设计所要求的平面。场地设计标高应满足规划、生产工艺及运输、排水及最高洪水水位等要求,并力求使场地内土方挖填平衡且土方量最小。建筑工程项目施工前需要确定场地设计平面,并进行场地平整。

### 1. 场地设计标高的初步确定

小型场地平整如对场地标高无特殊要求,一般可以根据平整前后土方量相等的原则求得设计标高,但是这仅仅意味着把场地推平,使土方量和填方量相等、平衡,并不能从根本上保证土方量调配最小。

计算场地设计标高时,首先在场地的地形图上根据要求的精度划分边长为 10～40 m 的方格网,如图 1-6(a)所示,然后标注出各方格角点的自然标高。各角点自然标高可根据地形图上相邻两等高线的标高,用插入法求得,当无地形图或场地地形起伏较大(用插入法误差较大)时,可在地面用木桩打好方格网,然后用仪器直接测量出自然标高。

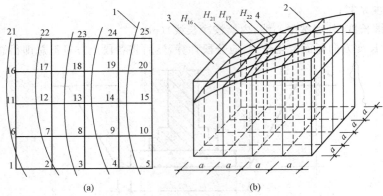

图 1-6　场地设计标高计算简图

(a)地形图上划分方格网；(b)设计标高示意

1—等高线；2—自然地面；3—设计标高平面；4—零线

按照挖填方平衡的原则，如图 1-6(b)所示，场地设计标高即各个方格平均标高的平均值，可按下式计算：

$$H_0 \cdot M \cdot a^2 = \sum \left( a^2 \cdot \frac{H_{16} + H_{17} + H_{21} + H_{22}}{4} \right)$$

所以 $H_0 = \dfrac{\sum (H_{16} + H_{17} + H_{21} + H_{22})}{4M}$

式中　$H_0$——所计算场地的设计标高(m)；

　　　$a$——方格边长(m)；

　　　$M$——方格数；

　　　$H_{16}$、$H_{17}$、$H_{21}$、$H_{22}$——任一方格的四个角点的标高(m)。

由于相邻方格具有公共的角点标高，在一个方格网中，某些角点是 4 个相邻方格的公共角点，其标高需加 4 次；某些角点是 3 个相邻方格的公共角点，其标高需加 3 次；而某些角点标高仅需加 2 次；又如方格网 4 角的角点标高仅需加 1 次，因此上式可改写成

$$H_0 = \frac{\sum H_1 + 2 \sum H_2 + 3 \sum H_3 + 4 \sum H_4}{4M}$$

式中　$H_1$——1 个方格仅有的角点标高(m)；

　　　$H_2$——2 个方格共有的角点标高(m)；

　　　$H_3$——3 个方格共有的角点标高(m)；

　　　$H_4$——4 个方格共有的角点标高(m)。

2.设计标高的调整

根据上述公式计算出的设计标高只是一个理论值，实际上还需要考虑以下因素进行调整：

(1)由于土壤具有可松性，即一定体积的土方开挖后体积会增大，为此需相应提高设计标高，以达到土方量的实际平衡。

(2)设计标高以上的各种填方工程(如场区上填筑路堤)会影响设计标高的降低，设计标高以下的各种挖方工程会影响设计标高的提高(如开挖河道、水池、基坑等)。

(3)根据经济比较的结果，将部分挖方就近弃于场外，或部分填方就近取于场外而引起挖、填土方量的变化后，需增、减设计标高。

3.考虑泄水坡度对设计标高的影响

如果按照上式计算出的设计标高进行场地平整，那么整个场地表面将处于同一个水平面；但

实际上由于排水要求,场地表面均有一定的泄水坡度。因此,还需要根据场地泄水坡度的要求(单面泄水或双面泄水),计算出场地内各方格角点实际施工时所采用的设计标高。

(1)单向泄水时,场地各点设计标高的求法(图 1-7)。在考虑场内挖填平衡的情况下,将上式计算出的设计标高 $H_0$,作为场地中心线的标高,场地内任一点的设计标高为

$$H_n = H_0 \pm Li$$

式中　　$H_n$——任意一点的设计标高(m);

　　　　$L$——该点至 $H_0$ 的距离(m);

　　　　$i$——场地泄水坡度,不小于 0.2%;

　　　　$\pm$——该点比 $H_0$ 点高则取"$+$",反之取"$-$"。

(2)双向泄水时,场地各点设计标高的求法(图 1-8)。$H_0$ 为场地中心点标高,场地内任意一点的设计标高为

$$H_n = H_0 \pm l_x i_x \pm l_y i_y$$

式中　　$l_x, l_y$——该点于 $x$—$y$、$y$—$y$ 方向距场地中心线的距离;

　　　　$i_x, i_y$——该点于 $x$—$x$、$y$—$y$ 方向的泄水坡度。

式中其余符号意义同前。

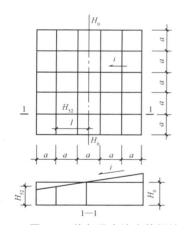

图 1-7　单向泄水坡度的场地

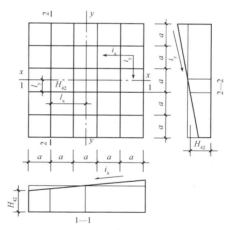

图 1-8　双向泄水坡度的场地

**4.场地土方量的计算**

大面积场地平整的土方量通常采用方格网法计算,即根据方格网各方格角点的自然地面标高和实际采用的设计标高,计算出相应的角点挖填高度(施工高度),然后计算每一方格的土方量,并计算出场地边坡的土方量。

(1)计算各方格角点的施工高度。施工高度是设计地面标高与自然地面标高的差值,将各角点的施工高度填在方格网的右上角;设计标高和自然地面标高分别标注在方格网的右下角和左下角;方格网的左上角填的是角点编号,如图 1-9 所示。

各方格角点的施工高度按下式计算:

$$h_n = H_n - H$$

式中　　$h_n$——角点施工高度,即各角点的挖填高度,"$+$"为挖,"$-$"为填;

　　　　$H_n$——角点的设计标高(若无泄水坡度,即为场地的设计标高);

　　　　$H$——各角点的自然地面标高。

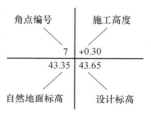

图 1-9　角点标注

（2）计算零点位置。在一个方格网内同时有填方或挖方时，要先计算出方格网边的零点位置。所谓零点，是指方格网边线上不挖不填的点。将零点位置标注于方格网上，将各相邻边线上的零点连接起来，即零线。零线是挖方区和填方区的分界线，零线求出后，场地的挖方区和填方区也随之标出。一个场地内的零线不是唯一的，可能是一条，也可能是多条。当场地起伏较大时，零线可能出现多条。

零点的位置按下式计算：

$$x_1 = \frac{h_1}{h_1 + h_2} \cdot a \; ; \; x_2 = \frac{h_2}{h_1 + h_2} \cdot a$$

式中　　$x_1$，$x_2$——角点至零点的距离（m）；

　　　　$h_1$，$h_2$——相邻两角点的施工高度（m），均用绝对值表示；

　　　　$a$——方格网的边长（m）。

（3）计算方格土方工程量。按方格网底面面积图形和表 1-5 所列公式，计算每个方格内的挖方或填方量。表内公式是按各计算图形底面面积乘以平均施工高度而得出的，即平均高度法。

表 1-5　采用方格网点计算公式

| 项目 | 图式 | 计算公式 |
|---|---|---|
| 一点填方或挖方（三角形） | | $V = \dfrac{1}{2} bc \dfrac{\sum h}{3} = \dfrac{bch_3}{6}$<br><br>当 $b = c = a$ 时，$V = \dfrac{a^2 h_3}{6}$ |
| 两点填方或挖方（梯形） | | $V_+ = \dfrac{b+c}{2} \cdot a \dfrac{\sum h}{4} = \dfrac{a}{8}(b+c)(h_1+h_3)$<br><br>$V_- = \dfrac{d+e}{2} \cdot a \dfrac{\sum h}{4} = \dfrac{a}{8}(d+e)(h_2+h_4)$ |
| 三点填方或挖方（五角形） | | $V = \left(a^2 - \dfrac{bc}{2}\right) \dfrac{\sum h}{5}$<br><br>$= \left(a^2 - \dfrac{bc}{2}\right) \dfrac{h_1 + h_2 + h_4}{5}$ |
| 四点填方或挖方（正方形） | | $V = \dfrac{a^2}{4} \sum h = \dfrac{a^2}{4}(h_1 + h_2 + h_3 + h_4)$ |

注：$a$ 为方格网的边长（m）；

　　$b$、$c$ 为零点到一角的边长（m）；

　　$h_1$、$h_2$、$h_3$、$h_4$ 为方格网四角点的施工高程（m），用绝对值代入；

　　$\sum h$ 为填方或挖方施工高程的总和（m），用绝对值代入；

　　$V$ 为挖方或填方（m³）。

(4)边坡土方量的计量。图1-10所示为一场地边坡的平面示意。从图中可以看出,边坡的土方量可以划分为两种近似几何形体计算:一种为三角棱锥体;另一种为三角棱柱体。其计算公式如下:

1)三角棱锥体边坡体积。三角棱锥体边坡体积(图中的①)计算公式如下:

$$V_1 = \frac{1}{3} A_1 l_1$$

式中　　$l_1$——边坡①的长度;

　　　　$A_1$——边坡①的端面积,即

$$A_1 = \frac{h_2(mh_2)}{2} = \frac{mh_2^2}{2}$$

式中　　$h_2$——角点的挖土高度;

　　　　$m$——边坡的坡度系数。

2)三角棱柱体边坡体积。三角棱柱体边坡体积(图中的④)计算公式如下:

$$V_4 = \frac{A_1 + A_2}{2} l_4$$

两端横断面面积相差很大的情况下,$V_4$为

$$V_4 = \frac{l_4}{6}(A_1 + 4A_0 + A_2)$$

式中　　$l_4$——边坡④的长度(m);

　　　　$A_1$、$A_2$、$A_0$——边坡④两端及中部的横断面面积,算法同上(图1-10所示剖面是近似表示,实际上地表面不完全是水平的)。

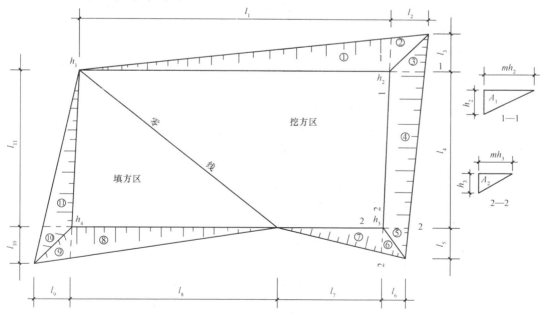

图1-10　场地边坡的平面示意

(5)计算土方总量。将挖方区(或填方区)所有方格的土方量和边坡土方量汇总,即可得到场地平整挖(填)方的工程量。

### 三、土方调配

**1. 土方调配的原则**

土方工程量计算完毕后,即可着手对土方进行平衡与调配。土方的平衡与调配是土方规划设计的一项重要内容,是对挖土的利用、堆弃和填土这三者之间的关系进行综合平衡处理,达到既使土方运输费用最低,又能方便施工的目的。土方调配的原则主要有以下几项:

(1)力求达到挖填方平衡和运输量最小。这样可以降低土方工程的成本。然而,仅限于场地范围的平衡,一般很难满足运输量最小的要求,因此,还需要根据场地和其周围地形条件综合考虑,必要时可在填方区周围就近借土,或在挖方区周围就近弃土,而不是只局限于场地以内的挖填方平衡,这样才能做到经济合理。

(2)近期施工与后期利用相结合。当工程分期分批施工时,先期工程的土方余额应结合后期工程的需要而考虑其利用数量与堆放位置,以便就近调配。堆放位置的选择应为后期工程创造良好的工作面和施工条件,力求避免重复挖运。如先期工程有土方欠额时,可由后期工程地点挖取。

(3)尽可能与大型地下建(构)筑物的施工相结合。当大型建(构)筑物位于填土区而其基坑开挖的土方量又较大时,为了避免土方的重复挖填和运输,该填土区暂时不予填土。待地下建(构)筑物施工之后再行填土,为此在填方保留区附近应有相应的挖方保留区,或将附近挖方工程的余土按需要合理堆放,以便就近调配。

(4)调配区大小的划分应满足主要土方施工机械工作面大小(如铲运机铲土长度)的要求,使土方机械和运输车辆的效率能得到充分发挥。

总之,进行土方调配,必须根据现场的具体情况、有关技术资料、工期要求、土方机械与施工方法,结合上述原则予以综合考虑,从而做出经济合理的调配方案。

**2. 划分土方调配区**

划分土方调配区应注意以下几点:

(1)调配区的划分应该与房屋和构筑物的平面位置相协调,并考虑它们的开工顺序、工程的分期施工顺序。

(2)调配区的大小应该满足土方施工用主导机械(铲运机、挖土机等)的技术要求,如调配区的范围应该大于或等于机械的铲土长度,调配区的面积最好和施工段的大小相适应。

(3)调配区的范围应该和土方的工程量计算用的方格网协调,通常由若干个方格组成一个调配区。

(4)当土方运距较大或场区范围内土方不平衡时,可考虑就近借土或就近弃土,这时一个借土区或一个弃土区都可作为一个独立的调配区。

**3. 计算土方的平均运距**

调配区的大小及位置确定后,便可计算各挖填调配区之间的平均运距。当用铲运机或推土机平土时,挖土调配区和填方调配区土方重心之间的距离,通常就是该挖填调配区之间的平均运距。因此,确定平均运距需求出各个调配区土方的重心,并把重心标在相应的调配区图上,然后用比例尺量出每对调配区之间的平均运距即可。当挖填方调配区之间的距离较远,采用汽车、自行式铲运机或其他运土工具沿工地道路或规定线路运输时,其运距可按实际计算。

**4. 进行土方调配**

(1)做初始方案。用"最小元素法"求出初始调配方案。所谓"最小元素法",即对运距最小($C_{ij}$对应)的 $X_{ij}$,优先并最大限度地供应土方量,如此依次分配,使 $C_{ij}$ 最小的那些方格内的 $X_{ij}$ 值尽可能取大值,直至土方量分配完为止。需注意的是,这只是优先考虑"最近调配",所求得的总运输量是较小的,但这并不能保证总运输量最小,因此,需判别它是否为最优方案。

(2)判别最优方案。只有所有检验数 $\lambda_j \geq 0$,初始方案才为最优解。"表上作业法"中求检验数 $\lambda_j$ 的方法有"闭回路法"与"位势法"。"位势法"较"闭回路法"简便,因此这里只介绍用"位势法"求检验数。

检验时,首先将初始方案中有调配数方格的平均运距列出来,然后根据这些数字的方格,按下式求出两组位势数 $u_i(i=1,2,\cdots,m)$ 和 $\nu_j(j=1,2,\cdots,n)$:

$$C_{ij} = u_i + \nu_j$$

式中 $C_{ij}$——本例中为平均运距(m);

$u_i,\nu_j$——位势数。

位势数求出后,便可根据下式计算各空格的检验数:

$$\nu_{ij} = C_{ij} - u_i - \nu_j$$

如果求得的检验数均为正数,则说明该方案是最优方案;否则,该方案就不是最优方案。

(3)方案调整。

1)先在所有负检验数中挑选一个(可选最小)。

2)找出这个数的闭合回路。做法如下:从这个数出发,沿水平或垂直方向前进,遇到适当的有数字的方格做 90°转弯(也可不转),然后继续前进,直至回到出发点。

3)从回路中某一格出发,沿闭合回路(方向任意)一直前进,在各奇数项转角点的数字中,挑选出一个最小的,最后将它调到原方格中。

4)将被挑出方格中的数字视为 0,同时,将闭合回路其他奇数项转角上的数字都减去同样数字,使挖填方区土方量仍然保持平衡。

5.绘制土方调配图

根据表上作业法求得的最优调配方案,在场地地形图上绘出土方调配图,图上应标出土方调配方向、土方数量及平均运距,如图 1-11 所示。

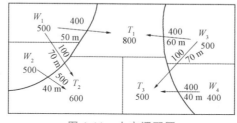

图 1-11 土方调配图

# 单元三 基坑(槽)的施工

## 一、土方开挖

### 1.土方开挖准备工作

土方工程施工前通常需完成场地清理、排除地面水、修筑临时设施、燃料和其他材料的准备、供电与供水管线的敷设、临时停机棚和修理间等的搭设、土方工程的测量放线和编制施工组织设计等准备工作。

（1）场地清理。场地清理包括清理地面及地下各种障碍。在施工前应拆除旧建筑；拆迁或改建通信、电力设备，上、下水道及地下建（构）筑物；迁移树木并去除耕植土及河塘淤泥等。此项工作由业主委托有资质的拆卸公司或建筑施工公司完成，发生的费用由业主承担。

（2）排除地面水。场地内低洼地区的积水必须排除，雨水也要排除，使场地保持干燥，以利于土方施工。地面水的排除一般采用排水沟、截水沟、挡水土坝等措施。

排水沟应尽量利用自然地形来设置，使水直接排至场外，或流向低洼处再用水泵抽走。主排水沟最好设置在施工区域的边缘或道路的两旁，其横断面和纵向坡度应根据最大流量确定。一般排水沟的横断面尺寸不小于 0.5 m×0.5 m，纵向坡度一般不小于 2%。在场地平整过程中，要注意保持排水沟畅通，必要时应设置涵洞。山区的场地平整施工，应在较高一面的山坡上开挖截水沟。在低洼地区施工时，除开挖排水沟外，必要时应修筑挡水土坝，以阻挡雨水的流入。

（3）修筑临时设施。修筑好临时道路及供水、供电等临时设施，做好材料、机具及土方机械的进场工作。

（4）定位放线。

1）基槽放线。根据房屋主轴线控制点，首先将外墙轴线的交点用木桩测设在地面上，并在桩顶钉上铁钉作为标志。房屋外墙轴线测定以后，以外墙轴线为依据，再按照建筑施工平面图中轴线间的尺寸，将内部开间所有轴线都一一测出；然后根据边坡系数及工作面大小计算开挖宽度；最后在中心轴线两侧用石灰在地面上撒出基槽开挖边线。同时，在房屋四周设置龙门板，以便于基础施工时复核轴线位置。

2）柱基放线。在基坑开挖前，从设计图上查对基础的纵横轴线编号和基础施工详图，根据柱子的纵横轴线，用经纬仪在矩形控制网上测定基础中心线的端点，同时，在每个柱基中心线上测定基础定位桩，每个基础的中心线上设置 4 个定位木桩，其桩位离基础开挖线的距离为 0.5～1.0 m。若基础之间的距离不大，可每隔一个或多个基础打一个定位桩，但两个定位桩的间距以不超过 20 m 为宜，以便拉线恢复中间柱基的中线。在桩顶上钉一个钉子，标明中心线的位置。然后按边坡系数和基础施工图上柱基的尺寸及工作面确定的挖土边线的尺寸，放出基坑上口挖土灰线，标出挖土范围。

大基坑开挖，根据房屋的控制点，按基础施工图上的尺寸和按边坡系数及工作面确定的挖土边线的尺寸，放出基坑四周的挖土边线。

**2. 基坑（槽）开挖**

土方开挖应遵循"开槽支撑，先撑后挖，分层开挖，严禁超挖"的原则。基坑（槽）开挖可分为人工开挖和机械开挖两种。对于大型基坑应优先考虑选用机械化施工，以加快施工进度。开挖基坑（槽）应按规定的尺寸合理确定开挖顺序和分层开挖深度，连续地进行施工，尽快完成。因土方开挖施工要求标高、断面准确，土体应有足够的强度和稳定性，所以在开挖过程中要随时注意检查。

基坑开挖程序一般是测量放线→分层开挖→排降水→修坡→整平→留足预留土层等。相邻基坑开挖时，应遵循先深后浅或同时进行的施工程序。挖土应自上而下水平分段分层进行，每层 0.3 m 左右，边挖边检查坑底宽度及坡度，不够时应及时修整，每 3 m 左右修一次坡，至设计标高，再统一进行一次修坡清底，检查坑底宽和标高，要求坑底凹凸不超过 2 cm。

**3. 深基坑土方开挖**

深基坑开挖一般遵循"分层开挖，先撑后挖"的原则。开挖方法主要有分层挖土、分段挖土、盆式挖土、中心岛式挖土等。施工中应根据基坑面积大小、开挖深度、支护结构形式、环境条件等因素选用开挖方法。

（1）分层挖土。分层挖土是将基坑按深度分为多层进行逐层开挖，如图 1-12 所示。分层厚度，软土地基应控制在 2 m 以内；硬质土可控制在 5 m 以内。开挖顺序可从基坑的某一边向另一边平行开挖,或从基坑两端对称开挖,或从基坑中间向两边平行对称开挖,也可交替分层开挖,具体应根据工作面和土质情况决定。

运土可采取设坡道或不设坡道两种方式。设坡道土的坡度视土质、挖土深度和运输设备情况而定,一般为1:10～1:8,坡道两侧要采取挡土或加固措施;不设坡道一般设钢平台或栈桥作为运输土方通道。

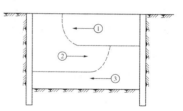

图1-12 分层开挖示意

(2)分段挖土。分段挖土是将基坑分成几段或几块分别开挖。分段与分块的大小、位置和开挖顺序,根据开挖场地、工作面条件、地下室平面与深浅及施工工期而定。分块开挖即开挖一块,施工一块混凝土垫层或基础,必要时可在已封底的坑底与围护结构之间加设斜撑,以增强支护的稳定性。

(3)盆式挖土。盆式挖土是先分层开挖基坑中间部分的土方,基坑周边一定范围内的土暂不开挖,如图1-13所示。开挖时,可视土质情况按1:1～1:1.25放坡,使之形成对四周围护结构的被动土反压力区,以增强围护结构的稳定性,待中间部分的混凝土垫层、基础或地下室结构施工完成之后,再用水平支撑或斜撑对四周围护结构进行支撑,并突击开挖周边支护结构内部分被动土区的土,每挖一层支一层水平横顶撑如图1-14所示,直至坑底,最后浇筑该部分结构混凝土。本法对支护挡墙受力有利,时间效应小,但大量土方不能直接外运,需集中提升后装车外运。

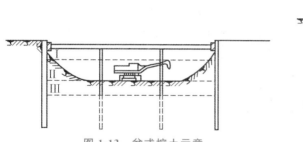

图1-13 盆式挖土示意

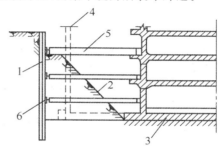

图1-14 盆式开挖内支撑示意

1—钢板桩或灌注桩;2—后挖土方;3—先施工地下结构;
4—后施工地下结构;5—钢水平支撑;6—钢横撑

(4)中心岛式挖土。中心岛式挖土是先开挖基坑周边土方,在中间留土墩作为支点搭设栈桥,挖土机可利用栈桥下到基坑挖土,运土的汽车也可利用栈桥进入基坑运土,可有效加快挖土和运土的速度,如图1-15所示。土墩留土高度、边坡的坡度、挖土分层与高差应经仔细研究确定。挖土也是采用分层开挖的方式,一般先全面挖去一层,然后中间部分留置土墩,周围部分分层开挖。挖土多用反铲挖土机,如基坑深度很大,则采用向上逐级传递方式进行土方装车外运。整个土方开挖顺序应遵循"开槽支撑,先撑后挖,分层开挖,防止超挖"的原则。

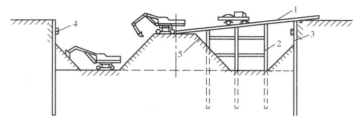

图1-15 中心岛(墩)式挖土示意

1—栈桥;2—支架或利用工程桩;3—围护墙;4—腰梁;5—土墩

深基坑在开挖过程中,随着土的挖除,下层土因逐渐卸载而有可能回弹,尤其在基坑挖至设计标高后,如搁置时间过久,回弹更为显著。如弹性隆起在基坑开挖和基础工程初期发展很快,将加大建筑物的后期沉降。因此,对深基坑开挖后的土体回弹,应有适当的估计,如在勘察阶段,土样的压缩试验中应补充卸荷弹性试验等;还可以采取结构措施,在基底设置桩基等,或事先对结构下部土质进行深层地基加固。施工中减少基坑弹性隆起的一个有效方法是把土体中有效应力的改变降低到最小,具体方法有加速建造主体结构,或逐步利用基础的重量来代替被挖去土体的重量。

地基验槽方法

## 二、土方边坡

开挖土方时,边坡土体的下滑力产生剪应力,此前应力主要由土体的内摩阻力和内聚力平衡,一旦土体失去平衡,边坡就会塌方。为了防止塌方,保证施工安全,在基坑(槽)开挖查过一定限度时,土壁应放坡开挖,或者加以临时支撑或支护以保证土壁的稳定。

土方边坡的大小主要与土质、开挖深度、开挖方法、边坡留置时间的长短、边坡附近的各种荷载状况及排水情况有关。

一般情况下,黏性土的边坡可陡些,砂性土则应平缓些。当基坑周边有主要建筑物时,边坡应取 $1:1.0\sim1:1.5$。

根据《土方与爆破工程施工及验收规范》(GB 50201—2012)规定,土质均匀且地下水水位低于基坑(槽)或管沟底面标高时,其挖方边坡可做成直立壁不加支撑。挖方深度应根据土质确定,但不宜超过下列规范中的规定值:

(1)密实、中密的砂土和碎石类土(充填物为砂土)1.0 m;

(2)硬塑、可塑的轻粉质黏土及粉质黏土 1.25 m;

(3)硬塑、可塑的黏土和碎石类土(充填物为黏性土)1.5 m;

(4)坚硬的黏土 2.0 m。

基坑(槽)或管沟挖好后,应及时进行地下结构和安装工程施工,在施工过程中,应经常检查坑壁的稳固状态。对地质条件良好、土质均匀且地下水水位低于基坑(槽)或管沟底标高时,挖方深度在 5 m 以内不加支撑的边坡最大坡度应符合表 1-6 的规定。

表 1-6 深度在 5 m 以内的基坑(槽)、管沟边坡的最陡坡度(不加支撑)

| 土的类别 | 边坡坡度(高:宽) | | |
| --- | --- | --- | --- |
| | 坡顶无荷载 | 坡顶有静载 | 坡顶有动载 |
| 中密的砂土 | 1:1.00 | 1:1.25 | 1:1.50 |
| 中密的碎石类土(充填物为砂土) | 1:0.75 | 1:1.00 | 1:1.25 |
| 硬塑的粉土 | 1:0.67 | 1:0.75 | 1:1.00 |
| 中密的碎石类土(充填物为黏性土) | 1:0.50 | 1:0.67 | 1:0.75 |
| 硬塑的粉质黏土、黏土 | 1:0.33 | 1:0.50 | 1:0.67 |
| 老黄土 | 1:0.10 | 1:0.25 | 1:0.33 |

注:1.静载是指堆土或材料等,动载是指机械挖土或汽车运输作业等。静载或动载距挖方边缘的距离应保证边坡和直立壁的稳定,堆土或材料应距挖方边缘 0.8 m 以外,高度不超过 1.5 m。

2.当有成熟施工经验时,可不受本表限制。

永久性挖方边坡应按设计要求放坡。对使用时间较长的临时性挖方边坡坡度，在坡体整体稳定情况下，如地质条件良好、土质较均匀、高度在 10 m 以内的应符合表 1-7 的规定。

表 1-7　使用时间较长、高度在 10 m 以内的临时性挖方边坡坡度值

| 土的类别 | | 边坡坡度（高∶宽） |
|---|---|---|
| 砂土（不包括细砂、粉砂） | | 1∶（1.25～1.5） |
| 一般性黏土 | 坚硬 | 1∶（0.75～1） |
| | 硬塑 | 1∶（1～1.5） |
| 碎石类土 | 充填坚硬、硬塑黏性土 | 1∶（0.5～1） |
| | 充填砂土 | 1∶（1～1.5） |

注：1.使用时间较长的临时性挖方是指使用时间超过一年的临时道路、临时工程的挖方；
　　2.挖方经过不同类别的土（岩）层或深度超过 10 m 时，其边坡可做成折线形或阶形；
　　3.现场有成熟、施工经验时，可不受本表限制。

## 三、浅基坑（槽）支护

浅基坑（槽）的常用支撑方法见表 1-8 和表 1-9。

表 1-8　一般沟槽的支撑方法

| 支撑方式 | 简图 | 支撑方式及适用条件 |
|---|---|---|
| 间断式水平支撑 | | 两侧挡土板水平放置，用工具式或木横撑借木楔顶紧，挖一层土，支顶一层。<br>适用于能保持立壁的干土或天然湿度的黏土，地下水很少，深度在 2 m 以内 |
| 继续式水平支撑 | | 挡土板水平放置，中间留出间隔，并在两侧同时对称设立竖枋木，再用工具式或木横撑上下顶紧。<br>适用于能保持直立壁干土或天然湿度的黏土类土，地下水很少，深度在 3 m 以内 |
| 连续式水平支撑 | | 挡土板水平连续放置，不留间隙，然后两侧同时对称设立竖枋木，上下各顶一根撑木，端头加木楔顶紧。<br>适用于较松散的下土或天然湿度黏土类土，地下水很少，深度为 3～5 m |

| 支撑方式 | 简图 | 支撑方式及适用条件 |
|---|---|---|
| 连续或间断式垂直支撑 | | 挡土板垂直放置,连续或留有适当间隙,每侧上下各水平顶一根枋木,然后再用横撑顶紧。<br>适用于土质较松散或湿度很高的土,地下水较少,深度不限 |
| 水平垂直混合支撑 | | 沟槽上部设连续或水平支撑,下部设连续或垂直支撑。<br>适用于沟槽深度较大,下部有含水土层的情况 |

表 1-9　一般浅基础的支撑方法

| 支撑方式 | 示意图 | 支撑方法及适用条件 |
|---|---|---|
| 斜柱支撑 | | 水平挡土板钉在柱桩内侧,柱桩外侧用斜撑支顶,斜撑底端支在木桩上,在挡土板内侧回填土。<br>适用于开挖面积较大、深度不大的基坑或使用机械挖土 |
| 锚拉支撑 | | 水平挡土板支在柱桩的内侧,柱桩一端打入土中,另一端用拉杆与锚桩拉紧,在挡土板内侧回填土。<br>适用于开挖面积较大、深度不大的基坑或使用机械挖土而不能安设横撑的情况 |
| 短桩横隔支撑 | | 打入小短木桩,部分打入土中,部分露在地面,钉上水平挡土板,在背面填土。<br>适用于开挖宽度大的基坑或当部分地段下部放坡不够时 |
| 临时挡土墙支撑 | | 沿坡脚用砖、石叠砌或用草袋装土砂堆砌,使坡脚保持稳定。<br>适用于开挖宽度大的基坑或当部分地段下部放坡不够时 |

## 四、基坑边坡保护

当基坑边坡高度较大,施工工期和暴露时间较长时,易于疏松或滑塌。为防止基坑边坡因气温变化,或失水过多而疏松或滑塌,或防止坡面受雨水冲刷而产生溜坡现象,应根据土质情况和实际条件采取边坡保护措施,以保护基坑边坡的稳定。常用基坑坡面保护方法如下。

**1. 薄膜或砂浆覆盖法**

对基础施工期较短的临时性基坑边坡,采取在边坡上铺塑料薄膜,在坡顶及坡脚用草袋或编织袋装土压住;或在边坡上抹水泥砂浆 2~2.5 cm 厚保护。为防止薄膜脱落,在上部及底部均应搭盖不少于 80 cm,同时,在土中插适当锚筋连接,在坡脚设排水沟,如图 1-16(a) 所示。

**2. 挂网或挂网抹面法**

对基础施工工期短、土质较差的临时性基坑边坡,可在垂直坡面楔入直径为 10~12 mm、长度为 40~60 cm 的插筋,纵横间距为 1 m,上铺 20 号钢丝网,上下用草袋或编织袋装土或砂压住,或在钢丝网上抹 2.5~3.5 cm 厚的 M5 水泥砂浆。在坡顶坡脚设排水沟[图 1-16(b)]。

**3. 喷射混凝土或混凝土护面法**

对邻近有建筑物的深基坑边坡,可在坡面垂直楔入直径为 10~12 mm、长度为 40~50 cm 的插筋,纵横间距为 1 m,上铺 20 号钢丝网,在表面喷射 40~60 mm 厚的 C20 细石混凝土直到坡顶和坡脚;也可不铺钢丝网,而坡面铺 $\phi 4 \sim \phi 6$ mm@250~300 mm 钢筋网片,浇筑 50~60 mm 厚的细石混凝土,表面抹光,如图 1-16(c) 所示。

**4. 土袋或砌石压坡法**

对深度在 5 m 以内的临时基坑边坡,在边坡下部用草袋或编制袋装土堆砌或砌石压住坡脚。在坡顶设挡水土堤或排水沟,防止冲刷坡面,在底部做排水沟,防止冲坏坡脚,如图 1-16(d) 所示。

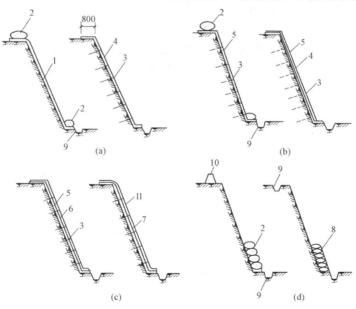

**图 1-16 基坑边坡护面方法**

(a)薄膜或砂浆覆盖;(b)挂网或挂网抹面;(c)喷射混凝土或混凝土护面;(d)土袋或砌石压破

1—塑料薄膜;2—草袋或编织袋装土;3—插筋 $\phi 1 \sim 12$ mm;4—抹 M5 水泥砂浆;5—20 号钢丝;6—C15 喷射水泥;7—C20 细石混凝土;8—M5 砂浆砌石;9—排水沟;10—土堤;11—$\phi 4 \sim 6$ mm 钢筋网片,纵横间距为 250~300 mm

## 五、深基坑支护

深基坑支护按照接受力不同可分为重力式支护结构、非重力式支护结构和边坡稳定式支护结构。

### 1.重力式支护挡墙

(1)深层搅拌水泥土桩挡墙。该法是用特制进入土层深处的深层搅拌机将喷出的水泥浆固化剂与地基土进行原位强制拌和形成的水泥土桩,水泥土桩相互搭接一起硬化后即形成具有一定强度的壁状挡墙,既可以挡土又可以形成隔水帷幕。如图 1-17 所示,平面呈现任意形状,开挖深度一般不超过 6 m,比较经济。水泥土的物理性质取决于水泥掺入量。

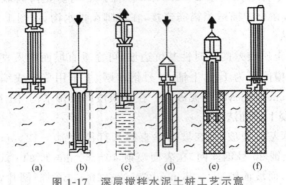

**图 1-17 深层搅拌水泥土桩工艺示意**

(a)定位;(b)预搅下沉;(c)喷浆搅拌上升;(d)重复搅拌下沉;(e)重复喷浆搅拌机提升;(f)完毕

(2)旋喷桩挡墙。该法是钻孔后将钻杆从地基土深处逐渐上提,与此同时,利用钻杆端部的旋转喷嘴,将水泥浆固化剂高压喷入地基土中形成水泥土桩,桩体相互搭接形成挡墙。它与深层搅拌水泥土桩一样,属于重力式挡墙,只是形成水泥桩的工艺不同。在旋喷桩施工时,要控制好钻杆的上提速度、喷射压力与喷射量,以保证施工质量。

### 2.非重力式支护挡墙

(1)钢板桩。常用的钢板桩有槽钢钢板桩和热轧锁口钢板桩。钢板桩由大规格的槽钢并排或正反扣搭接组成。槽钢长度为 6~8 m,型号依照计算确定。因为其抗弯能力较弱,所以多用于深度不超过 4 m 的基坑,顶部需设置一道拉锚或支撑,以提高抗弯能力。常用钢板桩截面形式(图 1-18)有 U 形、Z 形、一字形、H 形组合形。当基坑深度较大时,常用 H 形组合形钢板桩;U 形钢板桩可以用于 5~10 m 的基坑。

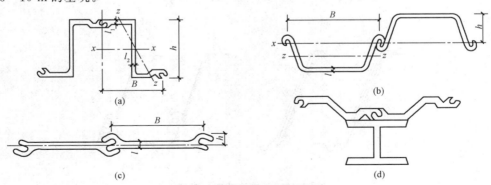

**图 1-18 常用钢板桩截面形式**

(a)U 形钢板桩;(b)Z 形钢板桩;(c)一字形钢板桩;(d)H 形组合形钢板桩

钢板桩具有一次性投资较大、施工工期短,可以重复使用的特点。特别在软土地区,钢板桩打设方便,有一定挡水能力,打设后可以立即开挖。钢板桩柔性较大,当基坑较深、支撑工程量较大时,坑内施工难度就会随之增加。特别应注意钢板用后拔桩带土,拔桩后会形成孔隙带,若处理不当将会引起土层移动,给施工结构及周边设施带来危害。

(2)H形钢支柱挡板支护挡墙。支护挡墙支柱按照一定间距打入土中,支柱之间设置木挡板或其他挡土设施(随挖土逐步加设),支柱和挡板可以回收使用,较为经济。其适用于土质较好、地下水水位较低的地区,其在国内外应用较多。

(3)钢筋混凝土排桩挡墙。在开挖基坑的周边,采用钢筋混凝土钻孔灌注桩、沉管灌注桩,待混凝土达到设计要求后开挖基坑,在挖出的护壁上设置一道或几道腰梁并与支撑或拉杆连接,在桩顶部设置钢筋混凝土圈梁以增强整体性。钢筋混凝土排桩挡墙刚度较大、护弯能力较强、变形相对较小,有利于保护周围建筑,价格较低,经济效益较好。但施工工艺难以做到桩之间相切,桩之间留有 $100 \sim 150$ mm 的间隙,挡水能力较差,需要另做防水帷幕。目前,常在桩背面相隔 $100$ mm 左右处施工两排深层搅拌水泥土桩,或桩之间施工树根桩、注浆止水。

钢筋混凝土钻孔灌注桩常用的桩径为 $\phi600 \sim \phi1\ 100$ mm,深度为 $7 \sim 13$ m 的基坑,多在两层地下室及以下的深坑支护结构中优先选用;沉管灌注桩常用桩径为 $\phi500 \sim \phi800$ mm,多用于深度为 $10$ m 以上的基坑。

(4)地下连续墙。地下连续墙现已成为深基坑的主要支护结构挡墙之一,常用的厚度有 $600$ mm、$800$ mm 和 $1\ 000$ mm。地下连续墙使用特殊挖槽设备,利用水泥浆护壁沿地下结构边墙开挖狭长深槽,在槽内放置预制钢筋笼并浇筑水下混凝土,筑成一段混凝土墙体,然后将若干段墙体连接成整体,形成连续墙体。地下连续墙可以截水防渗或挡土承重,强度高、刚度大,不仅可以用于深基坑支护结构,而且采取一定结构构造措施后可以用作地下工程的部分结构,一定条件下大幅度减少工程总造价,并可以结合"逆作法"施工,在地下室顶板完成后,同时,进行多层地下室和地面高层房屋的施工,缩短施工总工期。

### 3. 土层锚杆

土层锚杆是一种受拉杆件,其一端锚固在稳定的地层中,另一端与支护结构的挡墙相连接,将支护结构和其他结构所承受的荷载(土压力、水压力及水上浮力等)通过拉杆传递到锚固体上,再由锚固体将传来的荷载分散到周围稳定的地层中。

利用土层锚杆支护结构在基坑施工可以实现坑内无支撑,开挖土方和地下结构施工不受支撑干扰,施工作业面宽敞,在高层建筑深基坑工程中的应用已日益增多。

锚杆支护体系由支护挡墙、腰梁(围檩)及托架、锚杆三部分组成,如图 1-19 所示。腰梁将作用于支护挡墙的水、土压力传递给锚杆,并使各杆的应力通过腰梁得到均匀分配。锚杆由锚头、拉杆(拉索)和锚固体三部分组成。

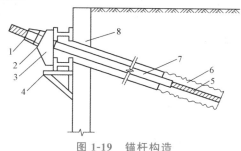

图 1-19 锚杆构造

1—锚具;2—垫板;3—台座;4—托架;5—拉杆;6—锚固体;7—套管;8—围护挡墙

(1)土层锚杆的类型。

1)一般注浆圆柱体(压力为 0.3～0.5 MPa)。孔内注水泥浆或水泥砂浆,适用于拉力不高的临时性锚杆,如图 1-20(a)所示。

2)扩大的圆柱体或不规则体,采用压力注浆,压力从 2 MPa(二次注浆)到 5 MPa(高压注浆)左右,在黏土中形成较小的扩大区,在无黏性土中可以形成较大的扩大区,如图 1-20(b)所示。

3)孔内沿长度方向扩一个或几个扩大头的圆柱体,采用特制扩孔机械通过中心杆压力将扩张刀具缓缓张开削土成型而成,在黏性土及先黏性土中都适用,如图 1-20(c)所示。

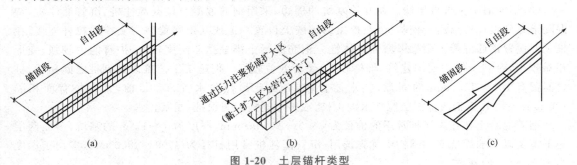

图 1-20　土层锚杆类型

(2)土层锚杆的施工。土层锚杆的施工包括钻孔、拉杆安装、注浆、张拉和锚固等工作。

1)钻孔。旋转式钻孔机、冲击式钻孔机、旋转冲击式钻孔机均可用于土层锚杆的钻孔,主要根据土质、钻孔深度和地下水的情况进行选择。

土层锚杆孔壁要求平直,以便安放钢拉杆和灌注水泥浆。孔壁不得坍塌和松动,不得影响钢拉杆和土层锚杆的承载能力。钻孔时,不得使用膨润土循环泥浆护壁,以免在孔壁上形成泥皮,降低锚固体与土壁之间的摩阻力。

2)拉杆安装。土层锚杆用的拉杆,常用的有钢管、粗钢筋、钢丝束和钢绞线。为将拉杆安置在钻孔中心并防止入孔时搅动孔壁,应当沿拉杆每隔 1.5～2 m 布设一个定位器。

3)注浆。锚孔注浆是土层锚杆施工的重要工序之一。注浆的目的是形成锚固段,并防止拉杆腐蚀。锚杆注浆宜用强度不低于 42.5 级的普通硅酸盐水泥,注浆常用水胶比为 0.4～0.5 的水泥浆,或灰砂比为 1∶1～1∶1.2、水胶比为 0.38～0.45 的水泥砂浆。

注浆可分为一次注浆和二次灌浆。

①一次注浆是用泥浆泵通过一根注浆管自孔底起开始注浆,待浆液流出孔口封堵,稳压数分钟后注浆结束。

②二次注浆是同时装入两根注浆管,两根注浆管分别用于一次注浆和两次注浆。一次注浆管注完成予以回收,二次注浆用注浆管管底封堵严密,从管端起向上沿锚固段每隔 1～2 m 做一段花管,待一次注浆初凝后,即可进行二次压力注浆。二次注浆为劈裂注浆,二次浆液冲破一次注浆体,沿锚固体与土的界面向土体挤压劈裂扩散,使锚固体直径加大、径向压力增大,显著提高土锚的承载力。

4)张拉和锚固。锚杆压力灌浆后,待锚固段的强度大于 15 MPa,并达到设计强度等级的 75% 后方可进行张拉。

4.土钉墙

土钉墙是采用土钉加固的基坑侧壁土体与护面等组成的结构。其将拉筋全部插入土体内部与土粘结,并在坡面上喷射混凝土,从而形成加筋土体加固区带,用以提高整个原位土体的强度并限制其位移,同时,增强基坑边坡坡体的自身稳定。

按照施工方法的不同,土钉墙可分为钻孔注浆型土钉墙、打入型土钉墙和射入型土钉墙三类。

（1）土钉墙的构造。土钉墙的构造如图 1-21 所示，构造要求如下：

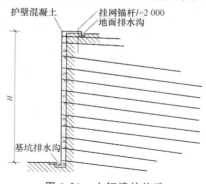

图 1-21　土钉墙的构造

1）土钉墙的墙面坡度不宜大于 1 : 0.1；

2）土钉钢筋材料宜采用 16～32 mm 的 HRB400 级以上的带肋钢筋，钻孔直径宜为 70～120 mm，长度为开挖深度的 0.5～1.2 倍，间距宜为 1～2 m，与水平面的夹角宜为 5°～20°；

3）注浆材料宜采用水泥浆或水泥砂浆，其强度不宜低于 M10；

4）土钉应当与面层有效连接，设置承压板或加强钢筋等构造，承压板或加强钢筋应当与土钉墙焊接连接；

5）喷射混凝土面层中宜配置钢筋网，钢筋直径宜为 6～10 mm 的 HPB300 级，间距宜为 150～300 mm，坡度上下段钢筋网搭接长度应当大于 300 mm，喷射混凝土强度等级不宜低于 C20，面层厚度不宜小于 80 mm；

6）土钉墙墙顶应当采用砂浆或混凝土护面，在坡顶和坡脚应当设置排水措施。

（2）土钉墙的特点。

1）安全可靠。当基坑边坡直立高度超过临时高度，或坡顶有较大荷载及环境因素有所变化时，都会引起基坑边坡失稳，这是由于土体自身的抗剪能力低，抗拉强度很低，而土钉墙由于在原位土体内增设一定长度与分布密度的锚固体，使之与土体牢固结合并共同工作，从而弥补了土体自身强度的不足。

土钉墙还能增强土体破坏的延性，改变基坑边坡破坏时突然塌方的性质，在超荷载作用下的变形特征表现为持续渐进性破坏，即使在土体内已出现局部剪切面和张拉裂缝，并随着超荷增加而扩展，但仍然可以持续很长时间不发生整体塌滑，从而为土体加固、排除险情提供充裕时间，并使相应的加固方法简单易行。

2）可缩短基坑施工工期。土钉墙不同于排桩挡墙等支护体系，其可以与土方开挖同期施工，还可以与土方开挖形成流水施工。

3）施工机具简单、易于推广。设置土钉采用的钻孔机具及喷射混凝土设备都属于可以移动的小型机械，它们移动灵活，振动小、噪声低，在城市地区施工具有明显优势，具有钻孔、灌浆、面层喷射混凝土等技术工艺，易于掌握，普及性强。

4）经济效益较好。土钉墙材料用量远低于排桩挡墙，成本低于灌注桩支护。

（3）土钉支护的施工。土钉支护的施工过程主要包括以下几个方面：

1）作业面开挖。土钉墙施工是随着工作面开挖分层施工的，每层开挖的最大深度取决于该土体可以直立而不破坏的能力，开挖高度一般与土钉竖向间距相匹配，每层开挖的纵向长度取决于交叉施工期间保持坡面稳定的坡面面积和施工流程的相互衔接程度。

2）成孔。成孔采用螺旋钻、冲击钻、地质钻机等机械成孔，钻孔直径为 70～120 mm。成孔时，必须按照设计图纸的纵向、横向尺寸及水平面夹角的规定进行钻孔施工。

3）置筋。在置筋前，最好采用压缩空气将孔内残留及扰动的废土清除干净。放置钢筋应当平直，必须除锈、除油，保证钢筋在孔中的位置，每隔 2～3 m 在钢筋上焊置一个定位架。

4）注浆。注浆采用水泥浆或水泥砂浆，水泥浆水胶比为 0.38～0.5，水泥砂浆配合比为 1∶0.8 或∶1.5。利用注浆泵注浆，注浆管插入距孔底 0.2～0.5 m 处，孔口设置止浆塞，以保证注浆饱满。

5）喷射混凝土面层。一般情况下，为了防止土体松弛和崩解，必须尽快做第一层喷射混凝土。根据地层的性质，可以在放置土钉之前做，也可以在放置土钉之后做。对于临时性支护来说，面层可以做一层，厚度为 50～150 mm；对永久性支护则多用两层或三层，厚度为 100～300 mm。两次喷射作业之间应留一定的时间间隔，第一次喷射后铺设钢筋网，并使钢筋与土钉牢固连接。为使施工搭接方便，每层下部 300 mm 暂不喷射，并应做好 45° 的斜面形式。在此之后再喷射混凝土，并要求其表面平整、湿润、具有光泽，喷射完成终凝 2 h 后进行洒水养护 3～7 d。

# 单元四　人工降低地下水水位

在开挖基坑（槽）、管沟或其他土方时，若地下水水位较高，挖土底面低于地下水水位，开挖至地下水水位以下时，土的含水层被切断，地下水将不断流入坑内。这时不仅施工条件恶化，而且容易发生边坡失稳、地基承载力下降等不利现象。因此，为了保证工程质量和施工安全，在土方开挖前或开挖过程中必须采取措施，做好降低地下水水位的工作，使地基土在开挖及基础施工过程中保持干燥状态。

在土方工程施工中，降低地下水水位常采用的方法有集水井降水法和井点降水法两种。集水井降水法一般用于降水深度较小且地层中无流砂的情况；如降水深度较大，或地层中有流砂，或在软土地区，应采用井点降水法。无论采用何种方法，降水工作都要持续到基础施工完毕并回填土后才能停止。

## 一、集水井降水

集水井降水法又称明沟排水法，是在基坑或沟槽开挖时，在开挖基坑的一侧、两侧或中间设置排水沟，并沿排水沟方向每间隔 20～40 m 设一集水井（或在基坑的四角处设置），使地下水流入集水井内，再用水泵抽出坑外，如图 1-22 所示。

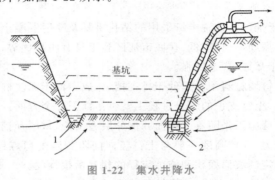

图 1-22　集水井降水
1—排水沟；2—集水坑；3—水泵

## (一)集水井及排水沟的设置

为了防止基底土的细颗粒随水流失,使土结构受到破坏,排水沟及集水井应设置在基础范围之外,距基础边线距离不少于0.4 m,地下水走向的上游。根据基坑涌水量大小、基坑平面形状及尺寸,以及水泵的抽水能力,确定集水井的数量和间距。一般每隔20~40 m设置一个集水井。集水井的直径或宽度一般为0.6~0.8 m。集水井的深度随挖土加深而加深,要始终低于挖土面0.7~1.0 m。井壁用竹、木等材料加固。排水沟深度为0.3~0.4 m,底宽不小于0.2~0.3 m,边坡坡度为1:(1~1.5),沟底设有不小于0.2‰的纵坡。

当挖至设计标高后,集水井底应低于坑底1~2 m,并铺设0.3 m碎石滤水层,以免在抽水时将泥砂抽出,并防止坑底土被搅动。

集水井降水常用的水泵主要有离心泵、潜水泵和泥浆泵。选用水泵类型时,一般取水泵的排水量为基坑涌水量的1.5~2.0倍。当基坑涌水量$Q<20$ m³/h时,可用隔膜式泵或潜水电泵;当$Q=20~60$ m³/h,可用隔膜式或离心式水泵或潜水电泵;当$Q>60$ m³/h,多用离心式水泵。

## (二)流砂及其防治

基坑挖土达到地下水水位以下,有时坑底下的土就会形成流动状态,随地下水一起流动涌进坑内,这种现象称为流砂现象。发生流砂现象时,土完全丧失承载力,施工条件恶化,难以开挖至设计深度。流砂严重时,会引发基坑侧壁塌方,附近建筑物下沉、倾斜甚至倒塌。总之,流砂现象对土方施工和附近建筑物都有很大危害。

### 1. 流砂产生的原因

流动中的地下水对土颗粒产生的压力称为动水压力。水由左端高水位$h_1$,经过长度为$L$、断面为$F$的土体流向右端低水位$h_2$,水在土中渗流时受到土颗粒的阻力$T$,同时水对土颗粒作用一个动水压力$G_D$,两者大小相等、方向相反。如图1-23(a)中,作用在土体左端$a-a$截面处的静水压力为$\rho_w \times h_1 \times F$($\rho_w$为水的密度),其方向与水流方向一致;作用在土体右端$b-b$截面处的静水压力为$\rho_w \times h_2 \times F$,其方向与水流方向相反;水在土中渗流时受到土颗粒的阻力为$T \cdot L \cdot F$($T$为单位土体的阻力)。根据静力平衡条件得:

$$\rho_w \cdot h_1 \cdot F - \rho_w \cdot h_2 \cdot F + T \cdot L \cdot F = 0$$

即

$$T = \frac{h_1 - h_2}{L} \cdot \rho_w$$

式中,$\dfrac{h_1 - h_2}{L}$为水头差与渗流路程长度之比,即水力坡度,用$I$表示,与动水压力$G_D$成正比。

由于地下水的水力坡度大,即动水压力大,而且动水压力的方向(与水流方向一致)与土的重力方向相反,土不仅受水的浮力,而且受动水压力的作用,有向上举的趋势,如图1-23(b)所示。当动水压力等于或大于土的重度时,土颗粒处于悬浮状态,并随地下水一起流入基坑,即发生流砂现象。

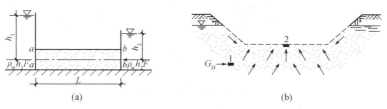

图 1-23 动水压力原理图

(a)水在土中渗流的力学现象;(b)动水压力对地基的影响

1,2—土颗粒

**2.流砂的防治**

流砂防治的原则是"治砂必治水",其途径如下：

(1)减小或平衡动水压力；

(2)截住地下水流；

(3)改变动水压力的方向。

其具体措施如下：

(1)在枯水期施工。因为地下水水位低,坑内外水位差小,动水压力小,不易发生流砂。

(2)打板桩法。将板桩打入坑底下面一定深度,增加地下水从坑外流入坑内的渗流长度,以减小水力坡度,从而减小动水压力,防止流砂产生。

(3)水下挖土法。就是不排水施工,使坑内水压与坑外地下水压相平衡,消除动水压力。

(4)井点降低地下水水位法。采用轻型井点等降水方法,使地下水渗流向下,水不致渗流入坑内,能增大土料间的压力,从而有效地防止流砂形成。因此,此法应用广且较可靠。

轻型井点
施工质量
验收标准

(5)地下连续墙法。此法是在基坑周围先浇筑一道混凝土或钢筋混凝土的连续墙,以支撑土壁、截水并防止流砂产生。

另外,在含有大量地下水土层或沼泽地区施工时,还可以采取土壤冻结法。对位于流砂地区的基础工程,应尽可能用桩基或沉井施工,以减少防治流砂所增加的费用。

## 二、井点降水

基坑中直接抽出地下水的方法比较简单,施工费用低,应用比较广,但当土为细砂或粉砂,地下水渗流时会出现流砂、边坡塌方及管涌等情况,导致施工困难,工作条件恶化,并有引起附近建筑物下沉的危险,此时常用井点降水的方法进行降水施工。

井点降水就是在基坑开挖前,预先在基坑四周埋设一定数量的滤水管(井)。在基坑开挖前和开挖过程中,利用真空原理,不断抽出地下水,使地下水水位降低到坑底以下,从根本上解决地下水涌入坑内的问题,如图1-24(a)所示；可以防止边坡由于受地下水流的冲刷而引起的塌方,如图1-24(b)所示；使坑底的土层消除了地下水水位差引起的压力,因此防止坑底土的上冒,如图1-24(c)所示；由于没有水压力,减少了板桩横向荷载,如图1-24(d)所示；由于没有地下水的渗流,也就消除了流砂现象,如图1-24(e)所示。降低地下水水位后,由于土体固结,还能使土层密实,增加地基土的承载能力。

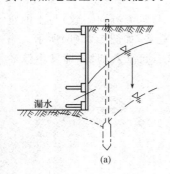
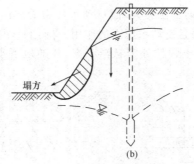

(a)          (b)          (c)

图 1-24　井点降水的作用
(a)防止涌水；(b)使边坡稳定；(c)防止土的上冒

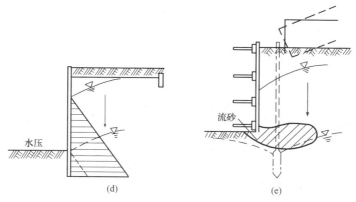

图 1-24　井点降水的作用(续)

(d)减少横向荷载;(e)防止流砂

井点有轻型井点、喷射井点、电渗井点、管井井点、深井井点、无砂混凝土管井点及小沉井井点等。各种降水方法的选用,可根据土的渗透系数、降低水位的深度、工程特点、设备及经济技术比较等具体条件参照表 1-10 选用。

表 1-10　各类井点的适用范围

| 项次 | 井点类别 | 土层渗透系数/(m·d⁻¹) | 降低水位深度/m |
| --- | --- | --- | --- |
| 1 | 单层轻型井点 | 0.1～50 | 2～6 |
| 2 | 多层轻型井点 | 0.1～50 | 6～12<br>(由井点层数而定) |
| 3 | 喷射井点 | 0.1～20 | 8～20 |
| 4 | 电渗井点 | <0.1 | 根据选用的井点确定 |
| 5 | 管井井点 | 20～200 | 8～30 |
| 6 | 深井井点 | 10～250 | >15 |

**1.轻型井点降水**

(1)轻型井点降水设备。设备由井点管、弯联管、集水总管、滤管和抽水设备组成。

滤管为进水设备,长度一般为 1.0～1.5 m,直径常与井点管相同;管壁上钻有直径为 12～18 mm 的呈梅花形状的滤孔,管壁外包两层滤网,内层为细滤网,采用网眼为 30～51 孔/cm² 的黄铜丝布、生丝布或尼龙丝布;外层为粗滤网,采用网眼为 3～10 孔/cm² 的钢丝布或尼龙丝布或棕树皮。为避免滤孔淤塞,在管壁与滤网间用钢丝绕成螺旋状隔开,滤网外面再围一层 8 号粗铁丝保护层。滤管下端放一个锥形的铸铁头。井点管为直径 38～55 mm 的钢管(或镀锌钢管),长度为 5～7 m,井点管上端用弯联管与总管相连。弯联管宜用透明塑料管或橡胶软管。

集水总管一般用直径为 75～100 mm 的钢管分节连接,每节长度为 4 m,每间隔 0.8～1.6 m 设一个连接井点管的接头。

抽水设备有两种类型,一种是真空泵轻型井点设备,由真空泵、离心泵和汽水分离器组成,这种设备国内已有定型产品供应,设备形成的真空度高(67～80 kPa)、带井点管数多(60～70 根)、降水深度较大(5.5～6.0 m);但该设备较复杂,易出故障,维修管理困难,耗电量大,适用于重要的较大规模的工程降水。另一种是射流泵轻型井点设备,它由离心泵、射流泵(射流器)、水箱等组成。射流泵抽水系由高压水泵供给工作水,经射流泵后产生真空,引射地下水流;该设备构造简单,制造容易,降水深度较大(可达 9 m),成本低,操作维修方便,耗电少,但其所带的井点管一般只有

25～40根,总管长度为30～50 m。若采用两台离心泵和两个射流器联合工作,能带动井点管70根,总管长度为100 m。这种形式目前应用较广,是一种有发展前途的抽水设备。

(2)轻型井点的布置。轻型井点的布置应根据基坑的形状与大小、地质和水文情况、工程性质、降水深度等来确定。

1)平面布置。当基坑(槽)宽小于6 m且降水深度不超过5 m时,可采用单排井点,布置在地下水上游一侧,两端延伸长度以不小于槽宽为宜,如图1-25(a)所示。如宽度大于6 m或土质不良、渗透系数较大,宜采用双排井点,布置在基坑(槽)的两侧。当基坑面积较大时宜采用环形井点,非环形井点考虑运输设备入道,一般在地下水下游方向布置成不封闭状态。井点管距离基坑壁一般可取0.7～1.0 m,以防局部发生漏气。井点管间距为0.8 m、1.2 m、1.6 m,由计算或经验确定。井点管在总管四角部分应适当加密。

2)高程布置。轻型井点的降水深度,从理论上讲可达10.3 m,但由于管路系统的水头损失,其实际的降水深度一般不宜超过6 m。井点管的埋置深度H可按下式计算,如图1-25(b)所示。

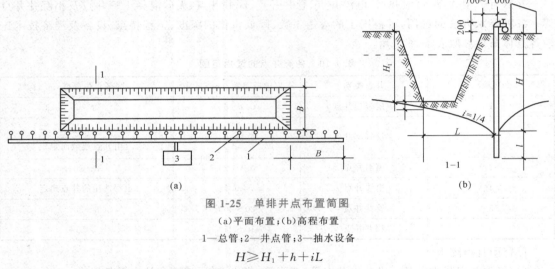

图1-25　单排井点布置简图

(a)平面布置;(b)高程布置

1—总管;2—井点管;3—抽水设备

$$H \geqslant H_1 + h + iL$$

式中　$H_1$——井点管埋设面至基坑底面的距离(m);

　　　$h$——降低后的地下水水位至基坑中心底面的距离(m),一般为0.5～1.0 m,人工开挖取下限,机械开挖取上限;

　　　$i$——水力坡度,单排井点为$\frac{1}{4}$、双排井点为$\frac{1}{7}$、环形井点为$\frac{1}{10}$;

　　　$L$——井点管中心至基坑中心的短边距离(m)。

如H值小于降水深度6 m,可用一级井点;当H值稍大于6 m且地下水水位离地面较深时,可采用降低总管埋设面的方法,仍可采用一级井点;当一级井点达不到降水深度要求时,则可采用二级井点或喷射井点,如图1-26所示。

(3)施工工艺流程。轻型井点施工工艺流程为:放线定位→铺设总管→冲孔→安装井点管、填砂砾滤料、上部填黏土密封→用弯联管将井点管与总管接通→安装抽水设备→开动设备试抽水→测量观测井中地下水水位变化的情况。

(4)井点管埋设。井点管的埋设一般采用水冲法进行,借助于高压水冲刷土体,用冲管扰动土体助冲,将土层冲成圆孔后埋设井点管。整个过程可分冲孔与埋管两个过程,如图1-27所示。冲孔的直径一般为300 mm,以保证井管四周有一定厚度的砂滤层;冲孔深度宜比滤管底深0.5 m左右,以防冲管拔出时部分土颗粒沉于底部而触及滤管底部。

井孔冲成后,立即拔出冲管,插入井点管,并在井点管与孔壁之间迅速填灌砂滤层,以防孔壁塌土。砂滤层的填灌质量是保证轻型井点顺利抽水的关键。一般宜选用干净粗砂,填灌要均匀,并填至滤管顶上 1～1.5 m,以保证水流畅通。井点填砂后,需用黏土封口,以防漏气。

井点管埋设完毕后,需进行试抽,以检查有无漏气、淤塞现象,出水是否正常,如有异常情况,应检修好方可使用。

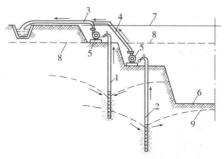

图 1-26  二级轻型井点降水示意

1—第一级轻型井点;2—第二级轻型井点;3—集水总管;4—连接管;5—水泵;
6—基坑;7—原地面线;8—原地下水水位线;9—降低后地下水水位线

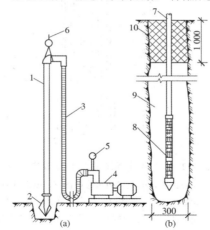

图 1-27  井点管的埋设

(a)冲孔;(b)埋管

1—冲管;2—冲嘴;3—胶皮管;4—高压水泵;5—压力表;
6—起重机吊钩;7—井点管;8—滤管;9—填砂;10—黏土封口

### 2.喷射井点降水

当基坑开挖较深或降水深度大于 8 m 时,必须使用多级轻型井点才可收到预期效果。但需要增大基坑土方开挖量,延长工期并增加设备数量,因此不够经济。此时宜采用喷射井点降水,在渗透系数 3～50 m/d 的砂土中应用最为有效,在渗透系数为 0.1～2 m/d 的粉质砂土、粉砂、淤泥质土中效果也较显著,其降水深度可达 8～20 m。

(1)喷射井点设备。喷射井点根据其工作时使用液体或气体的不同,可分为喷水井点和喷气井点两种。其设备主要由喷射井管、高压水泵(或空气压缩机)和管路系统组成,如图 1-28(a)所示。喷射井管 1 由内管 8 和外管 9 组成,在内管下端装有升水装置喷射扬水器与滤管 2 相连,如图 1-28(b)所示。在高压水泵 5 作用下,具有一定压力水头(0.7～0.8 MPa)的高压水经进水总管 3 进入井管的内外管之间的环形空间,并经扬水器的侧孔流向喷嘴 10。由于喷嘴截面突然缩小,流速急剧增加,压力水由喷嘴以很高流速喷入混合室 11,将喷嘴口周围空气吸入,被急速水流带走,致使该室压力下降而造成一定真空度。此时地下水被吸入喷嘴上面的混合室,与高压水汇合,流经扩散管 12 时,由于截面扩大,流速降低而转化为高压,沿内管上升经排水总管排于集水池 6 内,此池内的水,一部分用水泵 7 排走,另一部分供高压水泵压入井管用。如此循环不断,将地下水逐步抽出,降低了地下水水位。高压水泵宜采用流量为 50~80 m³/h 的多级高压水泵,每套能带动 20~30 根井管。

(2)喷射井点布置与使用。喷射井点的管路布置、井管埋设方法及要求与轻型井点相同。喷射井管间距一般为 2~3 m,冲孔直径为 400~600 mm,深度应比滤管深 1 m 以上,如图 1-28(c)所示。使用时,为防止喷射器损坏,需先对喷射井管逐根冲洗,开泵时压力要小一些(小于0.3 MPa),以后再逐渐开足,如发现井管周围有翻砂、冒水现象,应立即关闭井管检修。工作水应保持清洁,试抽两天后应更换清水,此后视水质污浊程度定期更换清水,以减轻工作水对喷射嘴及水泵叶轮等的磨损。

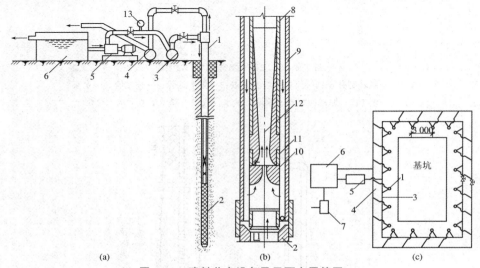

图 1-28　喷射井点设备及平面布置简图
(a)喷射井点设备简图;(b)喷射扬水器简图;(c)喷射井点平面布置
1—喷射井管;2—滤管;3—进水总管;4—排水总管;5—高压水泵;6—集水池;
7—水泵;8—内管;9—外管;10—喷嘴;11—混合室;12—扩散管;13—压力表

### 3.管井井点降水

管井井点又称大口径井点,适用于渗透系数大(20~200 m/d)、地下水丰富的土层和砂层,或用集水井法易造成土粒大量流失,引起边坡塌方及用轻型井点难以满足要求的情况下使用,具有排水量大、降水深、排水效果好、可代替多组轻型井点作用等特点。

(1)管井井点系统主要设备。设备由滤水井管、吸水管和抽水机械等组成,如图 1-29 所示。滤水井管的过滤部分,可采用钢筋焊接骨架外包孔眼为 1~2 mm,长度为 2~3 m 的滤网,井管部分宜用直径为 200 mm 以上的钢管或竹木、混凝土等其他管材。吸水管宜用直径为 50~100 mm 的胶皮管或钢管,插入滤水井管内,其底端应插到管井抽吸时的最低水位以下,必要时装设逆止阀,上端装设一节带法兰盘的短钢管。抽水机械常用 100~200 mm 的离心式水泵。

(2)管井布置。沿基坑外圈四周呈环形或沿基坑(或沟槽)两侧或单侧呈直线布置。井中心距基坑(或沟槽)边缘的距离,根据所用钻机的钻孔方法而定,当用冲击式钻机用泥浆护壁时为 0.5~1.5 m;当用套管法时不小于 3 m。管井的埋设深度和间距根据所需降水面积和深度以及含水层的渗透系数与因素而定,埋深为 5~10 m,间距为 10~50 m,降水深度为 3~5 m。

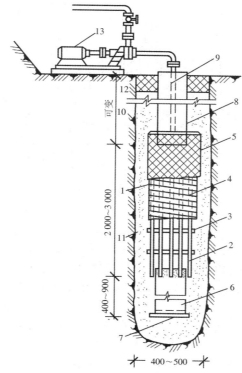

**图 1-29  管井井点**

1—滤水井管；2—$\phi14$ 钢筋焊接骨架；3—6×30 铁环@250；4—10 号钢丝垫筋@25
焊于管架上；5—孔眼为 1～2 mm 钢丝网点焊于垫筋上；6—沉砂管；7—木塞；
8—$\phi150～\phi250$ 钢管；9—吸水管；10—钻孔；11—填充砂砾；12—黏土；13—水泵

# 单元五  土方工程机械施工

土方工程工程量大、工期长。为节约劳动力，降低劳动强度，加快施工速度，对土方工程的开挖、运输、填筑、压实等施工过程应尽量采用机械施工。

土方工程施工机械的种类繁多，如推土机、铲运机、单斗挖土机、多斗挖土机和装载机等。而在房屋建筑工程施工中，尤以推土机、铲运机和单斗挖土机应用最广。施工时，应根据工程规模、地形条件、水文性质情况和工期要求正确选择土方施工机械。

## 一、土方工程施工机械

### 1. 推土机

推土机是在履带式拖拉机的前方安装推土铲刀（推土板）制成的。按铲刀的操纵机结构不同，推土机可分为索式和液压式两种。如图 1-30 所示为推土机的外形。

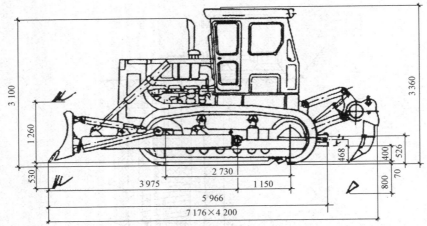

**图 1-30　推土机的外形**

推土机能单独完成挖土、运土和卸土工作，具有操纵灵活、运转方便、所需工作面较小、行驶速度较快等特点。推土机主要适用于一至三类土的浅挖短运，如场地清理或平整，开挖深度不大的基坑及回填、推筑高度不大的路基等。另外，推土机还可以牵引其他无动力的土方机械，如拖式铲运机、松土器和羊足碾等。

推土机推运土方的运距一般不超过 100 m，运距过长，土将从铲刀两侧流失过多，影响其工作效率，经济运距一般为 30～60 m，铲刀刨土长度一般为 6～10 m。

为了提高推土机的工作效率，常用表 1-11 中的几种作业方法。

**表 1-11　推土机推土方法**

| 作业名称 | 推土方法 | 适用范围 |
|---|---|---|
| 下坡推土法 | 在斜坡上，推土机顺下坡方向切土与堆运，借机械向下的重力作用切土，增大切土深度和运土数量，可提高生产率 30%～40%，但坡度不宜超过 15°，避免后退时爬坡困难。无自然坡度时，也可分段堆土，形成下坡送土条件。下坡推土有时与其他推土法结合使用 | 适用于半挖半填地区推土丘、回填沟和渠时使用 |
| 槽形挖土法 | 推土机多次重复在一条作业线上切和推土，使地面逐渐形成一条浅槽，再反复在沟槽中进行推土，以减少土从铲刀两侧漏散，可增加 10%～30% 的推土量。槽的深度以 1 m 左右为宜，槽与槽之间的土坑宽约为 50 cm，当推出多条槽后，再从后面将土推入槽内，然后运出 | 适用于运距较远、土层较厚时使用 |
| 并列推土法 | 用 2 或 3 台推土机并列作业，以减少土体漏失。铲刀相距 15～30 cm，一般采用两机并列推土，可增大推土量 15%～30%，三机并列可增大推土量 30%～40%，但平均运距不宜超过 50～75 m，也不宜小于 20 m | 适用于大面积场地平整及运送土时采用 |

| 作业名称 | 推土方法 | 适用范围 |
|---|---|---|
| 分堆集中，一次推送法 | 在硬质土中，切土深度不大，将土先积聚在一个或数个中间点，然后再整批推送到卸土区，使铲刀前保持满载。堆积距离不宜大于 30 m，推土高度以小于 2 m 为宜。本法可使铲刀的推送数量增大，有效地缩短运输时间，能提高生产效率15%左右 | 适用于运送距离较远而土质又比较坚硬，或长距离分段送土时采用 |
| 斜角推土法 支架 铲刀 | 将铲刀斜装在支架上或水平位置，并与前进方向成一倾斜角度（松土为60°，坚实土为45°）进行推土。本法可减少机械来回行驶，提高效率，但推土阻力较大，需较大功率的推土机 | 适用于管沟推土回填、垂直方向无倒车余地或在坡脚及山坡下推土用 |
| 之字斜角推土法 | 推土机与回填的管沟或洼地边缘成"之"字或一定角度推土。本法可减少平均负荷距离和改善推集中土的条件，并可使推土机转角减少一半，可提高台班生产率，但需较宽运行场地 | 适用于回填基坑（槽）、管沟时采用 |

**2.铲运机施工**

铲运机是一种能独立完成挖、装、运、填的机械，对行驶道路要求较低，操纵灵活，效率较高。铲运机按行走机构的不同，可分为自行式铲运机和拖式铲运机两种，如图 1-31、图 1-32 所示；按铲斗操纵方式的不同，又可分为索式和油压式两种。

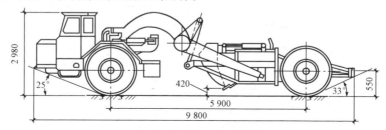

图 1-31　CL7 型自行式铲运机

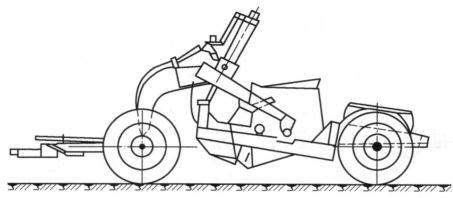

图 1-32　拖式铲运机

铲运机一般适用于含水量不大于27%的一至三类土的直接挖运,常用于坡度在20°以内的大面积场地平整、大型基坑的开挖、堤坝和路基的填筑等;不适用于在砾石层、冻土地带和沼泽地区使用。坚硬土开挖时要用推土机助铲或用松土器配合。拖式铲运机的运距以不超过800 m为宜,当运距在300 m左右时效率最高;自行式铲运机的行驶速度快,可用于稍长距离的挖运,其经济运距为800～1 500 m,但不宜超过3 500 m。铲运机适宜在松土、普通土且地形起伏不大(坡度在20°以内)的大面积场地上施工。

(1)铲运机的开行路线。铲运机的基本作业是铲土、运土和卸土三个工作行程和一个空载回驶行程。在施工中,由于挖填区的分布情况不同,为了提高生产效率,应根据不同施工条件(工程大小、运距长短、土的性质和地形条件等),选择合理的开行路线和施工方法。由于挖填区的分布不同,应根据具体情况选择开行路线,铲运机的开行路线种类如下:

1)环形路线。当地形起伏不大,施工地段较短时,多采用环形路线。图1-33(a)所示为小环形路线,这是一种既简单又常用的路线。从挖方到填方按环形路线回转,每循环一次完成一次铲土和卸土,挖填交替。当挖填之间的距离较短时可采用大环形路线,如图1-33(b)所示,一个循环可完成多次铲土和卸土,这样可减少铲运机的转弯次数,提高工作效率。作业时应时常按顺、逆时针方向交换行驶,以避免机械行驶部分单侧磨损。

2)"8"字形路线。施工地段加长或地形起伏较大时,多采用"8"字形开行路线,如图1-33(c)所示。采用这种开行路线,铲运机在上下坡时是斜向行驶,受地形坡度限制小;一个循环中两次转弯的方向不同,可避免机械行驶的单侧磨损;一个循环完成两次铲土和卸土,减少了转弯次数及空车行驶距离,从而缩短了运行时间,提高生产率。

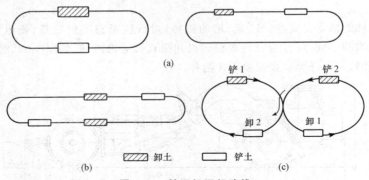

图1-33 铲运机运行路线

(a)小环形路线;(b)大环行路线;(c)"8"字形路线

(2)作业方法。铲运机铲土作业方法见表1-12。

表1-12 铲运机铲土方法

| 作业名称 | 铲土方法 | 适用范围 |
| --- | --- | --- |
| 下坡铲土法 | 铲运机顺地势(坡度一般为3°～9°)下坡铲土,借机械往下运行质量产生的附加牵引力来增加切土深度和充盈数量,可提高生产率25%左右,最大坡度不应超过20°,铲土厚度以20 cm为宜,平坦地形可将取土地段的一端先铲低,保持一定坡度向后延伸,创造下坡铲土条件,一般保持铲满铲斗的工作距离为15～20 cm。在大坡度上应放低铲斗,低速前进 | 适用于斜坡地形大面积场地平整或推土回填沟渠用 |

| 作业名称 | 挖土方法 | 适用范围 |
|---|---|---|
| 跨铲法 | 在较坚硬的地段挖土时,采取预留土埂间隔铲土。土埂两边沟槽深度以不大于 0.3 m,宽度在 1.6 m 以内为宜。本法铲土埂时增加了两个自由面,阻力减小,可缩短铲土时间和减少向外撒土,比一般方法的效率高 | 适用于较坚硬的土、铲土回填或场地平整用 |
| 交错铲土法 | 铲运机开始铲土的宽度取大一些,随着铲土阻力增加,适当减小铲土宽度,使铲运机能很快装满土。当铲第一排时,相互之间相隔铲斗一半宽度,铲第二排土则退离第一排挖土长度的一半位置,与第一排所挖各条交错开,以下所挖各排均与第二排相同 | 适用于一般比较坚硬的土的场地平整用 |
| 助铲法 | 在坚硬的土体中,自行铲运机再另配一台推土机在铲运机的后拖杆上进行顶推,协助铲土,可缩短每次铲土时间,装满铲斗,可提高生产率 30% 左右,推土机在助铲的空余时间,可作松土和零星的平整工作。助铲法取土场宽不宜小于 20 m,长度不宜小于 40 m,采用一台推土机配合 3 或 4 台铲运机助铲时,铲运机的半周程距离不应小于 250 m。几台铲运机要适当安排铲土次序和运行路线,互相交叉进行流水作业,以提高推土机效率 | 适用于地势平坦、土质坚硬、宽度大、长度长的大型场地平整工程采用 |
| 双联铲运机 | 铲运机运土时所需牵引力较小,当下坡铲土时,可将两个铲斗前后串在一起,形成一起一落依次铲土、装土(称双联单铲)。当地面较平坦时,采取将两个铲斗串成同时起落的方法,同时进行铲土,又同时起斗运行(称为双联双铲)。前者可提高工效 20%~30%,后者可提高工效约 60% | 适用于较松软的土,进行大面积场地平整及筑堤时采用 |

### 3. 单斗挖土机

单斗挖土机是土方开挖的常用机械,按行走装置的不同可分为履带式和轮胎式两类;按传动方式可分为索具式和液压式两种;根据工作装置的不同可分为正铲、反铲、拉铲和抓铲四种,如图 1-34 所示。使用单斗挖土机进行土方开挖作业时,一般需用自卸汽车配合运土。

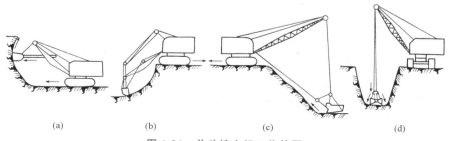

(a)　　　　　(b)　　　　　(c)　　　　　(d)

**图 1-34　单斗挖土机工作简图**

(a)正铲挖土机;(b)反铲挖土机;(c)拉铲挖土机;(d)抓铲挖土机

(1)正铲挖土机施工。正铲挖土机挖掘能力大,生产率高,适用于开挖停机面以上的一至三类土,它与运土汽车配合能完成整个挖运任务,可用于开挖大型干燥基坑及土丘等:

1)正铲挖土机的开挖方式。正铲挖土机的挖土特点是"前进向上,强制切土"。根据开挖路线与运输汽车相对位置的不同,一般有以下两种:

①正向开挖,侧向卸土。正铲向前进方向挖土,汽车位于正铲的侧向装土,如图 1-35(a)、(b)所示。本法铲臂卸土回转角度最小,小于 90°,装车方便,循环时间短,生产效率高,用于开挖工作面较大、深度不大的边坡、基坑(槽)、沟渠和路堑等,为最常用的开挖方法。

②正向开挖,后方卸土。正铲向前进方向挖土,汽车停在正铲的后面,如图 1-35(c)所示。本法开挖工作面较大,但铲臂卸土回转角度较大,约为 180°,且汽车要侧向行车,增加工作循环时间,生产效率降低(若回转角度为 180°,效率约降低 23%;若回转角度为 130°,效率约降低 13%),用于开挖工作面较小,且较深的基坑(槽)、管沟和路堑等。

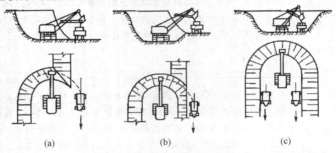

**图 1-35 正铲挖土机开挖方式**

(a)、(b)正向开挖,侧向卸土;(c)正向开挖,后方卸土

2)作业方法。正铲挖土机的作业方法见表 1-13。

表 1-13 正铲挖土机的作业方法

| 作业名称 | 开挖方法 | 适用范围 |
|---|---|---|
| 正向开挖,侧向装土法 | 正铲向前进方向挖土,汽车位于正铲的侧向装土。本法铲臂卸土回转角度最小(<90°),装车方便,循环时间短,生产效率高 | 适用于开挖工作面较大,深度不大的边坡、基坑(槽)、沟渠和路堑等,为最常用的开挖方法 |
| 正向开挖,后方装土法 | 正铲向前进方向挖土,汽车停在正铲的后面。本法开挖工作面较大,但铲臂卸土回转角度较大(180°左右),且汽车要侧行,增加工作循环时间,降低生产效率(回转角度为 180°,效率降低约为 23%;回转角度为 130°,效率降低约 13%) | 适用于开挖工作面狭小、且较深的基坑(槽)、管沟和路堑等 |

| 作业名称 | 开挖方法 | 适用范围 |
|---|---|---|
| 分层开挖法<br><br>(a)<br><br>(b) | 将开挖面按机械的合理高度分为多层开挖[图(a)],当开挖面高度不为一次挖掘深度的整数倍时,则可在挖方的边缘或中部先开挖一条浅槽作为第一次挖土运输线路[图(b)],然后再逐次开挖直至基坑底部 | 适用于开挖大型基坑或沟渠,工作面高度大于机械挖掘的合理高度时采用 |
| 上下轮换开挖法<br> | 先将土层上部1 m以下的土挖深为30～40 cm,然后再挖土层上部1 m厚的土,如此上下轮换开挖。采用本法挖土阻力小,易装满铲斗,卸土容易 | 适用于土层较高,土质不太硬,铲斗挖掘距离很短时使用 |
| 顺铲开挖法<br> | 铲斗从一侧向另一侧一斗挨一斗地按顺序开挖,使每次挖土增加一个自由面,阻力减小,易于挖掘。也可依据土质的坚硬程度每次只挖2～3个斗牙位置的土 | 适用于土质坚硬,挖土时不易装满铲斗,而且装土时间长时采用 |
| 间隔开挖法<br> | 在扇形工作面上第一铲与第二铲之间保留一定距离,使铲斗接触土体的摩擦面减少,两侧受力均匀,铲土速度加快,容易装满铲斗,生产效率高 | 适用于开挖土质不太硬、较宽的边坡或基坑、沟渠等 |
| 多层挖土法<br> | 开挖面按机械的合理开挖高度,分为多层同时开挖,以加快开挖速度,土方可以分层运出,也可分层递送,至最上层(或下层)用汽车运出,但两台挖土机沿前进方向,上层应先开挖保持30～50 cm距离 | 适用于开挖高边坡或大型基坑 |
| 中心开挖法<br> | 正铲先在挖土区的中心开挖,当向前挖至回转角度超过90°时,则转向两侧开挖,运土汽车按"8"字形停放装土。使用本法开挖移位方便,回转角度小(<90°)。挖土区宽度宜在40 m以上,以便于汽车靠近正铲装车 | 适用于开挖较宽的山坡地段或基坑、沟渠等 |

（2）反铲挖土机施工。反铲挖土机的挖土特点是"后退向下，强制切土"，随挖随行或后退。反铲挖土机的挖掘力比正铲小，适用于开挖停机面以下的一至三类土的基坑（槽）或管沟，无须设置进出口通道，可挖水下淤泥质土，每层的开挖深度宜为 1.5～3.0 m。

反铲挖土机作业方法见表 1-14。

表 1-14　反铲挖土机作业方法

| 作业名称 | 作业方法 | 适用范围 |
|---|---|---|
| 沟端开挖法<br><br>(a)<br>(b) | 反铲停于沟端，后退挖土，同时往沟的一侧弃土或装汽车运走[图(a)]。挖掘宽度可不受机械最大挖掘半径限制，臂杆回转半径为 45°～90°，同时可挖到最大深度。对较宽基坑可采用图(b)方法，其最大一次挖掘宽度为反铲有效挖掘半径的两倍，但汽车需停在机身后面装土，生产效率低 | 适用于一次成沟后退挖土，挖出土方随即运走时采用，或就地取土填筑路基或修筑堤坝时采用 |
| 沟侧开挖法<br> | 反铲停于沟侧沿沟边开挖，汽车停在机旁装土或往沟一侧卸土。本法铲臂回转角度小，能将土弃于距沟边较远的地方，但挖土宽度比挖掘半径小，边坡不好控制，同时机身靠沟边停放，稳定性较差 | 适用于横挖土体和需将土方甩到离沟边较远的距离时使用 |
| 沟角开挖法<br> | 反铲位于沟前端的边角上，随着沟槽的掘进，机身沿着沟边往后做"之"字形移动。臂杆回转角度平均在 45°左右，机身稳定性好，可挖较硬土体，并能挖出一定的坡度 | 适用于开挖土质较硬，宽度较小的沟槽（坑）时采用 |
| 多层接力开挖法<br> | 将两台或多台挖土机设在不同作业高度上同时挖土，边挖土边向上传递到上层，由地表挖土机边挖土边装车。上部可用大型反铲，中、下层用大型或小型反铲，以便挖土和装车，均衡连续作业，一般两层挖土可挖深 10 m，三层可挖深 15 m 左右。采用本法开挖较深基坑，可一次开挖到设计标高，避免汽车在坑下装运作业，提高生产效率，且不必设专用垫道 | 适用于开挖土质较好，深 10 m 以上的大型基坑，沟槽和渠道 |

（3）拉铲挖土机施工。拉铲挖土机的挖土特点是"后退向下，自重切土"。拉铲挖土时，吊杆倾斜角度应在 45°以上，先挖两侧然后挖中间，分层进行，保持边坡整齐，距边坡的安全距离应不小于 2 m。拉铲挖土机作业方法见表 1-15。

表 1-15　拉铲挖土机作业方法

| 作业名称 | 作业方法 | 适用范围 |
|---|---|---|
| 沟端开挖法<br> | 　　拉铲停在沟端,倒退着沿沟纵向开挖。开挖宽度可以是机械挖土半径的两倍,能两面出土,汽车停放在一侧或两侧,装车角度小,坡度较易控制,并能开挖较陡的坡 | 适用于就地取土、填筑路基及修筑堤坝等 |
| 沟侧开挖法<br> | 　　拉铲停在沟侧沿沟横向开挖,沿沟边与沟平行移动,如沟槽较宽,可在沟槽的两侧开挖。本法开挖宽度和深度均较小,一次开挖宽度约等于挖土半径,且开挖边坡不易控制 | 适用于开挖土方就地堆放的基坑,槽以及填筑路堤等工程采用 |
| 三角开挖法<br><br>$A,B,C,\cdots$:拉铲停放位置<br>$1,2,3,\cdots$:开挖顺序 | 　　拉铲按"之"字形移位,与开挖沟槽的边缘成 45°角左右。本法拉铲的回转角度小,效率高,而且边坡开挖整齐 | 适用于开挖宽度在 8 m 左右的沟槽 |
| 分段挖土法<br> | 　　在第一段采取三角挖土,第二段机身沿 AB 线移动进行分段挖土。如沟底(或坑底)土质较硬,地下水水位较低时,应使汽车停在沟下装土,铲斗装土后稍微提起即可装车,能缩短铲斗起落时间,又能减小臂杆的回转角度 | 适用于开挖宽度大的基坑,槽、沟渠工程 |

| 作业名称 | 作业方法 | 适用范围 |
|---|---|---|
| 层层挖土法 <br> | 拉铲按从左到右或从右到左顺序逐层挖土,直至全深。采用本法可以挖得平整,而且拉铲斗的时间可以缩短。当土装满铲斗后,可以从任何高度提起铲斗,运送土时的提升高度可减小到最低限度,但落斗时要注意将拉斗钢绳与落斗钢绳一起放松,使铲斗垂直下落 | 适用于开挖较深的基坑,特别是圆形或方形基坑 |
| 顺序挖土法 <br> | 挖土时先挖两边,保持两边低中间高的地形,然后顺序向中间挖土。采用本法挖土只有两边遇到阻力,较省力,边坡可以挖得整齐,铲斗不会发生翻滚现象 | 适用于开挖土质较硬的基坑 |
| 转圈挖土法 <br> | 拉铲在边线外顺圆周转圈挖土,形成四周低中间高的地形,可防止铲斗翻滚。当挖到 5 m 以下时,则需配合人工在坑内沿坑周边往下挖一条宽 50 cm,深 40～50 cm 的槽,然后进行开挖,直至槽底平,接着再人工挖槽,用拉铲挖土,如此循环作业至设计标高为止 | 适用于开挖较大、较深圆形的基坑 |
| 扇形挖土法 <br> | 拉铲先在一端挖成一个锐角形,然后挖土机沿直线按扇形后退,直至挖土完成。采用本法挖土机移动次数少,汽车在一个部位循环,行走路程短,装车高度小 | 适用于挖直径和深度不大的圆形基坑或沟渠时采用 |

## 二、土方工程机械化施工选择

土方开挖机械的选择主要是确定类型、型号和台数。挖土机械的类型是根据土方开挖类型、工程量、地质条件及挖土机的适用范围确定;其型号再根据开挖场地条件、周围环境及工期等确定;最后确定挖土机台数和配套汽车数量。

挖土机的数量应根据所选挖土机的台班生产率、工程量大小和工期要求进行计算。

(1)挖土机台班产量 $P_d$ 按下式计算：

$$P_d = \frac{8 \times 3\,600}{t} \cdot q \cdot \frac{K_c}{K_s} \cdot K_B \quad (\text{m}^3/\text{台班})$$

式中　$t$——挖土机每次作业循环延续时间(s)，由机械性能决定，如 W1－100 正铲挖土机为 25～40 s，W1－100 拉铲挖土机为 45～60 s;

　　　　$q$——挖土机铲斗容量(m³);

　　　　$K_c$——铲斗的充盈系数，可取 0.8～1.1;

　　　　$K_s$——土的最初可松性系数;

　　　　$K_B$——时间利用系数，一般取 0.6～0.8。

(2)挖土机的数量 $N$ 可按下式计算：

$$N = \frac{Q}{Q_d} \cdot \frac{1}{TCK} \quad (\text{台})$$

式中　$Q$——土方量(m³);

　　　　$Q_d$——挖土机生产率(m³/台班);

　　　　$T$——工期，工作日;

　　　　$C$——每天工作班数;

　　　　$K$——工作时间利用系数，可取 0.8～0.9。

(3)配套汽车数量计算。自卸汽车装载容量 $Q_1$，一般宜为挖土机铲斗容量的 3～5 倍;自卸汽车的数量 $N_1$(台)，应保证挖土机连续工作，可按下式计算：

$$N_1 = \frac{T}{t_1}$$

式中　$T$——自卸汽车每一工作循环的延续时间(min)，其计算公式为

$$T = t_1 + \frac{2l}{v_c} + t_2 + t_3$$

　　　　$t_1$——自卸汽车每次装车时间(min)，$t_1 = nt$;

　　　　$n$——自卸汽车每车装土斗数，$n = \dfrac{Q_1}{q \cdot \dfrac{K_c}{K_s} \cdot \rho}$;

　　　　$t$——挖土机每斗作业循环的延续时间(s)(W1－100 正铲挖土机为 25～40 s);

　　　　$q$——挖土机铲斗容量(m³);

　　　　$K_c$——铲斗充盈系数，可取 0.8～1.1;

　　　　$K_s$——土的最初可松性系数;

　　　　$\rho$——土的重力密度(一般取 17 kN/m³);

　　　　$l$——运距(m);

　　　　$v_c$——重车与空车的平均速度(m/min)，一般取 333～500 m/min;

　　　　$t_2$——卸车时间(一般为 1 min);

　　　　$t_3$——操纵时间(包括停放待装、等车、让车等)，可取 2～3 min。

# 单元六　土方的回填与压实

## 一、填方土料的选择和填筑要求

### (一)填方土料的选用及含水量要求

#### 1.填方土料的选用

填方土料应符合设计要求,保证填方的强度和稳定性,如设计无要求,应符合以下规定:

(1)碎石类土、砂土和爆破石渣(粒径不大于每层铺土厚的2/3),可用于表层下的填料。

(2)含水量符合压实要求的黏性土,可作各层填料。

(3)淤泥和淤泥质土一般不能用作填料,但在软土地区,经过处理含水量符合压实要求后,可用于填方中的次要部位。

(4)碎块草皮和有机质含量大于5%的土,仅用在无压实要求的填方。

(5)在含有盐分的盐渍土中,仅中、弱两类盐渍土一般可以使用,但填料中不得含有盐晶、盐块或含盐植物的根茎。

(6)不得使用冻土、强膨胀性土作填料。

#### 2.含水量要求

(1)填土土料含水量的大小,直接影响到夯实(碾压)质量,在夯实(碾压)前应预试验,以得到符合密实度要求条件下的最优含水量和最少夯实(或碾压)遍数。含水量过小,夯压(碾压)不实;含水量过大,则易成橡皮土。

(2)当填料为黏性土或排水不良的砂土时,其最优含水量与相应的最大干密度应用击实试验测定。

(3)土料含水量一般以手握成团、落地开花为宜。若含水量过大,应采取翻松、晾干、风干、换土回填、掺入干土或其他吸水性材料等措施;若土料过干,则应预先洒水润湿,每 1 m³ 铺好的土层需要补充水量按下式计算:

$$V = \frac{\rho_\omega}{1+W}(W_{op}-W)$$

式中　$V$——单位体积内需要补充的水量(L);

　　　$W$——土的天然含水量(%);

　　　$W_{op}$——土的最优含水量(%);

　　　$\rho_\omega$——填土碾压前的密度(kg/m³)。

在气候干燥时,需要采取措施加速挖土、运土、平土和碾压过程,以减少土的水分散失。

(4)当填料为碎石类土(充填物为砂土)时,碾压前应充分洒水湿透,以提高压实效果。

### (二)填筑要求

#### 1.人工填土

(1)回填土时,从场地最低部分开始,由一端向另一端自下而上分层铺填。每层虚铺厚度,用木夯人工夯实时不大于 20 cm,用打夯机械夯实时不大于 25 cm。

(2)深浅坑(槽)相连时,应先填深坑(槽),相平后与浅坑全面分层填夯。如果采取分段填筑,交接处应填成阶梯形。墙基及管道回填应在两侧用细土同时均匀回填、夯实,防止墙基及管道中心线位移。

(3)人工夯填土用60~80 kg的木夯或铁、石夯,由4~8人拉绳,2人扶夯,举高不小于0.5 m,一夯压半夯,按次序进行。

(4)较大面积人工回填用打夯机夯实。两机平行时其间距不得小于3 m,在同一夯打路线上,其前后间距不得小于10 m。

2.机械填土

(1)推土机填土。

1)填土应由下而上分层铺填,每层虚铺厚度不宜大于30 cm,大坡度堆填土不得居高临下,不分层次,一次堆填。

2)推土机运土回填可采取分堆集中、一次运送方法,分段距离为10~15 m,以减少运土漏失量。

3)土方推至填方部位时,应提起铲刀一次成堆卸土,并向前行驶0.5~1.0 m,利用推土机后退时将土刮平。

4)用推土机来回行驶进行碾压,履带应重叠一半。

5)填土宜采用纵向铺填顺序,从挖土区段至填土区段以40~60 cm距离为宜。

(2)铲运机填土。

1)铲运机铺土,铺填土区段长度不宜小于20 m,宽度不宜小于8 m。

2)铺土应分层进行,每次铺土厚度不大于30~50 cm(视所用压实机械的要求而定)。每层铺土后,利用空车返回时将地表面刮平。

3)填土顺序一般采取横向或纵向分层卸土,以利于行驶时初步压实。

(3)自卸汽车填土。

1)自卸汽车为成堆卸土,需配以推土机推土、摊平。

2)每层的铺土厚度不大于30~50 cm(随选用的压实机械而定)。

3)填土可利用汽车行驶做部分压实工作,行车路线需均匀分布于填土层上。

4)汽车不能在虚土上行驶,卸土推平和压实工作需采取分段交叉进行。

## 二、填土压实方法

填土压实方法可分为碾压法、夯实法和振动压实法三种,如图1-36所示。

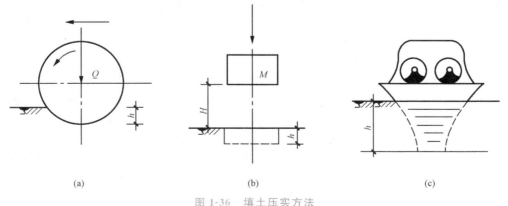

图 1-36　填土压实方法
(a)碾压法;(b)夯实法;(c)振动压实法

### 1. 碾压法

碾压法是利用机械滚轮的压力压实土壤,使之达到所需的密实度。碾压机械有平碾、羊足碾等。平碾又称光碾压路机,是一种以内燃机为动力的自行压路机,按重量等级可分为轻型(30～50 kN)、中型(60～90 kN)和重型(100～140 kN)三种,适用于压实砂类土和黏性土。羊足碾一般无动力,靠拖拉机牵引,有单筒和双筒两种。根据碾压要求,又可分为空筒、装砂和注水三种。羊足碾虽然与土接触面积小,但对单位面积的压力比较大,压实的效果好。羊足碾适用于对黏性土的压实。

碾压机械压实填方时,行驶速度不宜过快,一般平碾控制在 2 km/h;羊足碾控制在 3 km/h,否则会影响压实效果。

### 2. 夯实法

夯实法是利用夯锤自由下落的冲击力来夯实土壤,主要用于小面积回填。夯实法有人工夯实和机械夯实两种。

人工夯土用的工具有木夯、石夯等。夯实机械有夯锤、内燃夯土机和蛙式打夯机。蛙式打夯机是常用的小型夯实机械,轻便灵活,适用于小型土方工程的夯实工作,多用于夯打灰土和回填土。夯锤是借助起重机悬挂重锤进行夯土的机械。锤底面积为 0.15～0.25 m²,重量在 1.5 t 以上,落距一般为 2.5～4.5 m,夯土影响深度大于 1 m,适用于夯实砂性土、湿陷性黄土、杂填土及含有石块的土。

### 3. 振动压实法

振动压实法是将振动压实机放在土层表面,借助振动机使压实机械振动,土颗粒发生相对位移而达到紧密状态。这种方法主要用于非黏性土的压实。若使用振动碾压进行碾压,可使土受到振动和碾压两种作用,碾压效率高,适用于大面积填方工程。对于密度要求不高的大面积填方,在缺乏碾压机械时,可采用推土机、拖拉机或铲运机结合行驶、推(运)土、平土来压实。

## 三、影响填土压实的因素

影响填土压实的因素较多,主要有压实功、土的含水量和压实厚度。

### 1. 压实功

填土压实后的密度与压实机械对填土所施加的功(即压实功)有很大关系。二者之间的关系如图 1-37 所示。从图 1-37 中可以看出,二者并不成正比关系,当土的含水量一定,在开始压实时,土的密度急剧增加,当接近土的最大密度时,压实功虽然增加许多,但土的密度却没有明显变化。因此,在实际施工中,在压实机械和铺土厚度一定的条件下,碾压一定遍数即可,过多增加压实遍数对提高土的密度作用不大。另外,对松土一开始就用重型碾压机械碾压,土层会出现强烈起伏现象,压实效果不好,应该先用轻碾压实,再用重碾碾压,才会取得较好的压实效果。为使土层碾压变形充分,压实机械的行驶速度不宜太快。

### 2. 土的含水量

在同一压实功条件下,填土的含水量对压实质量有直接影响。较为干燥的土颗粒之间的摩阻力较大,因而不易压实。当含水量超过一定限度时,土颗粒之间的孔隙由水填充而呈饱和状态,也不能压实。当土的含水量适当时,水便起到润滑作用,使土颗粒之间的摩阻力减小,压实效果好。每种土都有其最佳的含水量,土在这种含水量的条件下,使用同样的压实功进行压实,所得到的密度最大,如图 1-38 所示。各种土的最佳含水量和最大干密度可参考表 1-16。工地简单检验黏性土含水量的方法一般是用手握成团、落地开花为宜。

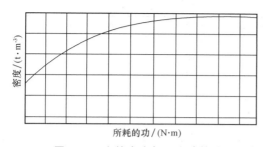

图 1-37　土的密度与压实功的关系示意

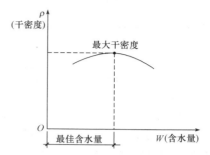

图 1-38　土的干密度与含水量关系

表 1-16　土的最佳含水量和最大干密度参考表

| 项次 | 土的种类 | 变动范围 | | 项次 | 土的种类 | 变动范围 | |
|---|---|---|---|---|---|---|---|
| | | 最佳含水量/%（质量比） | 最大干密度/(g·cm⁻³) | | | 最佳含水量/%（质量比） | 最大干密度/(g·cm⁻³) |
| 1 | 砂土 | 8～12 | 1.80～1.88 | 3 | 粉质黏土 | 12～15 | 1.85～1.95 |
| 2 | 黏土 | 19～23 | 1.58～1.70 | 4 | 粉土 | 16～22 | 1.61～1.80 |

注：1.表中土的最大干密度应以现场实际达到的数字为准。
　　2.一般性的回填可不做此项测定。

为了保证填土在压实过程中处于最佳含水量状态，当土过湿时，应予翻松晾干，也可掺入同类干土或吸水性土料；当土过干时，则应预先洒水润湿。

### 3.压实厚度

压实厚度对压实效果有明显的影响。在相同压实条件下（土质、湿度与功能不变），实测土层不同深度的密实度，密实度随深度递减，表层 50 mm 最高，如图 1-39 所示。不同压实工具的有效压实深度有所差异，根据压实工具类型、土质及填方压实的基本要求，每层铺筑压实厚度有具体规定数值，见表 1-17。铺土过厚，下部土体所受压实作用力小于土体本身的粘结力和摩擦力，土颗粒不能相互移动，无论压实多少遍，填方也不能被压实；铺土过薄，则下层土体压实次数过多，而受剪切破坏，因此规定了一定的铺土厚度。最优的铺土厚度应能使填方压实而机械的功耗费最小。

土方开挖、
回填施工质量
验收标准

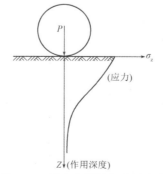

图 1-39　压实作用沿深度的变化

表 1-17  填方每层的铺土厚度和压实遍数

| 压实机具 | 每层铺土厚度/mm | 每层压实遍数/遍 |
|---|---|---|
| 平碾 | 250～300 | 6～8 |
| 振动压实机 | 250～350 | 3～4 |
| 柴油打夯机 | 200～250 | 3～4 |
| 人工打夯 | <200 | 3～4 |
| 注:人工打夯时,土块粒径不应大于 50 mm。 | | |

上述三个方面因素之间是互相影响的。为了保证压实质量,提高压实机械的生产率,重要工程应根据土质和所选用的压实机械在施工现场进行压实试验,以确定达到规定密实度所需的压实遍数、铺土厚度及最优含水量。

## 模块小结

本模块包括土方工程概述、土方工程量的计算与调配、基坑(槽)施工、人工降低地下水水位、土方工程机械施工、土方回填与压实等内容。土方工程量计算及调配主要包括基坑(槽)土方量计算、场地平整土方量及调配等。土方工程施工时,做好排出地面水、降低地下水水位、为土方开挖和基础施工提供良好的施工条件,这对加快使用进度、保证土方工程施工质量和安全,具有十分重要的作用。采用土方机械进行土方工程的挖、运、填和压施工中,重点是土方的填筑与压实,要能正确选择地基填土的填土料及填筑压实方法;能分析影响填土压实的主要因素,掌握填土压实质量的检查方法。

## 思考与练习

一、填空题

1.土的工程分类按土的_____可以分为八类。

2.对于同一类土,孔隙率 $e$ 越大,孔隙体积就越大,从而使土的压缩性和透水性都增大,土的强度_____。

3.边坡坡度以_____与_____之比。

4.土方开挖应遵循"_____,_____,_____,_____"的原则。

5.轻型井点降水设备由_____、_____、_____、和_____组成。

6.轻型井点抽水设备有两种类型,一种是_____;另一种是_____。

7.管井井点系统主要设备由_____、_____和_____等组成。

8.铲运机的基本作业是_____、_____、_____三个工作行程。

9.铲运机按行走结构的不同可分为_____和_____两种。

10.填土压实方法有_____、_____和_____三种。

二、选择题

1.土的含水量是土中( )。

A.水的质量与固体颗粒质量之比的百分率　　B.水与湿土的重量之比的百分率

C.水与干土的重量之比　　D.水与干土的体积之比的百分数

2.在场地平整的方格网上,各方格角点的施工高度为该角点的( )。

    A.自然地面标高与设计标高的差值     B.挖土高度与设计标高的差值

    C.设计标高与自然地面标高的差值     D.自然地面标高与填方高度的差值

3.只有当所有的 $\lambda_j$ ( )时,该土方调配方案才为最优方案。

    A.≤0     B.＜0     C.＞0     D.≥0

4.明沟集水井排水法最不宜用于边坡为( )的工程。

    A.黏土层     B.砂卵石土层     C.粉细砂土层     D.粉土层

5.当降水深度超过( )m时,宜采用喷射井点。

    A.6     B.7     C.8     D.9

6.某基坑位于河岸,土层为砂卵石,需降水深度为 3 m,宜采用的降水井点是( )。

    A.轻型井点     B.电渗井点     C.喷射井点     D.管井井点

7.某沟槽宽度为 10 m,拟采用轻型井点降水,其平面布置宜采用( )。

    A.单排     B.双排     C.环形     D.U 形

8.某场地平整工程,运距为 100～400 m,土质为松软土和普通土,地形起伏坡度为 15°以内,适宜使用的机械为( )。

    A.正铲挖土机配合自卸汽车     B.铲运机

    C.推土机     D.装载机

9.正铲挖土机适宜开挖( )。

    A.停机面以上的一至三类土     B.独立柱基础的基坑

    C.停机面以下的一至三类土     D.有地下水的基坑

10.反铲挖土机的挖土特点是( )。

    A.后退向下,强制切土     B.前进向下,强制切土

    C.后退向下,自重切土     D.直上直下,自重切土

11.在填土工程中,以下说法正确的是( )。

    A.必须采用同类土填筑     B.当天填筑,隔天压实

    C.应由下至上水平分层填筑     D.基础墙两侧不宜同时填筑

三、简答题

1.土方工程的施工特点有哪些?

2.土方调配应遵循哪些原则?调配区如何划分?

3.试述流砂现象发生的原因及主要防治方法。

4.单斗挖土机按工作装置可分为哪几种类型;其各自特点及适应范围是什么?

5.试述影响填土压实的主要因素。

# 模块二　地基处理与基础工程施工

## 单元一　地基处理

地基是指建筑物荷载作用下基底下方产生的变形不可忽略的那部分地层,而基础则是指将建筑物荷载传递给地基的下部结构。作为支承建筑物荷载的地基,必须能防止强度破坏和失稳。在满足上述条件下,尽量采用相对埋深不大,只需普通施工程序就可完成的基础类型,即天然地基上的浅基础。若地基不能满足要求,则应进行地基加固处理,在处理后的地基上建造的基础,称为人工地基上的浅基础。当上述地基基础形式均不能满足要求时,则应考虑借助特殊的施工手段实现、相对埋深较大的基础形式,即深基础(常用桩基),以求把荷载更稳固地传递到深部的坚实土层中。

地基处理就是按照上部结构对地基的要求,对地基进行必要的加固或改良,提高地基土的承载力,保证地基稳定,减少房屋的沉降。

### 一、特殊土地基工程性质及处理原则

#### 1.饱和淤泥土

工程上将淤泥和淤泥质土称为软土。软土以黏粒为主,在静水或非常缓慢的流水环境中沉积而成。

我国大部分地区在地下 6~15 m 都存在着性质差的淤泥层,淤泥质土的特性是引发事故、难以处理的地基土。

### 2.杂填土地基

杂填土由堆积物组成。堆积物一般为含有建筑垃圾、工业废料、生活垃圾、弃土等杂物的填土。

解决杂填土地基的不均匀性,可用强夯法、振冲碎石桩、振动成孔灌注桩、复合地基等方法处理,不宜用静力预压、砂垫层等方法处理。

### 3.湿陷性黄土

湿陷性黄土是一种特殊的黏性土,浸水便会产生湿陷,使地基出现大面积或局部下沉,造成房屋损坏。并广泛分布于我国河南、河北、山东、山西、陕西北部等区域。

湿陷性黄土地基处理的根本原则是:破坏土的大孔结构,改善土的工程性质,消除或减少地基的湿陷变形,防止水浸入地基。湿陷性黄土地基可用灰土垫层法、夯实法、挤密法、桩基础法、预浸水法等进行处理。

### 4.膨胀土

膨胀土主要是一种由亲水性矿物黏粒组成,具有较大胀缩性的高塑性黏土,主要黏粒矿物为具有很强吸附能力的蒙脱石,它的强度较高,压缩性很差,具有吸水膨胀、失水收缩和反复胀缩变形的特点,性质极不稳定。膨胀土主要分布于我国湖北、广西、云南、安徽、河南等地。

膨胀土虽属于坚硬不透水的裂隙土,但它吸附能力极强。膨胀土含水量的增加依靠水分子的转移和毛细管的作用,其含水量的减少依靠蒸发。房屋的不均匀变形有土质本身不均匀的因素,更重要的是水分转移及蒸发的不均匀性。在地基处理时可采用换土、砂石垫层、土性改良等方法。当膨胀土较厚时,可以采用桩基处理,将桩尖支撑在稳定土层上。

## 二、地基土处理方法

地基处理就是按照上部结构对地基的要求,对地基进行必要的加固或改良,经人工处理,改善地基土的强度及压缩性,消除或避免造成上部结构破坏和开裂的影响因素。常见地基处理的方法有以下几种。

### 1.灰土垫层

灰土垫层是采用石灰和黏性土拌和均匀后,分层夯实而成。石灰与土的配合比一般采用体积比,比例为2∶8或3∶7,其承载能力可达到300 kPa,适用于地下水水位较低、基槽经常处于较干状态下的一般黏性土地基的加固。灰土地基施工方法简便,取材容易,费用较低。其施工要点如下:

(1)灰土料的施工含水量应控制在最优含水量±2%的范围内,最优含水量可以通过击实试验确定,也可按当地经验取用。

(2)灰土分段施工时,不得在墙角、柱基及承重窗间墙下接缝,上、下两层的接缝距离不得小于500 mm,接缝处应夯压密实,并做成直槎。当灰土地基高度不同时,应做成阶梯形,每阶宽度不小于500 mm。对作辅助防渗层的灰土,应将地下水水位以下结构包围,并处理好接缝,同时注意接缝质量;每层虚土从留缝处往前延伸500 mm,夯实时应夯过接缝300 mm以上;接缝时,用铁锹在留缝处垂直切齐,再铺下段夯实。

(3)灰土应于当日铺填夯压,入坑(槽)灰土不得隔日夯打。夯实后的灰土30 d内不得受水浸泡,并及时进行基础施工与基坑回填,或在灰土表面作临时性覆盖,避免日晒雨淋。雨期施工时,应采取适当的防雨、排水措施,以保证灰土在基坑(槽)内无积水的状态下进行夯实。刚夯打完的灰土,如突然遇雨,应将松软灰土除去,并补填夯实;稍受湿的灰土可在晾干后补夯。

(4)冬期施工必须在基层不冻的状态下进行,对土料应覆盖保温,不得使用冻土及夹有冻块的土料;已熟化的石灰应在次日用完,以充分利用石灰熟化时的热量。当日拌和灰土应当日铺填夯完,表面应用塑料布及草袋覆盖保温,以防灰土垫层早期受冻而降低强度。

(5)施工时,应注意妥善保护定位桩、轴线桩,防止碰撞发生位移,并应经常复测。

(6)对基础、基础墙或地下防水层、保护层及从基础墙伸出的各种管线,均应妥善保护,防止回填灰土时碰撞或损坏。

(7)夜间施工时应合理安排施工顺序,要配备足够的照明设施,防止铺填超厚或配合比错误。

(8)灰土地基夯实后,应及时进行基础的施工和地平面层的施工;否则,应临时遮盖,防止日晒雨淋。

(9)每一层铺筑完毕,应进行质量检验并认真填写分层检测记录。当某一填层不符合质量要求时,应立即采取补救措施,进行整改。

### 2.砂垫层与砂石垫层

当地基土较松软,常将基础下面一定厚度软弱土层挖除,用砂或砂石垫层来代替,以起到提高地基承载力、减少沉降、加速软土层排水固结作用。一般用于具有一定透水性的黏土地基加固,但不宜用于湿陷性黄土地基和不透水的黏性土地基的加固,以免引起地基大幅下沉,降低其承载力。图 2-1 所示为砂(石)垫层示意图。其施工要点如下:

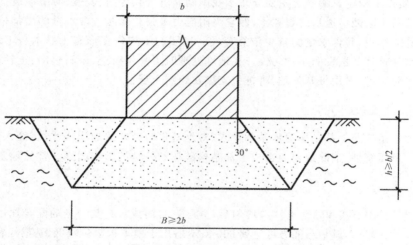

图 2-1　砂(石)垫层设计示意

(1)施工前应验槽,先将浮土消除,基槽(坑)的边坡必须稳定,槽底和两侧如有孔洞、沟、井和墓穴等,应在未做垫层前加以处理。

(2)人工级配的砂石材料,应按级配拌制均匀,再铺填振实。

(3)砂垫层或砂石垫层的底面宜铺设在同一标高上,如深度不同时,施工应按照先深后浅的顺序进行。土层面应形成台阶或斜坡搭接,搭接处应注意振捣密实。

(4)分段施工时,接槎处应做成斜坡,每层错开 0.5~1.0 m,并应充分振捣。

(5)采用砂石垫层时,为防止基坑底面的表层软土发生局部破坏,应在基坑底部及四周先铺一层砂,然后再铺一层碎石垫层。

(6)垫层应分层铺设,分层夯(压)实。每层的铺设厚度不宜超过表 2-1 的规定数值。分层厚度可用样桩控制。垫层的振捣方法可依施工条件按表 2-1 选用,振捣砂垫层应注意不要扰动基坑底部和四周的土,以免影响和降低地基强度。每铺好一层垫层,经密实度检验合格后方可进行上一层施工。

(7)冬期施工时,不得采用夹有冰块的砂石做垫层,并应采取措施防止砂石内水分冻结。

表 2-1　砂垫层和石垫层每层铺设厚度及最佳含水量

| 振捣方法 | 每层铺设厚度/mm | 施工时最佳含水量/% | 施工说明 | 备注 |
|---|---|---|---|---|
| 平振法 | 200～250 | 15～20 | (1)用平板式振捣器反复振捣,往复次数以简易测定密实度合格为准;<br>(2)振捣器移动时,每行应搭设1/3 | 不宜用于细砂或含泥量较大的砂垫层 |
| 插振法 | 振捣器插入深度 | 饱和 | (1)用插入式振捣器;<br>(2)插入间距依机械振幅大小决定;<br>(3)不应插至黏性土层;<br>(4)插入孔洞应用砂回填;<br>(5)需要有控制地注水和排水 | 不宜用于细砂或含泥量较大的砂垫层 |
| 水撼法 | 250 | 饱和 | (1)注水高度略超过铺设面层;<br>(2)需要有控制地注水和排水;<br>(3)用机具插入,摇撼振捣 | 湿陷性黄土、膨胀土和细砂地基土上不得使用 |
| 夯实法 | 150～200 | 8～12 | (1)用木夯或机械夯;<br>(2)木夯重 40 kg,落距 400～500 mm;<br>(3)一夯压半夯,全面夯实 | 适用于砂石垫层 |
| 碾压法 | 150～350 | 8～12 | 用 6～10 t 压路机反复碾压,碾压次数以达到要求密实度为准 | 适用于大面积的砂石垫层,不宜用于地下水水位以下的砂垫层 |

**3.碎砖三合土垫层**

碎砖三合土是用石灰、砂、碎砖(石)和水搅拌均匀后,分层铺设夯实而成。配合比应按设计规定,一般用 1:2:4 或 1:3:6(消石灰:砂或黏性土:碎砖,体积比)。碎砖粒径为 20～60 mm,不得含有杂质;砂或黏性土中不得含有草根、贝壳等有机物;石灰用未粉化的生石灰块,使用时临时用水熟化。施工时,按体积配合比材料,拌和均匀,铺摊入槽。同时应注意下列事项:

(1)基槽在铺设三合土前,必须验槽、排除积水和铲除泥浆。

(2)三合土拌和均匀后,应分层铺设。铺设厚度第一层为 220 mm,其余各层均为 200 mm。每层应分别夯实至 150 mm。

(3)三合土可采用人力夯或机械夯实。夯打应密实,表面平整。如发现三合土含水量过低,应补浇灰浆,并随浇随打夯。铺摊完成的三合土不得隔日夯打。

(4)铺至设计标高后,最后一遍夯打时,宜淋洒浓灰浆,待表面略干后,再铺摊薄层砂子或煤屑,进行最后整平夯实,以便施工弹线。

**4.强夯法**

强夯法是一种地基加固措施,即用几十吨(8～40 t)的重锤从高处(6～30 m)落下,反复多次夯击地面,对地基进行强力夯实。这种强大的夯击力(≥500 kJ)在地基中产生应力和振动,从地面夯击点发出的纵波和横波可以传至土层深处,迫使土体中的孔隙压缩,土体局部液化,夯击点周围产生裂隙,形成良好的排水通道,水和气迅速排出,土体产生固结,从而使地基土浅层和深层得到不同程度的加固,提高地基承载力,降低其压缩性。

强夯法适用于处理碎石土、砂土和低饱和度的黏性土、粉土及湿陷性黄土等地基的深层加固。

地基经强夯加固后,承载能力可提高 2～5 倍,压缩性可降低 200%～1 000%,其影响深度在 10 m 以上,且强夯法具有施工简单、速度快、节省材料、效果好等特点,因而被广泛使用,但强夯所产生的振动和噪声很大,对周围建筑物和其他设施有影响,在城市中心和居民区不宜采用,必要时应采取挖防震沟等防震措施。其施工要点如下:

(1)施工前应做好强夯地基地质勘察,对不均匀土层适当增加钻孔和原位测试工作,掌握土质情况,作为制订强夯方案和对比夯前、夯后加固效果之用。查明强夯影响范围内的地下构筑物和各种地下管线的位置及标高,采取必要的防护措施,避免因强夯施工而造成破坏。

(2)施工前应检查夯锤质量、尺寸,落锤控制手段及落距,夯击遍数,夯点布置,夯击范围,进而应现场试夯,用以确定施工参数。

(3)夯击时,落锤应保持平稳,夯位应准确,夯击坑内积水应及时排除。坑底含水量过大时,可铺砂石后再进行夯击。

(4)强夯应分段进行,顺序从边缘夯向中央,对厂房柱基也可一排一排夯;起重机直线行驶,从一边驶向另一边,每夯完一遍,进行场地平整。放线定位后,再进行下一遍夯击。强夯的施工顺序是先深后浅,即先加固深层土,再加固中层土,最后加固浅层土。夯坑底面以上的填土(经推土机推平夯坑)比较疏松,加上强夯产生的强大振动,也会使周围已夯实的表层土产生一定的振松,如前所述,一定要在最后一遍点夯完之后,再以低能量满夯一遍。但在夯后进行工程质量检验时,有时会发现厚度 1 m 左右的表层土的密实程度要比下层土差,说明满夯没有达到预期的效果,这是因为目前大部分工程的低能满夯采用和强夯施工同一夯锤低落距夯击,由于夯锤较重,而表层土因无上覆压力、侧向约束小,所以夯击时土体侧向变形大。对于粗颗粒的碎石、砂砾石等松散料来说,侧向变形就更大,更不易夯实、夯密。由于表层土是基础的主要持力层,如处理不好,将会增加建筑物的沉降和不均匀沉降。因此,必须高度重视表层土的夯实问题。有条件的,满夯时宜采用小夯锤夯击,并适当增加满夯的夯击次数,以提高表层土的夯实效果。

(5)对于高饱和度的粉土、黏性土和新饱和填土,进行强夯时,很难将最后两击的平均夯沉量控制在规定的范围内,可采取以下措施:

1)适当将夯击能量降低;

2)将夯沉量差适当加大;

3)填土可采取将原土上的淤泥清除,挖纵横盲沟,以排除土内的水分;同时,在原土上铺 50 cm 厚的砂石混合料,以保证强夯时土内的水分排出,在夯坑内回填块石、碎石或矿渣等粗颗粒材料,进行强夯置换等措施。

通过强夯将坑底软土向四周挤出,使其在夯点下形成块(碎)石墩,并与四周软土构成复合地基,产生明显的加固效果。

(6)雨期强夯施工,场地四周设排水沟、截洪沟,防止雨水入侵夯坑;填土中间稍高,土料含水率应符合要求,分层回填、摊平和碾压,使表面保持 1%～2% 的排水坡度,当班填当班压实;雨后抓紧时间排水,推掉表面稀泥和软土,再碾压,夯后夯坑立即填平、压实,使之高于四周。

(7)冬期施工应清除地表冰冻层再强夯,夯击次数相应增加。如有硬壳层,要适当增加夯击次数或提高夯击质量。

(8)做好施工过程中的监测和记录工作,包括检查夯锤重和落距,对夯点放线进行复核,检查夯坑位置,按要求检查每个夯点的夯击次数、每夯的夯沉量等,对各项施工参数、施工过程实施情况做好详细记录,作为质量控制的依据。

**5. 灰土挤密桩**

灰土挤密桩是以震动或冲击的方法成孔,然后在孔中填以 2∶8 或 3∶7 灰土并夯实而成。适用于处理松软砂类土、素填土、杂填土、湿陷性黄土等,将土挤密或消除湿陷性,效果显著。处理后地基承载力可以提高一倍以上,同时具有节省大量土方,降低造价70%~80%,施工简便等优点。其施工要点如下:

(1)施工前应在现场进行成孔、夯填工艺和挤密效果试验,以确定分层填料厚度、夯击次数和夯实后干密度等要求。

(2)灰土的土料和石灰质量要求及配制工艺要求同灰土垫层。填料的含水量超出或低于最佳值3%时,宜进行晾干或洒水润湿。

(3)桩施工一般采取先将基坑挖好,预留20~30 cm土层,然后在基坑内施工灰土桩,基础施工前再将已扰动的土层挖去。

(4)桩的施工顺序应先外排后里排,同排内应间隔一两个孔,以免因振动挤压造成相邻孔产生缩孔或坍孔。成孔达到要求深度后,应立即夯填灰土,填孔前应先清底夯实、夯平。夯击次数不少于8次。

(5)桩孔内灰土应分层回填夯实,每层厚度为350~400 mm,夯实可用人工或简易机械进行,桩顶应高出设计标高约150 mm,挖土时将高出部分铲除。

(6)如孔底出现饱和软弱土层时,可加大成孔间距,以防由于振动而造成已成桩孔内挤塞;当孔底有地下水流入,可采用井点抽水后再回填灰土或可向桩孔内填入一定数量的干砖渣和石灰,经夯实后再分层填入灰土。

6.堆载预压法

堆载预压法是在含饱和水的软土或杂填土地基中打入一群排水砂桩(井),桩顶铺设砂垫层,先在砂垫层上分期加荷预压,使土中孔隙水不断通过砂井上升至砂垫层排出地表,从而在建筑物施工之前,地基土大部分先期排水固结,减少了建筑物沉降,提高了地基的稳定性。这种方法具有固结速度快、施工工艺简单、效果好等特点,应用广泛。适用于处理深厚软土和冲填土地基,多用于处理机场跑道、水工结构、道路、路堤、码头、岸坡等工程地基,对于泥炭等有机质沉积地基则不适用。图2-2所示为堆载预压示意图。其施工要点如下:

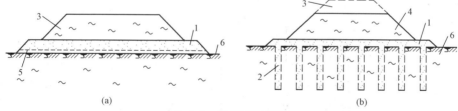

图2-2　堆载预压示意

(a)水平排水垫层堆载预压法;(b)竖向排水井堆载预压法
1—砂垫层;2—砂井;3—临时性填土;4—永久性填土;
5—遇软弱地基,埋设的编织网或土工织物;6—原土层

(1)砂井施工机具、方法等同于打砂桩。当采用袋装砂井时,砂袋应选用透水性好、韧性强的麻布、聚丙烯编织布制作。当桩管沉到预定深度后插入袋子,把袋子的上口固定到装砂用的漏斗上,通过振动将砂子填入袋中并密实;待装满砂后,卸下砂袋扎紧袋口,拧紧套管上盖并提出套管,此时袋口应高出孔口500 mm,以便埋入地基中。

(2)砂井预压加荷物一般采用土、砂、石或水。加荷方式有两种:一是在建筑物正式施工前,在建筑物范围内堆载,待沉降基本完成后把堆载卸走,再进行上部结构施工;二是利用建筑物自身的重量,更加直接、简便、经济,每平方米所加荷载量宜接近设计荷载。也可用设计标准荷载的120%为预压荷载,以加速排水固结。

（3）地基预压前，应设置垂直沉降观测点、水平位移观测桩测、斜仪及孔隙水压计。

（4）预压加载应分期、分级进行。加荷时应严格控制加荷速度，控制方法是每天测定边桩的水平位移与垂直升降和孔隙水压力等。地面沉降速率不宜超过 10 mm/d。边桩水平位移宜控制在 3～5 mm/d；边桩垂直上升不宜超过 2 mm/d。若超过上述规定数值，应停止加荷或减荷，待稳定后再加载。

（5）加荷预压时间由设计规定，一般为 6 个月，但不宜少于 3 个月。同时，待地基平均沉降速率降低到不大于 2 mm/d，方可开始分期、分级卸荷，但应继续观测地基沉降和回弹情况。

### 7. 振冲地基

振冲地基是利用振冲器在土中形成振冲孔，并在振动冲水过程中填以砂、碎石等材料，借振冲器的水平及垂直振动，振密填料，形成的砂石桩体与原地基构成复合地基，提高地基的承载力和改善土体的排水降压通道，并对可能发生液化的砂土产生预振效应，防止液化。

振冲桩加固地基不仅可节省钢材、水泥和木材，且施工简单，加固期短，还可因地制宜，就地取材，用碎石、卵石和砂、矿渣等填料，费用低廉，经济节省，是一种快速、经济、有效的地基加固方法。

振冲桩适用于加固松散的砂土地基；对黏性土和人工填土地基，经试验证明加固有效时方可使用；对于粗砂土地基，可利用振冲器的振动和水冲过程使砂土结构重新排列挤密，而不必另加砂石填料（也称振冲挤密法）。

施工要点如下：

（1）施工前应先进行振冲试验，以确定其成孔施工合适的水压、水量、成孔速度及填料方法，达到土体密实度时的密实电流值和留振时间等。

（2）振冲施工工艺如图 2-3 所示。先按图定位，然后振冲器对准孔点以 1～2 m/min 的速度沉入土中。每沉入 0.5～1.0 m，宜在该段高度悬留振冲 5～10 s，进行扩孔，待孔内泥浆溢出时再继续沉入，使之形成 0.8～1.2 m 的孔洞。当下沉达到设计深度时，留振并减小射水压力（一般保持 0.1 N/mm²），以便排除泥浆进行清孔。也可将振冲器以 1～2 m/min 的均速沉至设计深度以上 300～500 mm，然后以 3～5 m/min 的均速提出孔口，再用同法沉至孔底，如此反复一两次达到扩孔的目的。

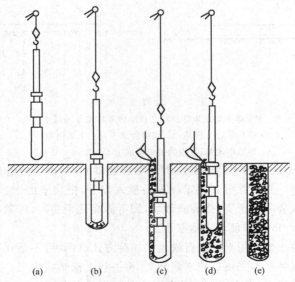

图 2-3　碎石桩法振冲施工工艺示意
(a)定位；(b)振冲下沉；(c)加填料；(d)振密；(e)成桩

(3)成孔后应立即往孔内加料,把振冲器沉入孔内的填料中进行振密,至密实电流值达到规定值为止。如此提出振冲器,加料,沉入振冲器振密,反复进行直至桩顶,每次加料的高度为 0.5～0.8 m。在砂性土中制桩时,也可采用边振边加料的方法。

(4)在振密过程中宜小水量喷水补给,以降低孔内泥浆密度,有利于填料下沉,便于振捣密实。

(5)振冲造孔方法可按表 2-2 选用。

表 2-2　振冲造孔方法的选择

| 造孔方法 | 步骤 | 优缺点 |
|---|---|---|
| 排孔法 | 由一端开始,依次逐步造孔至另一端结束 | 易于施工且不易漏掉孔位。但当孔位较密时,后打桩易发生倾斜和移位 |
| 跳打法 | 同一排孔采取隔一孔造一孔 | 先后造孔影响小,易保证桩的垂直度,但应防止漏掉孔位,并注意桩位准确 |
| 围幕法 | 先造外围 2～3 圈孔,然后造内圈,采用隔圈造一圈或依次向中心区造孔 | 能减少振冲能量的扩散,振密效果好,可节约桩数 10%～15%,大面积施工常用此法,但施工时应注意防止漏孔和保证位置准确 |

### 8.深层搅拌法

深层搅拌法是利用水泥浆做固化剂,采用深层搅拌机在地基深部就地将软土和固化剂充分拌和,利用固化剂和软土发生一系列物理—化学反应,使之凝结成具有整体性、水稳性和较高强度的水泥加固体,与天然地基形成复合地基。加固形式有柱状、壁状和块状三种。

深层搅拌法加固工艺合理,技术可靠,施工中无振动、无噪声,对环境无污染,对土壤无侧向挤压,对邻近建筑影响很小,同时工期较短,造价较低,效益显著。

深层搅拌法适用于加固较深、较厚的饱和黏土及软黏土,沼泽地带的泥炭土,粉质黏土和淤泥质土等。土类加固后多用于墙下条形基础及大面积堆料厂房下的地基。其施工要点如下:

(1)深层搅拌法的施工工艺流程如图 2-4 所示。

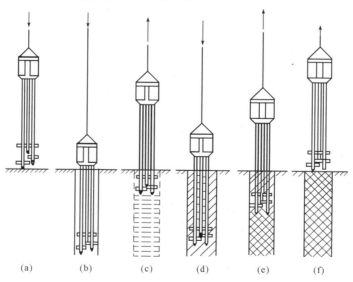

图 2-4　深层搅拌法的施工工艺流程

(a)定位;(b)预拌下沉;(c)喷浆搅拌机上升;(d)重复搅拌下沉;(e)重复搅拌上升;(f)施工完毕

施工过程:深层搅拌机定位→预搅下沉→制配水泥浆→提升喷浆搅拌→重复上、下搅拌→清洗→移至下一根桩位。重复上述工序直至施工完成。

（2）施工时，先将深层搅拌机用钢丝绳吊挂在起重机上，用输浆胶管将贮料罐、砂浆泵同深层搅拌机接通，开动电机，搅拌机叶片相向而转，以 0.38～0.75 m/min 的速度沉至要求加固深度；再以 0.3～0.5 m/min 的均匀速度提升搅拌机，与此同时开动砂浆泵，将砂浆从搅拌机中心管不断压入土中，由搅拌机叶片将水泥浆与深层处的软土搅拌，边搅拌边喷浆，直至提升地面，即完成一次搅拌过程。用同法再一次重复搅拌下沉和重复搅拌喷浆上升，即完成一根柱状加固体，外形呈"8"字形，一根接一根搭接，即成壁状加固体，几个壁状加固体连成一片即形成块体。

（3）施工中要控制搅拌机提升速度，使其连续匀速以便控制注浆量，保证搅拌均匀。

（4）每天加固完毕，应用水清洗储料罐、砂浆泵、深层搅拌机及相应管道，以备再用。

## 单元二　浅基础施工

基础的类型与建筑物的上部结构形式、荷载大小、地基的承载能力、地基土的地质与水文情况、基础选用的材料性能等因素有关，构造方式也因基础样式及选用材料的不同而不同。浅基础一般是指基础埋深为 3～5 m，或者基础埋深小于基础宽度的基础，且通过排水、挖槽等普通施工即可建造的基础。

### 一、浅基础的类型

浅基础按受力特点可分为刚性基础和柔性基础。用抗压强度较大，而抗弯、抗拉强度较小的材料建造的基础，如砖、毛石、灰土、混凝土、三合土等基础均属于刚性基础。用钢筋混凝土建造的基础属于柔性基础。

浅基础按构造形式可分为单独基础、带形基础、交梁基础、筏形基础等。单独基础也称独立基础，其是柱下基础常用形式，截面可做成阶梯形或锥形等；带形基础是指长度远大于其高度和宽度的基础，常见的是墙下条形基础，材料有砖、毛石、混凝土和钢筋混凝土等；交梁基础是在柱下带形基础不能满足地基承载力要求时，将纵横带形基础连成整体而成，使基础纵横两向均具有较大的刚度；当柱子或墙体传递荷载过大，且地基土较软弱，采用单独基础或条形基础都不能满足地基承载力要求时，往往需要将整个房屋底面做成整体连续的钢筋混凝土板，作为房屋的基础，称为筏形基础。

浅基础按材料不同可分为砖基础、毛石基础、灰土基础、碎砖三合土基础、混凝土基础和钢筋混凝土基础。

### 二、常见刚性基础施工

刚性基础所用的材料，如砖、石、混凝土等，其抗压强度较高，但抗拉及抗剪强度偏低。因此，用此类材料建造的基础，应保证其基底只受压、不受拉。由于受到压力的影响，基底应比基顶墙（柱）宽些。根据材料受力的特点，不同材料构成的基础，其传递压力的角度也不同。刚性基础中压力分布角 α 称为刚性角。在设计中，应尽量使基础大放脚与基础材料的刚性角相一致，以确保基础底面不产生拉应力，最大限度地节约基础材料。刚性基础如图 2-5 所示。

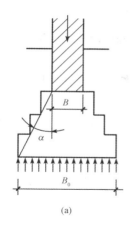
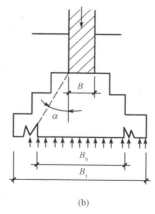

(a)                                     (b)

图 2-5　刚性基础

（a）基础受力在刚性角范围以内；（b）基础宽度超过刚性角范围而破坏

**1. 毛石基础**

毛石基础是用强度较高而未风化的毛石砌筑的。毛石基础具有强度较高、抗冻、耐水、经济等特点。毛石基础的断面尺寸多为阶梯形，并常与砖基础共用作为砖基础的底层。为保证黏结紧密，每一阶梯宜用三排或三排以上的毛石砌筑，由于毛石基础尺寸较大，毛石基础的宽度及台阶高度不应小于 400 mm，如图 2-6 所示。

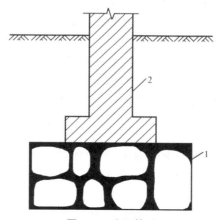

图 2-6　毛石基础

1—毛石基础；2—基础墙

（1）毛石基础应采用铺浆法砌筑，砂浆必须饱满，叠砌面的粘灰面积（砂浆饱和度）应大于 80%。

（2）砌筑毛石基础的第一皮石块应坐浆，并将石块的大面朝下，毛石基础的转角处、交接处应采用较大的平毛石砌筑。

（3）毛石基础宜分皮卧砌，各皮石块之间应利用毛石自然形状经敲打修整使其能与先砌毛石基本吻合、搭砌紧密；毛石应上下错缝，内外搭砌，不得采用先砌外面侧立毛石、后中间填心的砌筑方法。

（4）毛石基础的灰缝厚度宜为 20~30 mm，石块间不得有相互接触现象。石块间较大的空隙应先填塞砂浆后用碎石块嵌实，不得采用先摆碎石块后塞砂浆或干填碎石块的方法。

（5）毛石基础的扩大部分，如做成阶梯形，上级阶梯的石块应至少压砌下级阶梯石块的 1/2，相邻阶梯的毛石应相互错缝搭砌；对于基础临时间断处，应留阶梯形斜槎，其高度不应超过 1.2 m。

## 2.砖基础

砖基础具有就地取材、价格便宜、施工简便等特点,在干燥和温暖地区应用广泛。其施工要点如下:

(1)砖基础一般下部为大放脚,上部为基础墙。大放脚可分为等高式和间隔式。等高式大放脚是每砌两皮砖,两边各收进 1/4 砖(60 mm);间隔式大放脚是每砌两皮砖及一皮砖,交替砌筑,两边各收进 1/4 砖长(60 mm),但最下面应为两皮砖,如图 2-7 所示。

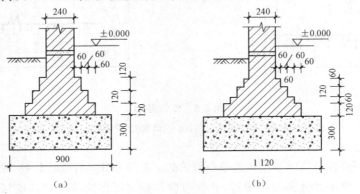

图 2-7  砖基础

(a)等高式;(b)间隔式

(2)砖基础大放脚一般采用一顺一丁砌筑形式,即一皮顺砖与一皮丁砖相间、上下皮竖向灰缝相互错开 60 mm。砖基础的转角处、交接处,为错缝需要应加砌配砖(3/4 砖、半砖或 1/4 砖)。

(3)砖基础的水平灰缝厚度和竖向灰缝厚度宜为 10 mm,水平灰缝的砂浆饱满度不得小于 80%。

(4)砖基础底面标高不同时,应从低处砌起,并应由高处向低处搭砌;当设计无要求时,搭砌长度不应小于砖基础大放脚的高度。

(5)砖基础的转角处和交接处应同时砌筑,当不能同时砌筑时应留成斜槎。基础墙的防潮层应采用 1∶2 水泥砂浆。

## 3.混凝土基础

混凝土基础具有坚固、耐久、耐水、刚性角大、可根据需要任意改变形状的特点,常用于地下水水位较高、受冰冻影响的建筑。混凝土基础台阶宽高比为 1∶1～1∶1.5,实际使用时可把基础断面做成梯形或阶梯形,如图 2-8 所示。

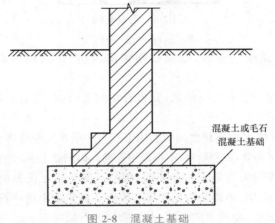

图 2-8  混凝土基础

### 三、常见柔性基础施工

刚性基础受其刚性角的限制,若基础宽度大,相应的基础埋深也随之加大,这样会增加材料消耗和挖方量,也会影响施工工期。在混凝土基础底部配置受力钢筋,利用钢筋受拉使基础承受弯矩,如此也就可不受刚性角的限制,所以钢筋混凝土基础也称柔性基础。采用钢筋混凝土基础比混凝土基础可节省大量的混凝土材料和挖土工程量,如图 2-9 所示。

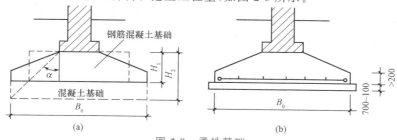

图 2-9 柔性基础
(a)混凝土基础与钢筋混凝土基础比较;(b)基础配筋

常用的柔性基础包括独立柱基础、条形基础、杯形基础、筏形基础和箱形基础等。

钢筋混凝土基础断面可做成梯形,高度不小于 200 mm,也可做成阶梯形,每踏步高度为 300~500 mm。通常情况下,钢筋混凝土基础下面设有 C20 素混凝土垫层,厚度为 100 mm;无垫层时,钢筋保护层厚度为 75 mm,以保护受力钢筋不锈蚀。

#### 1. 独立柱基础

常见独立柱基础的形式有矩形、阶梯形、锥形等,如图 2-10 所示。

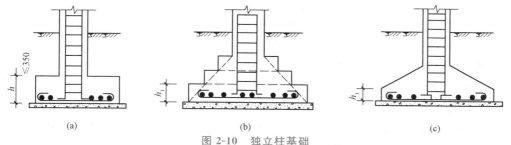

图 2-10 独立柱基础
(a)矩形;(b)阶梯形;(c)锥形

独立柱基础施工工艺流程:清理、浇筑混凝土垫层→钢筋绑扎→支设模板→清理→混凝土浇筑→已浇筑完的混凝土,应在 12 h 左右覆盖和浇水→模板拆除。

独立基础平面注写方式

#### 2. 条形基础

常见条形基础形式有锥形板式、锥形梁板式和矩形梁板式等,如图 2-11 所示。条形基础的施工工艺流程与独立柱基础施工工艺流程十分近似。其施工要点如下:

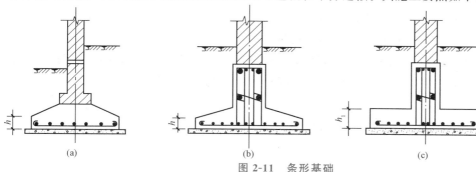

图 2-11 条形基础
(a)锥形板式;(b)锥形梁板式;(c)矩形梁板式

（1）当基础高度在900 mm以内时，插筋伸至基础底部的钢筋网上，并在端部做成直弯钩；当基础高度较大，位于柱子四角的插筋应伸至基础底部，其余的钢筋只需伸至锚固长度即可。插筋伸出基础部分长度应按柱的受力情况及钢筋规格确定。

（2）钢筋混凝土条形基础，在T形、L形与"十"字交接处的钢筋沿一个主要受力方向通长设置。

（3）浇筑混凝土时，经常观察模板、螺栓、支架、预留孔洞和预埋管有无位移情况，一经发现立即停止浇筑，待修整和加固模板后再继续浇筑。

### 3. 杯形基础

杯形基础如图2-12所示。其施工要点如下：

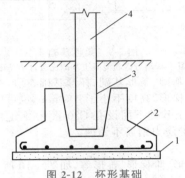

图2-12　杯形基础

1—垫层；2—杯形基础；3—杯口；4—钢筋混凝土柱

（1）将基础控制线引至基槽下，做好控制桩，并核实准确。

（2）将垫层混凝土振捣密实，表面抹平。

（3）利用控制桩定位施工控制线、基础边线至垫层表面，复查地基垫层标高及中心线位置，确定无误后，绑扎基础钢筋。

（4）自下往上支设杯基第一层、第二层外侧模板并加固，外侧模板一般用钢模现场拼制。

（5）支设杯芯模板，杯芯模板一般用木模拼制。

（6）模板与钢筋的检验，做好隐蔽验收记录。

（7）施工时应先浇筑杯底混凝土，在杯底一般有50 mm厚的细石混凝土找平层，应仔细留出。

（8）分层浇筑混凝土。浇筑混凝土时，须防止杯芯模板上浮或向四周偏移，注意控制坍落度（最好控制在70~90 mm）及浇筑下料速度，在混凝土浇筑到高于上层侧模50 mm左右时，稍作停顿，在混凝土初凝前，接着在杯芯四周对称均匀下料振捣。特别注意的是，混凝土必须连续浇筑，在混凝土分层时须把握好初凝时间，保证基础的整体性。

（9）杯芯模板拆除视气温情况而定。在混凝土初凝后终凝前，将模板分体拆除或用撬棍撬动杯芯模板拆除，须注意拆模时间，以免破坏杯口混凝土，并及时进行混凝土养护。

### 4. 筏形基础

筏形基础如图2-13所示。其施工要点如下：

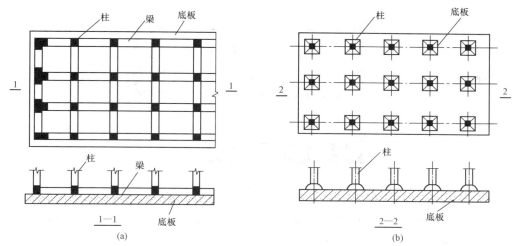

图 2-13 筏形基础

(a)梁板式；(b)平板式

（1）根据在防水保护层弹好的钢筋位置线，先铺钢筋网片的长向钢筋，后铺短向钢筋，钢筋接头尽量采用焊接或机械连接，要求接头在同一截面相互错开 50%，同一根钢筋在 $35d$（$d$ 为钢筋直径）或 500 mm 的长度内不得存在两个接头。

（2）绑扎地梁钢筋。在平放的梁下层水平主筋上，用粉笔画出箍筋间距，箍筋与主筋垂直放置，箍筋转角与主筋交点均要绑扎，主筋与箍筋非转角部分的相交点呈梅花形交错绑扎，箍筋的接头即弯钩叠合处沿地梁水平筋交错布置绑扎。

（3）根据确定好的柱和墙体位置线，将暗柱和墙体插筋绑扎就位，并和底板钢筋点焊牢固，要求接头均相错 50%。

（4）支垫保护层。底板下垫块保护层厚度为 35 mm，梁柱主筋保护层厚度为 25 mm，外墙迎水面保护层厚度为 35 mm，外墙内侧及内墙保护层厚度均为 15 mm，保护层垫块间距为 600 mm，呈梅花形布置。设计有特殊要求时，按设计要求施工。

（5）砖胎膜砌筑前，待垫层混凝土达到 25%设计强度后，垫层上放线超出基础底板外轮廓线 40 mm，砌筑时要求拉通线，采用"一顺一丁"及"三一"砌筑方法，转角处或接口处留出接槎口，墙体要求垂直。

（6）模板要求板面平整、尺寸准确、接缝严密；模板组装成型后进行编号，安装时用塔式起重机将模板初步就位，然后根据位置线加水平和斜向支撑进行加固，并调整模板位置，使模板的垂直度、刚度和截面尺寸符合要求。

（7）基础混凝土一次性浇筑，间歇时间不能过长，混凝土浇筑顺序由一端向另一端浇筑，采用踏步式分层浇筑、分层振捣，以使水泥水化热尽量散失。振捣时要快插慢拔，逐点进行，边角处多加注意，不得漏振，且尽量避免碰撞钢筋、芯管、止水带、预埋件等，每一插点要掌握好振捣时间，一般为 20～30 s，时间过短不易振实，过长易引起混凝土离析。

（8）混凝土浇筑完成后要进行多次抹面，并覆盖塑料布，以防表面出现裂缝，在终凝前移开塑料布再进行搓平，要求搓压 3 遍，最后一遍抹压要掌握好时间，以终凝前为准，终凝时间可用手压法把握；混凝土搓平完成后，立即用塑料布覆盖，浇水养护时间为 14 d。

5.箱形基础

箱形基础如图 2-14 所示。其施工要点如下：

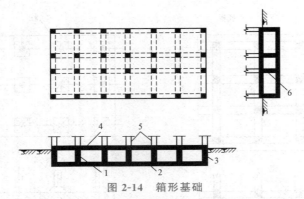

图 2-14 箱形基础

1—内横墙；2—底板；3—外墙；4—顶板；5—柱；6—内纵墙

（1）箱形基础基坑开挖。基坑开挖应验算边坡稳定性，并注意对基坑邻近建筑物的影响；基坑开挖如有地下水，应采用明沟排水或井点降水等方法，保持作业现场的干燥；基坑检验后，应立即进行基础施工。

（2）基础施工时，基础底板、顶板及内外墙的支模、钢筋绑扎和混凝土浇筑可采用分次进行连续施工。

（3）箱形基础施工完毕应立即回填土，尽量缩短基坑暴露时间，并且做好防水工作，以保持基坑内干燥的状态，然后分层回填并夯实。

# 单元三  预制桩施工

预制桩按传力和作用性质不同，可分为端承桩和摩擦桩两类，如图 2-15 所示。端承桩是指穿过软弱土层并将建筑物的荷载直接传给桩端的坚硬土层的桩。摩擦桩是指沉入软弱土层一定深度，将建筑物的荷载传递到四周的土中和桩端下的土中，主要是靠桩身侧面与土之间的摩擦力承受上部结构荷载的桩。

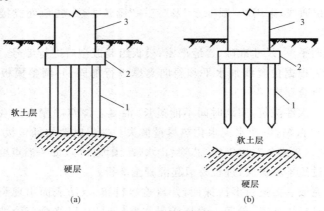

图 2-15  桩基础示意

（a）端承桩；（b）摩擦桩

预制桩按施工方法不同可分为预制桩和灌注桩两类。预制桩是在工厂或施工现场成桩，而后用沉桩设备将桩打入、压入、高压水冲入、振入或旋入土中。其中，锤击打入和压入法是较常见的两种方法。

灌注桩是在桩位上直接成孔,然后在孔内安放钢筋笼,浇筑混凝土而成桩。根据成孔方法的不同,可分为钻孔、冲孔、沉管桩、人工挖孔桩及爆扩桩等。

钢筋混凝土预制桩的施工,主要包括制作、起吊、运输、堆放和沉桩—接桩等过程。

## 一、预制桩的制作和桩的起吊、运输、堆放

### 1.预制桩的制作

预制桩主要分为混凝土方桩、预应力混凝土管桩、钢管和型钢钢桩等,预制桩具有能承受较大的荷载,坚固耐久,施工速度快等优点。

钢筋混凝土预制桩可分为管桩和实心桩两种,可制作成各种需要的断面及长度,承载能力较大,制作及沉桩工艺简单,不受地下水水位高低的影响,是目前工程上应用最广的一种桩。管桩为空心桩,由预制厂用离心法生产,管桩截面外径为 400~500 mm;实心桩一般为正方形断面,常用断面边长为 200 mm×200 mm~550 mm×550 mm。单根桩的最大长度,根据打桩架的高度确定。30 m 以上的桩可将桩制成几段,在打桩过程中逐段接长;如在工厂制作,每段长度不宜超过 12 m。

钢筋混凝土预制桩可在工厂或施工现场预制。一般较长的桩在打桩现场或附近场地预制,较短的桩多在预制厂生产。

钢筋混凝土预制桩制作程序为:现场布置→场地平整→支模→绑扎钢筋、安设吊环→浇筑混凝土→养护至 30% 强度拆模→再支上层模板→涂刷隔离剂;同法制作第二层混凝土,养护至 70% 强度起吊,达 100% 强度运输、堆放沉桩。

预制桩的制作质量除应符合有关规定的允许偏差规定外,还应符合下列要求:

(1)预制桩的表面应平整、密实,掉角的深度不应超过 10 mm,且局部蜂窝和掉角的缺损总面积不得超过该桩表面全部面积的 0.5%,并不得过分集中。

(2)混凝土收缩产生的裂缝深度不得大于 20 mm,宽度不得大于 0.25 mm;横向裂缝长度不得超过边长的 50%(圆桩或多边形桩不得超过直径或对角线的 1/2)。

(3)桩顶和桩尖处不得有蜂窝、麻面、裂缝和掉角。

### 2.预制桩的起吊、运输和堆放

(1)预制桩的起吊。预制桩在混凝土达到设计强度的 70% 后方可起吊,如需提前吊运和沉桩,则必须采取措施并经强度和抗裂度验算合格后方可进行。预制桩在起吊和搬运时,必须做到平稳,并不得损坏棱角,吊点应符合设计要求。如无吊环,设计又未作规定,可按吊点间的跨中弯矩与吊点处的负弯矩相等的原则来确定吊点位置。常见的几种吊点的合理位置如图 2-16 所示。

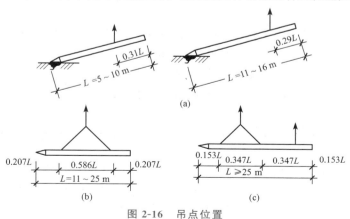

**图 2-16 吊点位置**

(a)一点吊法;(b)两点吊法;(c)三点吊法

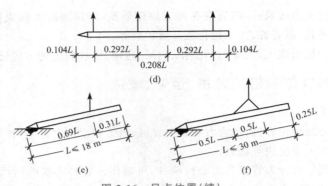

图 2-16 吊点位置(续)

(d)四点吊法;(e)预应力管桩一点吊法;(f)预应力管桩两点吊法

(2)预制桩的运输。混凝土预制桩达到设计强度的 100%,方可运输。当预制桩在短距离内搬运时,可在桩下垫以滚筒,用卷扬机拖桩拉运;当桩需长距离搬运时,可采用平板拖车或轻轨平板车拖运。桩在搬运前,必须进行制作质量的检查;桩经搬运后再进行外观检查,所有质量均应符合规范的有关规定。

(3)预制桩的堆放。预制桩堆放时,应按规格、桩号分层叠置在平整、坚实的地面上,支承点应设置在吊点处或附近,上下层垫块应在同一直线上,堆放层数不宜超过 4 层。

## 二、锤击沉桩(打入桩)施工

锤击沉桩(打入桩)施工是利用桩锤下落产生的冲击能量,将桩沉入土中。锤击沉桩是钢筋混凝土预制桩常见的沉桩方法。

打(沉)桩施工质量验收标准

1.施工前的准备工作

(1)整平场地,清除桩基范围内的高空、地面、地下障碍物;架空高压线,距离打桩机不得小于 10 m;修设打桩机进出、行走道路,做好排水措施。

(2)按图样布置进行测量放线,定出桩基轴线。先定出中心,再引出两侧,并将桩的准确位置测设到地面,每个桩位打一个小木桩;测量出每个桩位的实际标高,场地外设 2 个或 3 个水准点,以便随时检查之用。

(3)检查桩的质量,将需用的桩按平面布置图堆放在打桩机附近,不合格的桩不能运至打桩现场。

(4)检查打桩机设备及起重工具;铺设水电管网,进行设备架立、组装和试打桩;在桩架上设置标尺或在桩的侧面画上标尺,以便能观测桩身入土深度。

(5)打桩场地建(构)筑物有防振要求时,应采取必要的防护措施。

(6)学习、熟悉桩基施工图样,并进行会审;做好技术交底,特别是地质情况、设计要求、操作规程和安全措施的交底。

(7)准备好桩基工程沉桩记录和隐蔽工程验收记录表格,并安排好记录和监理人员等。

2.打桩设备及选择

打桩设备包括桩锤、桩架和动力装置。

(1)桩锤。桩锤是对桩施加冲击力,将桩打入土中的主要机具。施工中常用的桩锤有落锤、单动汽锤、双动汽锤、柴油桩锤、振动桩锤和液压桩锤,桩锤适用范围见表 2-3。用锤击法沉桩时,选择桩锤是关键,应根据施工条件首先确定桩锤的类型,然后再确定桩锤的重量,桩锤的重量应不小于桩重。打桩时宜"重锤低击"，即锤的重量大而落距小。这样，桩锤不容易回跳，桩头不容易损坏，而且容易将桩打入土中。

表 2-3　桩锤适用范围

| 桩锤种类 | 适用范围 | 优缺点 | 备注 |
|---|---|---|---|
| 落锤 | （1）宜打各种桩；<br>（2）土、含砾石的土和一般土层均可使用 | 构造简单，使用方便，冲击力大，能随意调整落距；但锤击速度慢，效率较低 | 桩锤用人力或机械拉升，然后自由落下，利用自重夯击桩顶 |
| 单动汽锤 | 适宜于打各种桩 | 构造简单，落距短，对设备和桩头不宜损坏，打桩速度及冲击力较落锤大，效率较高 | 利用蒸汽或压缩空气的压力将锤头上举，然后由锤头的自重向下冲击沉桩 |
| 双动汽锤 | （1）宜打各种桩，便于打料桩；<br>（2）用压缩空气时，可在水下打桩；<br>（3）可用于拔桩 | 冲击次数多，冲击力大，工作效率高，可不用桩架打桩；但设备笨重，移动较困难 | 利用蒸汽锤或压缩空气的压力将锤头上举及下冲，增加夯击能量 |
| 柴油桩锤 | （1）适宜于打木桩、钢筋混凝土桩、钢板桩；<br>（2）适宜于在过硬或过软的土层中打桩 | 附有桩架、动力等设备，机架轻、移动便利，打桩快，燃料消耗少，重量轻，不需要外部能源；但在软弱土层中，起锤困难，噪声和振动大，存在油烟污染公害 | 利用燃油爆炸，推动活塞，引起锤头跳动 |
| 振动桩锤 | （1）适宜于打钢板桩、钢管桩、钢筋混凝土桩和木桩；<br>（2）适宜于砂土、塑性黏土及松软砂黏土；<br>（3）在卵石夹砂及紧密黏土中效果较差 | 沉桩速度快，适应性大，施工操作简易、安全，能打各种桩并帮助卷扬机拔桩 | 利用偏心轮引起激振，将通过刚性连接的桩帽传到桩上 |
| 液压桩锤 | （1）适宜于打各种直桩和斜桩；<br>（2）适用于拔桩和水下打桩；<br>（3）适宜于打各种桩 | 不需外部能源，工作可靠，操作方便，可随时调节锤击力大小，效率高，不损坏桩头，低噪声，低振动，无废气公害；但构造复杂，造价高 | 一种新型打桩设备、冲击缸体由液压油提升和降落，并且在冲击缸体下部充满氧气，用以延长对桩施加压力的过程获得更大的贯入度 |

（2）桩架。桩架是将桩吊到打桩位置，并在打桩过程中保证桩的方向不发生偏移，保证桩锤能沿要求的方向冲击的装置。桩架的种类和高度，应根据桩锤的种类、桩的长度、施工地点的条件等，综合考虑确定。桩架目前应用最多的是轨道式桩架、步履式桩架和悬挂式桩架，如图 2-17 所示。

1）轨道式桩架。其主要包括底盘、导向杆、斜撑滑轮组和动力设备等，如图 2-17（a）所示。其优点是:适应性和机动性较大,在水平方向可作360°回转,导架可伸缩和前后倾斜。底盘上的轨道轮可沿着轨道行走。这种桩架可用于各种预制桩和灌注桩的施工。其缺点是结构比较庞大,现场组装和拆卸、转运较困难。

2)步履式桩架。步履式打桩机以步履方式移动桩位和回转,不需枕木和钢轨,机动灵活,移动方便,打桩效率高,如图2-17(b)所示。

3)悬挂式桩架。其以履带式起重机为底盘,增加了立柱、斜撑、导杆等,如图2-17(c)所示。此种桩架性能灵活、移动方便,可用于各种预制桩和灌注桩的施工。

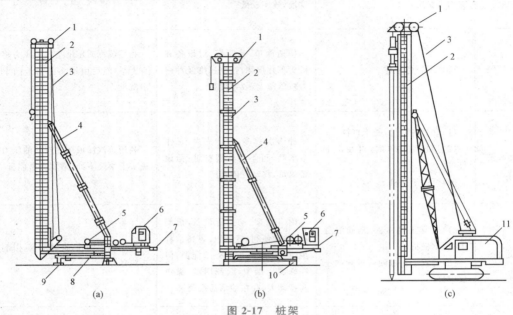

图 2-17 桩架

(a)轨道式桩架;(b)步履式桩架;(c)悬挂式桩架

1—滑轮组;2—立柱;3—钢丝绳;4—斜撑;5—卷扬机;6—操作室;
7—配重;8—底盘;9—轨道;10—步履底盘;11—履带式起重机

(3)动力装置。动力装置的配置根据所选的桩锤性质决定,当选用蒸汽锤时,需配备蒸汽锅炉和卷扬机。

3.打桩施工

(1)确定打桩顺序。打桩顺序直接影响打桩工程质量和施工进度。确定打桩顺序时,应综合考虑桩基础的平面布置、桩的密集程度、桩的规格和桩架移动方便等因素。当基坑不大时,打桩顺序一般分为自中间向两侧对称施打、自中间向四周施打、由一侧向单一方向逐排施打。自中间向两侧对称施打和自中间向四周施打这两种打桩顺序,适用于桩较密集、桩距≤4$d$(桩径)时的打桩施工,如图2-18(a)、(b)所示,打桩时土由中央向两侧或四周挤压,易于保证打桩工程质量。由一侧向单一方向逐排施打,适用于桩不太密集,桩距>4$d$(桩径)时的打桩施工,如图2-18(c)所示,打桩时桩架单向移动,打桩效率高,但这种打法使土向一个方向挤压,地基土挤压不均匀,导致后面桩的打入深度逐渐减小,最终引起建筑物的不均匀沉降。当基坑较大时,应将基坑分为数段,在各段内分别进行。

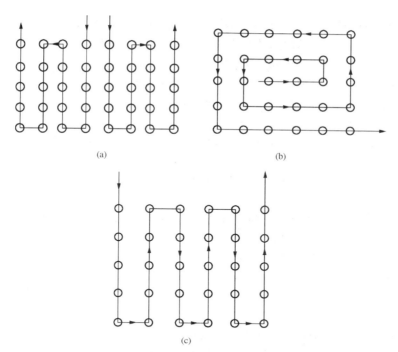

图 2-18　打桩顺序

(a)自中间向两侧对称施打；(b)自中间向四周施打；(c)由一侧向单一方向(逐排)施打

另外，当桩的规格、埋深和长度不同时，打桩顺序宜先大后小、先深后浅和先长后短；当一侧毗邻建筑物时，应由毗邻建筑物一侧向另一方向施打；当桩头高出地面时，宜采取后退施打。

(2)确定打桩的施工工艺。打入桩的施工程序包括桩机就位、吊装、打桩、送桩、接桩、拔桩和截桩等。

1)桩机就位。就位时桩架应垂直、平稳，导杆中心线与打桩方向一致，并检查桩位是否正确。

2)吊装。桩基就位后，将桩运至桩架下，用桩架上的滑轮组将桩提升就位(吊桩)。吊桩时，吊点的位置和数量与桩预制起吊时相同。当桩送至导杆内时，校正桩的垂直度，其偏差不得超过0.5%，然后固定桩帽和桩锤，使桩帽和桩锤在同一铅垂线上，确保桩的垂直下沉。

3)打桩。打桩开始时，锤的落距不宜过大，当桩入土一定深度且稳定后，桩尖不易发生偏移时，可适当增大落距，并逐渐提高到规定的数值。打桩宜"重锤低击"。重锤低击时，桩锤对桩头的冲击小，回弹也小，桩头不易损坏，将大部分的能量用于克服桩身与土的摩阻力和桩尖阻力，桩就能较快地沉入土中。

4)送桩。当桩顶标高低于自然地面时，需用送桩管将桩送入土中，桩与送桩管的纵轴线应在同一直线上，拔出送桩管后，桩孔应及时回填或加盖。

5)接桩。当设计桩较长，需分段施打时，则需在现场进行接桩。常见的接桩方法有焊接法、法兰连接法和浆锚法。前两种适用于各类土层；后一种适用于软土层。

6)拔桩。在打桩过程中，打坏的桩须拔掉。拔桩的方法视桩的种类、大小和打入土中的深度而定。一般较轻的桩或打入松软土中的桩，或深度在 1.5～2.5 m 以内的桩，可以用一根圆木杠杆来拔出；较长的桩，可用钢丝绳绑牢，借助桩架或支架利用卷扬机拔出，也可用千斤顶或专门的拔桩机进行拔桩。

7)截桩(桩头处理)。为使桩身和承台连为整体，构成桩基础，当打完桩后经过有关人员验收，即应开挖基坑(槽),按设计要求的桩顶标高,将桩头多余部分凿去(可人工或用风镐),但不得打裂桩身混凝土,并保证桩顶嵌入承台梁内的长度不小于 5 cm。当桩主要承受水平力时,不小于 10 cm,主筋上粘的碎块混凝土要清除干净。

当桩顶标高低于设计标高时,应将桩顶周围的土挖成喇叭口,把桩头表面凿毛,剥出主筋并焊接接长,与承台主筋绑扎在一起,然后与承台一起浇筑混凝土。

(3)常见的质量问题。

1)桩身断裂。产生原因:桩身弯曲过大、强度不足及地下有障碍物等,或桩在堆放、起吊、运输的过程中发生断裂却没有发现。

2)桩顶碎裂。产生原因:桩顶强度不够及钢筋网片不足、主筋距桩顶面太近,或桩顶不平、施工机具选择不当等。

3)桩身倾斜。产生原因:场地不平整,打桩机底盘不水平或稳桩不垂直,桩尖在地下遇坚硬障碍物等。

4)接桩处拉脱开裂。产生原因:连接处表面不干净,连接钢件不平整,焊接质量不符合要求,接桩的上、下中心线不在同一条线上等。

## 三、静力压桩

静力压桩是用静力压桩机或锚杆将预制钢筋混凝土桩分节压入地基土中的一种沉桩施工工艺。

静力压桩适用于软土、填土及一般黏性土层,特别适用于居民稠密及危房附近、环境要求严格的地区沉桩,但不宜用于地下有较多孤石、障碍物或有厚度大于 2 m 的中密以上砂夹层,以及单桩承载力超过 1 600 kN 的情况。

### 1.静力压桩设备

静力压桩机可分为机械式和液压式两种。机械式静力压桩机由桩架、卷扬机、加压钢丝滑轮组和活动压梁组成,如图 2-19 所示,施压部分在桩顶端部,施加静压力为 600～2 000 kN,这种压桩机装配费用较低,但设备高大笨重,行走移动不便,压桩速度较慢。液压式静力压桩机由压拔装置、行走机构及起吊装置等组成,如图 2-20 所示。其采用液压操作,自动化程度高,结构紧凑,行走方便快速,施压部分在桩身侧面,它是当前国内采用较广泛的一种新型压桩机械。

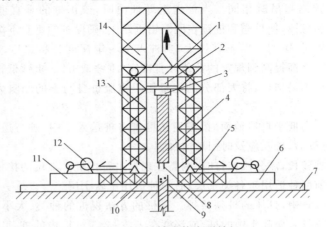

图 2-19　机械式静力压桩机

1—活动压梁;2—油压表;3—桩帽;4—上段桩;5—压重;6—底盘;7—轨道;8—上段接状锚筋;
9—下段接状锚筋孔;10—导笼口;11—操作平台;12—卷扬机;13—加压钢丝滑轮组;14—桩架导向笼

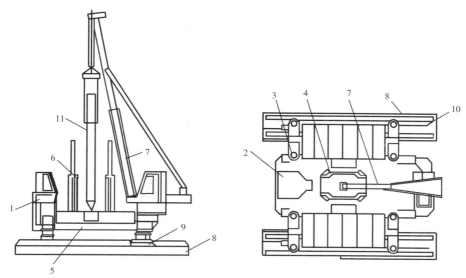

图 2-20  液压式静力压桩机

1—操纵室;2—电控系统;3—液压系统;4—导向架液压起重机;5—配重;6—夹持及拔桩装置;
7—吊桩把杆;8—支腿式底盘结构;9—横向行走与回转装置;10—纵向行走装置;11—桩

### 2.压桩工艺

压桩工艺一般是先进行场地平整,并使其具有一定的承载力,压桩机安装就位,按额定的总质量配置压重,调整机架的水平和垂直度,将桩吊入夹持机构中并对中,垂直将桩夹持住,正式压桩,压桩过程中应经常观察压力表,控制压桩阻力,记录压桩深度,做好压桩施工记录。入围多节桩,中途接桩可采用浆锚法或焊接法。压桩的终压控制,应按设计要求确定,一般摩擦桩以压入长度控制,压桩阻力作为参考;端承桩以压桩阻力控制,压入深度作为参考。

### 3.施工要点

(1)静力压桩机应根据设计和土质情况配足额定质量。

(2)桩帽、桩身和送桩的中心线应重合。

(3)压同一根桩时应缩短停歇时间。

(4)采取技术措施,减小静力压桩的挤土效应。

(5)注意限制压桩速度。

## 单元四  混凝土灌注桩施工

钢筋混凝土灌注桩是直接在施工现场桩位上采用机械或人工等方法成孔,然后在孔内安放钢筋笼,浇筑混凝土而成的桩。与预制桩相比,具有低噪声、低振动、挤土影响小、节约材料、无须接桩和截桩且桩端能可靠地进入持力层、单桩承载力大等优点。但灌注桩成桩工艺较复杂,施工速度较慢,施工操作要求严格,成桩质量与施工好坏关系密切。

混凝土灌注桩按成孔方法的不同,可分为干作业成孔灌注桩、泥浆护壁成孔灌注桩、套管成孔灌注桩和人工挖孔灌注桩四种。常用的是干作业成孔和泥浆护壁成孔灌注桩。不同桩型适用的地质条件见表2-4。

表 2-4　灌注桩适用范围

| 项目 | | 适用范围 |
|---|---|---|
| 干作业成孔 | 人工手摇钻 | 地下水水位以上的黏性土、黄土及人工填土 |
| | 螺旋钻 | 地下水水位以上的黏性土、砂土及人工填土 |
| | 螺旋钻孔扩底 | 地下水水位以上的坚硬、硬塑的黏性土及中密以上的砂土 |
| 泥浆护壁成孔 | 冲抓冲击回转钻 | 碎石土、砂土、黏性土及风化岩 |
| | 潜水钻 | 黏性土、淤泥、淤泥质土及砂土 |
| 套管成孔 | 锤击振动 | 可塑、软塑、流塑的黏性土,稍密及松散的砂土 |
| 爆扩成孔 | | 地下水水位以上的黏性土、黄土、碎石土及风化岩 |

## 一、干作业成孔灌注桩

干作业成孔灌注桩是先用钻机在桩位处进行钻孔,然后将钢筋骨架放入桩孔内,再浇筑混凝土而成的桩。其施工过程如图 2-21 所示。干作业成孔灌注桩适用于地下水水位以上的填土层、黏性土层、粉土层、砂土层和粒径不大的砂砾层。

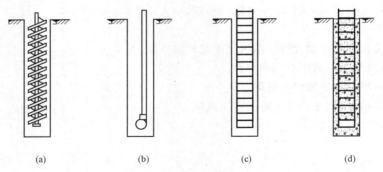

(a)　　　　　　(b)　　　　　　(c)　　　　　　(d)

图 2-21　干作业成孔灌注桩施工工艺流程
(a)钻孔;(b)空钻清土后掏土;(c)放入钢筋骨架;(d)浇筑混凝土

### 1.螺旋钻成孔灌注桩

螺旋成孔机如图 2-22 所示。其利用动力旋转钻杆,钻杆带动钻头上的螺旋叶片旋转切削土层,土渣沿螺旋叶片上升排出孔外。螺旋成孔机成孔直径一般为 300~600 mm,钻孔深度为 8~12 m。

钻杆按叶片螺距的不同,可分为密螺纹叶片和疏螺纹叶片。密螺纹叶片适用于可塑或硬塑黏土或含水量较小的砂土,钻进时速度缓慢而均匀;疏螺纹叶片适用于含水量大的软塑土层,由于钻杆在相同转速时,疏螺纹叶片较密螺纹叶片土渣向上推进快,所以可取得较快的钻进速度。

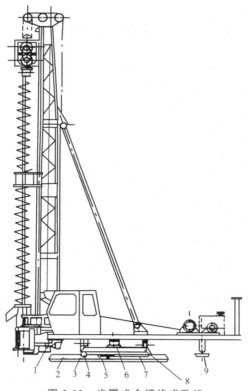

图 2-22　步履式全螺旋成孔机

1—上盘;2—下盘;3—回转滚轮;4—行走滚轮;5—钢丝滑轮;6—旋转中心轴;7—行走油缸;8—中盘;9—支腿

螺旋成孔机成孔灌注桩施工流程:钻孔→检查成孔质量→孔底清理→盖好孔口盖板→移桩机至下一桩位→移走盖口板→复测桩孔深度及垂直度→安放钢筋笼→放混凝土串筒→浇筑混凝土→插桩顶钢筋。

钻进时要求钻杆垂直,钻孔过程中发现钻杆摇晃或进钻困难时,可能是遇到石块等硬物,应立即停车检查,及时处理,以免损坏钻具或导致桩孔偏斜。

施工中,如发现钻孔偏斜,应提起钻头上下反复扫钻数次,以便削去硬土。如纠正无效,应在孔中回填黏土至偏孔处以上 0.5 m,再重新钻进;如成孔时发生塌孔,宜钻至塌孔处以下 1～2 m 处,用低强度等级的混凝土填至塌孔以上 1 m 左右,待混凝土初凝后再继续下钻,钻至设计深度,也可用 3:7 的灰土代替混凝土。

钻孔达到要求深度后,进行孔底土清理,即钻到设计钻深后,必须在深处进行空转清土,然后停止转动,提钻杆,不得回转钻杆。

提钻后应检查成孔质量:用测绳(锤)或手提灯测量孔深垂直度及虚土厚度。虚土厚度等于测量深度与钻孔深的差值,虚土厚度一般不应超过 100 mm。清孔时,若少量浮土泥浆不易清除,可投入 25～60 mm 厚的卵石或碎石插捣,以挤密土体;也可用夯锤夯击孔底虚土或用压力在孔底灌入水泥浆,以减少桩的沉降和提高其承载力。

钻孔完成后,应尽快吊放钢筋笼并浇筑混凝土。混凝土应分层浇筑,每层高度不得大于 1.5 m,混凝土的坍落度在一般黏性土中为 50～70 mm,在砂类土中为 70～90 mm。

**2.螺旋钻孔压浆成桩法**

螺旋钻孔压浆成桩是用螺旋钻杆钻到预定的深度后,通过钻杆芯管底部的喷嘴,自孔底由下而上向孔内高压喷射以水泥浆为主剂的浆液,使液面升至地下水水位或无塌孔危险的位置以上;提起钻杆后,在孔内安放钢筋笼并在孔口通过漏斗投放集料;最后,再自孔底向上多次高压补浆即成。

螺旋钻孔压浆成柱法的施工特点是连续一次成孔,多次自下而上高压注浆成桩,既具有无噪声、无振动、无排污的优点,又能在流砂、卵石、地下水、易塌孔等复杂地质条件下顺利成桩,而且由于其扩散渗透的水泥浆而大大提高了桩体的质量,其承载力为一般灌注桩的 1.5~2 倍,在国内很多工程中已经得到成功应用。其施工流程如下:

(1)钻机就位。

(2)钻至设计深度空钻清底。

(3)一次压浆:将高压胶管一头接在钻杆顶部的导流器预留管口,另一头接在压浆泵上,将配制好的水泥浆由下而上边提钻边压浆。

(4)提钻:压浆到塌孔地层以上 500 mm 后提出钻杆。

(5)下钢筋笼:将塑料压浆管固定在制作好的钢筋笼上,使用钻机的吊装设备吊起钢筋笼,对准孔位,垂直缓慢放入孔内,下到设计标高,固定钢筋笼。

(6)下碎石:碎石通过孔口漏斗倒入孔内,用铁棍捣实。

(7)二次补浆:与第一次压浆的间隔不得超过 45 min,利用固定在钢筋笼上的塑料管进行第二次压浆,压浆完毕后立即拔管,洗净备用。

## 二、泥浆护壁成孔灌注桩

### 1.施工工艺流程

泥浆护壁成孔灌柱桩施工工艺流程如图 2-23 所示。

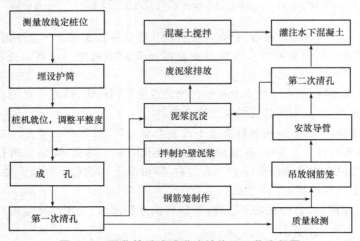

图 2-23 泥浆护壁成孔灌注桩施工工艺流程图

(1)成孔。

1)机具就位平整、垂直,护筒埋设牢固并且垂直,保证桩孔成孔的垂直。

2)要控制孔内的水位高于地下水水位 1.0 m 左右,防止地下水水位过高后引起坍孔。

3)发现轻微坍孔的现象时,应及时调整泥浆的相对密度和孔内水头。泥浆的相对密度因土质情况的不同而不同,一般控制在 1.1~1.5 的范围内。成孔的快慢与土质有关,应灵活掌握钻进的速度。

4)成孔时发现难以钻进或遇到硬土、石块等,应及时检查,以防桩孔出现严重的偏斜、位移等。

(2)护筒埋设。

1)护筒内径应大于钻头直径,用回转钻时宜大于 100 mm;用冲击钻时宜大于 200 mm。

2)护筒位置应埋设正确和稳定,护筒与坑壁之间应用黏土填实,护筒中心与桩位中心线偏差不得大于 20 mm。

3)护筒埋设深度:在黏性土中不宜小于 1 m,在砂土中不宜小于 1.5 m,并应保持孔内泥浆面高出地下水水位 1 m 以上。

4)护筒埋设可采用打入法或挖埋法。前者适用于钢护筒;后者适用于混凝土护筒。护筒口一般高出地面 30~40 cm 或地下水水位 1.5 m 以上。

(3)护壁泥浆与清孔。

1)孔壁土质较好不易塌孔时可用空气吸泥机清孔。

2)用原土造浆的孔,清孔后泥浆的相对密度应控制在 1.1 左右。

3)孔壁土质较差时,宜用泥浆循环清孔。清孔后的泥浆相对密度应控制在 1.15~1.25。泥浆取样应选择在距离孔 20~50 cm 处。

4)第一次清孔在提钻前,第二次清孔在沉放钢筋笼、下导管以后。

5)浇筑混凝土前,桩孔沉渣允许厚度为:以摩擦力为主时,允许厚度不得大于 150 mm;以端承力为主时,允许厚度不得大于 50 mm。以套管成孔的灌注桩不得有沉渣。

(4)钢筋骨架制作与安装。

1)钢筋骨架的制作应符合设计与规范的要求。

2)长桩骨架宜分段制作,分段长度应根据吊装条件和总长度计算确定,并应确保钢筋骨架在移动、起吊时不变形,相邻两段钢筋骨架的接头需按有关规范要求错开。

3)应在钢筋骨架外侧设置控制保护层厚度的垫块,可采用与桩身混凝土等强度的混凝土垫块或用钢筋焊在竖向主筋上,其间距竖向为 2 m,横向圆周不得少于 4 处,并均匀布置。骨架顶端应设置吊环。

4)大直径钢筋骨架制作完成后,应在内部加强箍上设置十字撑或三角撑,确保钢筋骨架在存放、移动、吊装过程中不变形。

5)骨架入孔一般用吊车,对于小直径桩,无吊车时可采用钻机钻架、灌注塔架等。起吊应按骨架长度的编号入孔,起吊过程中应采取措施,确保骨架不变形。

6)钢筋骨架的制作和吊放的允许偏差:主筋间距 ±10 mm;箍筋间距 ±20 mm;骨架外径 ±10 mm;骨架长度 ±50 mm;骨架倾斜度 ±0.5%;骨架保护层厚度水下灌注 ±20 mm,非水下灌注 ±10 mm;骨架中心平面位置 ±20 mm;骨架顶端高程 ±20 mm;骨架底面高程 ±50 mm。钢筋笼除应符合设计要求外,还应符合下列规定:

①分段制作的钢筋笼,其接头宜采用焊接并应遵守《混凝土结构工程施工质量验收规范》(GB 50204—2015)的规定。

②主筋净距必须大于混凝土粗集料粒径 3 倍以上。

③加劲箍宜设在主筋外侧,主筋一般不设弯钩,根据施工工艺要求,所设弯钩不得向内圆伸露,以免妨碍导管工作。

④钢筋笼的内径比导管接头处外径大 100 mm 以上。

7)搬运和吊装时应防止变形,安放要对准孔位,避免碰撞孔壁,就位后应立即固定。钢筋骨架吊放入孔时应居中,防止碰撞孔壁;钢筋骨架吊放入孔后,应采用钢丝绳或钢筋固定,使其位置符合设计及规范要求,并保证在安放导管、清孔及灌注混凝土过程中不发生位移。

（5）混凝土浇筑。

1）混凝土开始灌注时，漏斗下的封水塞可采用预制混凝土塞、木塞或充气球胆。

2）混凝土运至灌注地点时，应检查其均匀性和坍落度。如不符合要求，应进行第二次拌和。二次拌和后仍不符合要求时，不得使用。

3）第二次清孔完毕，检查合格后应立即进行水下混凝土灌注，其时间间隔不宜大于 30 min。

4）首批混凝土灌注后，混凝土应连续灌注，严禁中途停止。

5）在灌注过程中，应经常测探井孔内混凝土面的位置，及时调整导管埋深，导管埋深宜控制在 2～6 m。严禁导管提出混凝土面，要有专人测量导管埋深及管内外混凝土面的高差，填写水下混凝土灌注记录。

6）在灌注过程中，应时刻注意观测孔内泥浆返出情况，仔细听导管内混凝土的下落声音，如有异常，必须采取相应的处理措施。

7）在灌注过程中，宜使导管在一定范围内上下窜动，防止混凝土凝固，增加灌注速度。

8）为防止钢筋骨架上浮，当灌注的混凝土顶面距钢筋骨架底部 1 m 左右时，应降低混凝土的灌注速度。当混凝土拌合物上升到骨架底口 4 m 以上时，提升导管，使其底口高于骨架底部 2 m 以上，这时即可恢复正常灌注速度。

9）灌注的桩顶标高应比设计标高高出一定高度，一般为 0.5～1.0 m，以保证桩头混凝土强度，多余部分在接桩前必须凿除，桩头应无松散层。

10）在灌注将近结束时，应核对混凝土的灌入数量，以确保所测混凝土的灌注高度是否正确。

11）开始灌注时，应先搅拌 0.5～1.0 m³ 与混凝土强度等级相同的水泥砂浆，放在斗的底部。

**2. 施工中常见的问题和处理方法**

（1）护筒冒水。护筒外壁冒水如不及时处理，严重者会造成护筒倾斜和位移、桩孔偏斜，甚至无法施工。冒水原因为埋设护筒时周围填土不密实，或者由于起落钻头时碰动了护筒。处理办法：如初发现护筒冒水，可用黏土在护筒四周填实加固；如护筒严重下沉或位移，则返工重埋。

（2）孔壁坍塌。在钻孔过程中，若在排出的泥浆中不断有气泡，有时护筒内的水位突然下降，则是塌孔的迹象。其原因是土质松散、泥浆护壁不好、护筒水位不高等。处理办法：如在钻孔过程中出现缩颈、塌孔，应保持孔内水位，并加大泥浆相对密度，以稳定孔壁；如缩颈、塌孔严重或泥浆突然漏失，应立即回填黏土，待孔壁稳定后，再进行钻孔。

（3）钻孔偏斜。造成钻孔偏斜的原因是钻杆不垂直、钻头导向部分太短、导向性差、土质软硬不一，或遇上孤石等。处理办法：减慢钻速，并提起钻头，上下反复扫钻几次，以便削去硬层，转入正常钻孔状态。如在孔口不深处遇到孤石，可用取岩钻除去或低锤密击将石击碎。

## 三、套管成孔灌注桩

套管成孔灌注桩是指用锤击或振动的方法，将带有预制混凝土桩尖或钢活瓣桩尖的钢套管沉入土中，到达规定的深度后，立即在管内浇筑混凝土或管内放入钢筋笼后，再浇筑混凝土，随后拔出钢套管，并利用拔管时的冲击或振动，使混凝土捣实而形成的桩，故又称沉管或打拔管灌注桩。

套管成孔灌注桩具有施工设备较简单，桩长可随实际地质条件确定，经济效果好，尤其在有地下水、流砂、淤泥的情况下可使施工大大简化等优点。但其单桩承载能力低，在软土中易于产生颈缩，且施工过程中仍有挤土、振动和噪声，造成对邻近建筑物的危害影响等缺点，故除尚在少数小型工程中使用外，现已较少采用该法施工。

套管成孔灌注桩按沉管的方法不同，又可分为振动沉管灌注桩和锤击沉管灌注桩两种。套管成孔灌注桩适用于一般黏性土、淤泥质土、砂土、人工填土及中密碎石土地基的沉桩。

### 1. 振动沉管灌注桩

(1)振动沉管灌注桩的施工工艺流程如图 2-24 所示。

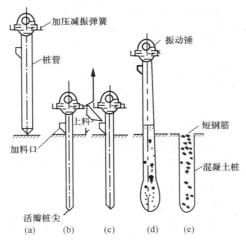

图 2-24 振动沉管灌注桩施工工艺流程

(a)桩机就位;(b)振动沉管;(c)浇筑混凝土;(d)边拔管、边振动、边浇筑混凝土;(e)成桩

1)桩机就位。施工前,应根据土质情况选择适用的振动打桩机,桩尖采用活瓣式。施工时先安装好桩机,将桩管对准桩位中心,桩尖活瓣合拢,放松卷扬机钢丝绳,利用振动机及桩管自重,将桩尖压入土中,勿使其偏斜,这样即可启动振动箱沉管。

2)振动沉管。在沉管过程中,应经常探测管内有无地下水或泥浆。如发现水或泥浆较多,应拔出桩管,检查活瓣桩尖缝隙是否过疏而漏进泥水。如过疏应加以修理,并用砂回填桩孔后重新沉管,如仍发现有少量水,一般可在沉入前先灌入 0.1 m³ 左右的混凝土或砂浆,封堵活瓣桩尖缝隙,再继续沉入。

沉管时,为了适应不同土质条件,常用加压方法来调整土的自振频率。桩尖压力改变可利用卷扬机滑轮钢丝绳,将桩架的部分重量传递到桩管上,并根据钢管沉入速度随时调整离合器,防止桩架抬起,发生事故。

3)浇筑混凝土。桩管沉到设计位置后停止振动,用上料斗将混凝土灌入桩管内,一般应灌满或略高于地面。

4)边拔管、边振动、边浇筑混凝土。开始拔管时,先启动振动箱片刻再拔管,并用吊砣探测确定桩尖活瓣已张开,混凝土已从桩管中流出以后,方可继续抽拔桩管,边拔边振。拔管速度,活瓣桩尖不宜大于 2.5 m/min;预制钢筋混凝土桩尖不宜大于 4 m/min。拔管方法一般宜采用单打法,每拔起 0.5～1.0 m 时停拔,振动 5～10 s;再拔管 0.5～1.0 m,振动 5～10 s,如此反复进行,直至全部拔出。在拔管过程中,桩管内应至少保持 2 m 以上高度的混凝土或不低于地面,可用吊砣探测,不足时要及时补灌,以防混凝土中断,形成缩颈。

振动灌注桩的中心距不宜小于桩管外径的 4 倍,相邻桩施工时,其间隔时间不得超过水泥的初凝时间。中间需停顿时,应将桩管在停歇前先沉入土中。

5)安放钢筋笼或插筋。第一次浇筑至笼底标高,然后安放钢筋笼,再灌注混凝土至设计标高。

(2)施工要点。振动沉管施工法是在振动锤竖直方向往复振动作用下,桩管也以一定的频率和振幅产生竖向往复振动,减小桩管与周围土体间的摩阻力。当强迫振动频率与土体的自振频率相同时(砂土自振频率为 900～1 200 Hz,黏性土自振频率为 600～700 Hz),土体结构因共振而破坏。与此同时,桩管受加压作用而沉入土中。在达到设计要求深度后,边拔管、边振动、边灌注混凝土和边成桩。

振动冲击施工法是利用振动冲击锤在冲击和振动的共同作用下,桩尖对四周的土层进行挤压,改变土体结构排列,使周围土层挤密,桩管迅速沉入土中。在达到设计标高后,边拔管、边振动、边灌注混凝土、边成桩。

振动沉管施工法、振动冲击沉管施工法一般有单打法、反插法、复打法等,应根据土质情况和荷载要求分别选用。单打法适用于含水量较小的土层,且宜采用预制桩尖;反插法及复打法适用于软弱饱和土层。

1)单打法:即一次拔管法,拔管时每提升 0.5~1.0 m,振动 5~10 s,再拔管 0.5~1.0 m,如此反复进行,直至全部拔出为止。一般情况下,振动沉管灌注桩均采用此法。

2)复打法:在同一桩孔内进行两次单打,即按单打法制成桩后再在混凝土桩内成孔并灌注混凝土。采用此法可扩大桩径,大大提高桩的承载力。

3)反插法:将套管每提升 0.5~1.0 m,再下沉 0.3~0.5 m,反插深度不宜大于活瓣桩尖长度的 2/3,如此反复进行,直至拔离地面。此法通过在拔管过程中反复向下挤压,可有效地避免颈缩现象,且比复打法经济、快速。

(3)施工注意事项。

1)单打法施工注意事项:

①必须严格控制最后 30 s 的电流、电压值,其值按设计要求或根据试桩和当地经验确定。

②桩管内灌满混凝土后,先振动 5~10 s,再开始拔管,应边振边拔,每拔 0.5~1.0 m 停拔振动 5~10 s,如此反复,直至桩管全部拔出。

③在一般土层内,拔管速度宜为 1.2~1.5 m/min;用活瓣桩尖时宜慢;用预制桩尖时适当加快;在软弱土层中,宜控制在 0.8~1.0 m/min。

2)反插法施工注意事项:

①桩管灌满混凝土之后,先振动再拔管,每次拔管高度为 0.5~1.0 m,反插深度为 0.3~0.5 m;在拔管过程中,应分段添加混凝土,保持管内混凝土面始终不低于地表面或高于地下水水位 1.0~1.5 m,拔管速度应小于 0.5 m/min。

②在桩尖处的 1.5 m 范围内宜多次反插,以扩大桩的端部断面。

③穿过淤泥夹层时,应当放慢拔管速度,并减小拔管高度和反插深度,在流动性淤泥中不宜使用反插法。

3)复打法施工注意事项:

①第一次灌注混凝土应达到自然地面标高。

②应随拔管随清除粘在管壁上和散落在地面上的泥土。

③前后两次沉管的轴线要重合。

④复打施工必须在第一次灌注的混凝土初凝前完成。

混凝土施工时应注意:混凝土的充盈系数不得小于 1.0,对于混凝土充盈系数小于 1.0 的桩,宜全长复打,对可能有断桩和缩颈桩的应局部复打。成桩后的桩身混凝土顶面标高应不低于设计标高 500 mm。全长复打桩的入土深度宜接近原桩长,局部复打应超过断桩或缩颈区 1 m 以上。

**2.锤击沉管灌注桩**

(1)锤击沉管灌注桩的施工工艺流程如图 2-25 所示。

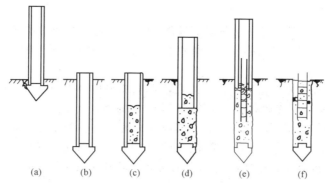

图 2-25　锤击沉管灌注桩施工程序示意

(a)桩机就位;(b)锤击沉管;(c)首次灌注混凝土;
(d)边拔管、边锤击、边继续灌注混凝土;
(e)放钢筋笼,继续灌注混凝土;(f)成桩

1)桩机就位。将桩管对预先埋设在桩位上的预制桩对准桩尖或将桩管对准桩位中心,使它们三点合一线,然后把桩尖活瓣合拢,放松卷扬机钢丝绳,利用桩机和桩管自重,将桩尖打入土中。

2)锤击沉管。在检查桩管与桩锤、桩架等是否在一条垂直线上之后,看桩管垂直度偏差是否小于或等于 0.5%,可用桩锤先低锤轻击桩管,观察偏差是否在容许范围内,再正式施打,直至将桩管打入至设计标高或要求的贯入度。

3)首次灌注混凝土。沉管至设计标高后,应立即灌注混凝土,尽量减少间隔时间;在灌注混凝土前,必须用吊砣检查桩管内无泥浆或无渗水后,再用吊斗将混凝土通过灌注漏斗灌入桩管内。

4)边拔管、边锤击、边继续灌注混凝土。当混凝土灌满桩管后,便可开始拔管,一边拔管,一边锤击。拔管的速度要均匀,对一般土层以 1 m/min 为宜,在软弱土层和软硬土层交界处,宜控制在 0.3~0.8 m/min;采用倒打拔管的打击次数,单动汽锤不得少于 50 次/min,自由落锤轻击(小落距锤击)不得少于 40 次/min;在管底未拔至桩顶设计标高前,倒打和轻击不得中断。在拔管过程中应向桩管内继续灌入混凝土,以满足灌注量的要求。

5)放钢筋笼,继续灌注混凝土。当桩身配钢筋笼时,第一次灌注混凝土应先灌至笼底标高,然后放置钢筋笼,再灌混凝土至桩顶标高。第一次拔管高度能容纳第二次所需灌入的混凝土量为限,不宜拔得过高。在拔管过程中应有专用测锤或浮标,检查混凝土面的下降情况。

(2)施工要点。锤击沉管施工法是利用桩锤将桩管和预制桩尖(桩靴)打入土中,边拔管、边振动、边灌注混凝土、边成桩,在拔管过程中,由于保持对桩管进行连续低锤密击,使钢管不断受到冲击振动,从而密实混凝土。锤击沉管灌注桩的施工应该根据土质情况和荷载要求,分别选用单打法、复打法和反插法。

当采用单打法工艺时,预制桩尖直径、桩管外径和成桩直径的配套选用见表 2-5。

表 2-5　单打法工艺预制桩尖直径、桩管外径和成桩直径关系表　　　　　**mm**

| 预制桩尖直径 | 桩管外径 | 成桩直径 |
| --- | --- | --- |
| 340 | 273 | 300 |
| 370 | 325 | 350 |
| 420 | 377 | 400 |
| 480 | 426 | 450 |
| 520 | 480 | 500 |

(3)施工注意事项。

1)群桩基础和桩中心距小于4倍桩径的桩基,应有保证相邻桩桩身质量的技术措施。

2)混凝土预制桩尖或钢桩尖的加工质量和埋设位置应与设计相符,桩管与桩尖的接触应有良好的密封性。

3)沉管全过程必须有专职记录员做好施工记录;每根桩的施工记录均应包括每米的锤击数和最后1 m的锤击数;必须准确测量最后3阵,每阵10锤的贯入度及落锤高度。

4)混凝土的充盈系数不得小于1.0;对于混凝土充盈系数小于1.0的桩,宜全长复打;对可能有断桩和缩颈桩的,应采用局部复打。成桩后的桩身混凝土顶面标高应不低于设计标高500 mm。全长复打桩的入土深度宜接近原桩长,局部复打应超过断桩或缩颈区1 m以上。

5)全长复打桩施工时应遵守下列规定:

①第一次灌注混凝土应达到自然地面。

②应随拔管随清除粘在管壁上和散落在地面上的泥土。

③前后两次沉管的轴线应重合。

④复打施工必须在第一次灌注的混凝土初凝前完成。

## 四、人工挖孔灌注桩

在高层建筑和重型构筑物中,因荷载集中、基底压力大,对单桩承载力要求很高,故常采用大直径的挖孔灌注桩。这种桩是以硬土层作持力层、以端承力为主的一种基础形式,其直径可达1~3.5 m,桩深为60~80 m,每根桩的承载力高达6 000~10 000 kN。大直径挖孔灌注桩,可以采用人工或机械成孔。如果桩底部再进行扩大,则称"大直径扩底灌注桩"。

### 1.人工挖孔桩施工与设计特点

人工挖孔灌注桩(简称人工挖孔桩)是指桩孔采用人工挖掘方法进行成孔,然后安放钢筋笼,浇筑混凝土而成的桩。人工挖孔桩结构上的特点是:单桩的承载能力高,受力性能好,既能承受垂直荷载,又能承受水平荷载。其在施工上的特点是:设备简单;无噪声、无振动、不污染环境,对施工现场周围原有建筑物的危害影响小;施工速度快,可按施工进度要求,决定同时开挖桩孔的数量,必要时可各桩同时施工;工期缩短,可直接观察到地质变化的情况;桩底沉渣能清理干净;施工质量可靠,造价较低。尤其当高层建筑选用大直径的灌注桩,而其施工现场又在狭窄的市区时,采用人工挖孔比机械挖孔具有更大的适应性;但其缺点是人工耗量大、开挖效率低、安全操作条件差等。

近年来,人工挖孔灌注桩施工作业因塌方、毒气、高处坠物、触电而造成的人员伤亡重大安全事故时有发生。事故表明人工挖孔灌注桩是一种危险性高、作业环境恶劣且难以施工安全管理的成桩方法,所以有些地区将逐步限制和淘汰人工挖孔灌注桩的成孔施工方法。

人工挖孔桩必须考虑防止土体坍塌的支护措施,以确保施工过程中的安全。常用的护壁方法有现浇混凝土护圈、沉井护圈和钢套管护圈三种,如图2-26所示。

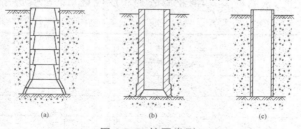

图 2-26  护圈类型

(a)现浇混凝土护圈;(b)沉井护圈;(c)钢套管护圈

人工挖孔桩的构造如图 2-27 所示。对于土质较好的地层,护壁可用素混凝土,土质较差地段应增加少量钢筋(环筋 φ10～φ12,间距为 200 mm;竖筋 φ10～φ12,间距为 400 mm)。

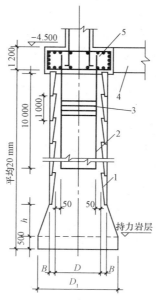

图 2-27　人工挖孔桩构造
1—护壁;2—主筋;3—箍筋;4—地梁;5—桩帽

**2. 施工机具**

(1)挖土工具:铁镐、铁锹、钢钎、铁锤、风镐等。

(2)出土工具:电动葫芦或手摇辘轳和提土桶。

(3)降水工具:潜水泵,用于抽出桩孔内的积水。

(4)通风工具:常用的通风工具为 1.5 kW 的鼓风机,配以直径为 100 mm 的薄膜塑料送风管,用于向桩孔内强制送入风量不小于 25 L/s 的新鲜空气。

(5)通信工具:摇铃、电铃、对讲机等。

(6)护壁模板:常用的有木结构式和钢结构式两种模板。

**3. 施工工艺**

(1)测定桩位、放线。

(2)桩孔内土方开挖。采取分段开挖,每段开挖深度取决于土的直立能力,一般以 0.5～1.0 m 为一施工段,开挖范围为设计桩径加护壁厚度。

(3)支护壁模板。常在井外预拼成 4～8 块工具式模板。

(4)浇筑护壁混凝土。护壁起着防止土壁坍塌与防水的双重作用,因此护壁混凝土要捣实,单元一护壁厚度宜增加 100～150 mm,上、下节用钢筋拉结。

(5)拆模,继续下一节的施工。护壁混凝土强度达到 1 MPa(常温下约为 24 h)方可拆模,拆模后开挖下一节的土方,再支模浇筑护壁混凝土,如此循环,直至挖到设计深度。

(6)浇筑桩身混凝土。排除桩底积水后,浇筑桩身混凝土至钢筋笼底面设计标高,安放钢筋笼,再继续浇筑混凝土。混凝土浇筑时应用溜槽或串筒,用插入式振动器捣实。

**4. 施工注意事项**

(1)开挖前,桩位定位应准确,在桩位外设置龙门桩,安装护壁模板时,须用桩心点校正模板位置,并由专人负责。

（2）保证桩孔的平面位置和垂直度。桩孔中心线的平面位置偏差不宜超过 50 mm，桩的垂直度偏差不得超过 1.0%，桩径不得小于设计直径。为保证桩孔平面位置和垂直度符合要求，每开挖一段，安装护圈模板时，可用十字架放在孔口上方，对准预先标定的轴线标记，在十字架交叉点悬吊垂球对中，务必使每一段护壁符合轴线要求，以保证桩身的垂直度。

（3）防止土壁坍落及流砂。在开挖过程中，遇到特别松散的土层或流砂层时，为防止土壁坍落及流砂，可采用钢套管护圈或沉井护圈作为护壁；或将混凝土护圈的高度减小到 300～500 mm。流砂现象严重时，可采用井点降水法降低地下水水位，以确保施工安全和工程质量。

（4）人工挖孔桩混凝土护壁厚度不宜小于 100 mm，混凝土强度等级不得低于桩身混凝土强度等级。采用多节护壁时，应用钢筋拉结起来。单元一井圈顶面应比场地高出 150～200 mm，壁厚比下面井壁厚度增加 100～150 mm。

灌注桩质量
验收标准

（5）浇筑桩身混凝土时，应及时清孔及排除井底积水。桩身混凝土宜一次连续浇筑完毕，不留设施工缝。浇筑前，应认真清除孔底的浮土、石渣。在浇筑过程中，要防止地下水流入，保证浇筑层表面无积水层。当地下水穿过护壁流入量较大、无法抽干时，应采用导管法浇筑。

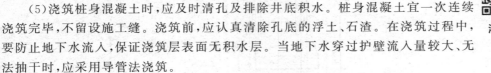

## 模块小结

本模块主要内容包括地基处理和桩基础施工。

地基处理的方法很多，本模块主要介绍了灰土垫层、砂垫层与砂石垫层、碎砖三合土垫层、强夯法、灰土挤密桩、堆载预压法、振冲地基和深层搅拌法。

由于生产的发展，桩基础不仅在高层建筑和工业厂房建筑中广泛应用，而且在多层及其他建筑中的应用也日益增多，因此，目前桩基础已成为建筑工程中常用的分项工程之一。

桩可分为预制桩和灌注桩，这两类桩基础的施工方法在施工现场具有同样重要的地位，学习时应同等重视。

对于钢筋混凝土预制桩的施工，应掌握桩的预制、起吊和运输，正确选择桩锤和打桩方法。各种灌注桩有其不同的适用范围，应重点掌握干作业成孔灌注桩、泥浆护壁成孔灌注桩、套管成孔灌注桩和人工挖孔灌注桩的施工工艺和施工要点。

## 思考与练习

一、填空题

1._____适用于处理松软砂类土素填土、杂填土、湿陷性黄土等，将土挤密或消除湿陷性，效果显著。

2. 浅基础按受力特点可分为_____和_____。

3. 当柱子或墙体传递荷载过大，且地基土较软弱，采用单独基础或条形基础都不能满足地基承载力要求时，往往需要将整个房屋底面做成整体连续的钢筋混凝土板，作为房屋的基础，称为_____。

4. 桩按传力和作用性质不同，可分为_____和_____。

5. 桩按施工方法不同,可分为_____和_____。

6. 预制桩在混凝土达到设计强度的_____后方可起吊;混凝土预制桩达到设计强度的_____方可运输。

7. 打桩设备包括_____、_____和_____。

8. _____是直接在施工现场桩位上采用机械或人工等方法成孔,然后在孔内安放钢筋笼,浇筑混凝土而成的桩。

二、选择题

1. 桩在堆放时,允许的最多堆放层数为( )。

    A. 一层     B. 三层     C. 四层     D. 五层

2. 预制混凝土桩的表面应平整、密实,掉角深度及混凝土裂缝深度应小于多少,下列正确的选项是( )。

    A. 10,30     B. 15,20     C. 15,30     D. 10,20

3. 对于预制桩的起吊点,设计未作规定时,应遵循的原则是( )。

    A. 吊点均分桩长     B. 吊点位于中心处

    C. 跨中正弯矩最大     D. 吊点间跨中正弯矩与吊点处负弯矩相等

4. 对打桩桩锤的选择影响最大的因素是( )。

    A. 地质条件     B. 桩的类型     C. 桩的密集程度     D. 单桩极限承载力

5. 可用于打各种桩、斜桩,还可拔桩的桩锤是( )。

    A. 双动汽锤     B. 筒式柴油锤     C. 导杆式柴油锤     D. 单动汽锤

6. 在地下水水位以上的黏性土、填土、中密以上砂土及风化岩等土层中的桩基成孔,常用方法是( )。

    A. 干作业成孔     B. 沉管成孔     C. 人工挖孔     D. 泥浆护壁成孔

7. 干作业成孔灌注桩采用的钻孔机具是( )。

    A. 螺旋钻     B. 潜水钻     C. 回转钻     D. 冲击钻

8. 若在流动性淤泥土层中的桩可能有颈缩现象时,可行又经济的施工方法是( )。

    A. 反插法     B. 复打法     C. 单打法     D. A 和 B 都正确

9. 人工挖孔灌注桩施工时,其护壁应( )。

    A. 与地面平齐     B. 低于地面 100 m

    C. 高于地面 150～200 mm     D. 高于地面 300 mm

三、简答题

1. 简述砂垫层与砂石垫层进行地基处理时的施工要点。

2. 常用的柔性基础包括哪些?

3. 锤击沉桩(打入桩)施工前的准备工作有哪些?

4. 简述螺旋钻孔压浆成桩法的施工流程。

5. 人工挖孔灌注桩施工的注意事项有哪些?

# 模块三　砌筑工程

**知识目标**

1. 掌握常用的砌筑材料。

2. 了解脚手架的类型、构造及砌筑脚手架的要求；掌握脚手架的搭设要点和顺序，掌握垂直运输设施的选用。

3. 了解砌砖施工、砌石施工及混凝土小型空心砌块施工的工艺流程；掌握砌砖、砌石及砌块施工的质量要求与检验方法。

4. 了解砌筑工程冬、雨期施工方法；掌握砌筑工程冬期施工的一般要求。

**能力目标**

1. 能对脚手架的搭设进行检查指导。

2. 具有组织砌砖施工、砌石施工、砌块施工及质量验收能力。

## 单元一　砌筑材料

砌筑工程一般是指应用砌筑砂浆，采用一定的工艺方法将砖、石及各种砌块砌筑成各种砌体。砌筑工程是一个综合的施工过程，主要包括砂浆制备、材料运输、脚手架搭设及砌体砌筑等。

砌筑工程所用的主要材料是砖(石)、砂浆和各种砌块。

### 一、砖

砌筑工程所用的砖种类较多，如烧结普通砖、煤矸石砖、粉煤灰砖和页岩砖等。

规格：常用普通砖的标准尺寸为 240 mm×115 mm×53 mm。施工用的砖应及时进场，并按设计要求的强度等级、外观、几何尺寸等进行验收。

技术性能：常用的烧结普通砖的强度等级有 MU30、MU25、MU20、MU15 和 MU10。外观要求应尺寸准确，无裂纹、掉角、缺棱和翘曲等严重现象。

回弹法检测
砌筑砂浆抗
压强度

### 二、砂浆

(1)砂浆的分类。砌筑砂浆按组成材料不同，可分为水泥砂浆、混合砂浆与非水泥砂浆三种;砌筑砂浆按拌制方式不同,可分为现场拌制砂浆与干拌砂浆(即在工厂内将水泥、钙质消石灰粉、砂、掺加料及外加剂按一定比例干拌混合制成,现场仅加水机械拌和即成)。

(2)砂浆的技术性能。砌筑砂浆按强度可分为 M15、M10、M7.5、M5 和 M2.5 五个等级。干拌砌筑砂浆与预拌砌筑砂浆的强度可分为 M5、M7.5、M10、M15、M20、M25 和 M30 七个等级。

(3)拌制砂浆材料的质量要求。

1)水泥。砌筑用水泥对品种、强度等级没有限制,但使用水泥时,应注意水泥的品种性能及适用范围。宜选用普通硅酸盐水泥或矿渣硅酸盐水泥,不宜选用强度等级太高的水泥,混合砂浆宜选用水泥强度等级不大于 42.5 级的水泥。对不同厂家、品种、强度等级的水泥应分别储存,不得混合使用。

水泥进入施工现场应有出厂质量保证书,且品种和强度等级应符合设计要求。对进场的水泥质量应按有关规定进行复检,经试验鉴定合格后方可使用,出厂日期超过 90 d 的水泥(快硬硅酸盐水泥超过 30 d)应进行复检,复检达不到质量标准不得使用。

2)砂。砖砌体、砌块砌体及料石砌体用的砂浆宜用中砂,砌毛石用的砂浆宜用粗砂,并应过筛,不得含有草根、土块、石块等杂物。砂应进行抽样检验,并应符合现行相关国家标准的要求。采用细砂的地区,砂的允许含泥量可经试验后确定。

3)石灰。

①生石灰是由石灰岩经煅烧分解,放出二氧化碳气体后得到的产品。生石灰的主要技术指标应符合表 3-1 的规定。

表 3-1　生石灰的主要技术指标

| 序号 | 项目 | 钙质生石灰 | | | 镁质生石灰 | | |
|---|---|---|---|---|---|---|---|
| | | 优等品 | 一等品 | 合格品 | 优等品 | 一等品 | 合格品 |
| 1 | CaO+MgO 含量≥/% | 90 | 85 | 80 | 85 | 80 | 75 |
| 2 | $CO_2$≤/% | 5 | 7 | 9 | 6 | 8 | 10 |
| 3 | 未消化残渣含量(5 mm 圆孔筛的筛余)≤/% | 5 | 10 | 15 | 5 | 10 | 15 |
| 4 | 产浆量≥/(L·kg$^{-1}$) | 2.8 | 2.3 | 2.0 | 2.8 | 2.3 | 2.0 |

注:以同一生产厂家、同一批进场的数量不超过 100 t 为一批量进行复试。

②熟化后的石灰称为熟石灰或消石灰,其成分以氢氧化钙为主。根据加水量的不同,石灰可被熟化成粉状的消石灰、浆状的石灰膏和液体状态的石灰乳。

③消石灰的主要技术指标应符合表 3-2 的规定。

表 3-2　消石灰的主要技术指标

| 序号 | 项目 | | 钙质消石灰粉 | | | 镁质消石灰粉 | | | 白云石消石灰粉 | | |
|---|---|---|---|---|---|---|---|---|---|---|---|
| | | | 优等品 | 一等品 | 合格品 | 优等品 | 一等品 | 合格品 | 优等品 | 一等品 | 合格品 |
| 1 | (CaO+MgO)含量≥/% | | 65 | 60 | 55 | 60 | 55 | 50 | | | |
| | 游离水/% | | 4 | 4 | 4 | 4 | 4 | | | | |
| 2 | 细度 | 0.9 mm方孔筛的筛余量≤/% | 0 | 0 | 0.5 | 0 | 0 | 0.5 | 0 | 0 | 0.5 |
| | | 0.125 mm方孔筛筛余量≤/% | 3 | 10 | 15 | 3 | 10 | 15 | 3 | 10 | 15 |
| 3 | 体积安定性 | | 合格 | 合格 | — | 合格 | 合格 | — | 合格 | 合格 | — |

④生石灰熟化成石灰膏时,应用孔洞不大于 3 mm×3 mm 的网过滤,熟化时间不得少于 7 d;对于磨细生石灰粉,其熟化时间不得少于 2 d。沉淀池中储存的石灰膏,应防止干燥、冻结和污染。严禁使用脱水硬化的石灰膏。

4)黏土膏。采用黏土或粉质黏土制备黏土膏时,宜用搅拌机加水搅拌,并用孔径不大于 3 mm×3 mm 的网过滤。用比色法鉴定黏土中的有机物含量时,应浅于标准色。

5)粉煤灰。粉煤灰品质等级用Ⅲ级即可。砂浆中的粉煤灰取代水泥率不宜超过 40%,砂浆中的粉煤灰取代石灰膏率不宜超过 50%。

6)有机塑化剂。有机塑化剂应符合相应的标准和产品说明书的要求。当对其质量有疑问时,应经试验检验合格后方可使用。

7)水。宜采用饮用水。当采用其他来源水时,水质必须符合《混凝土用水标准》(JGJ 63—2006)的规定。

8)外加剂。引气剂、早强剂、缓凝剂及防冻剂应符合国家质量标准或施工合同确定的标准,并应具有法定检测机构出具的该产品砌体强度检验报告,且经砂浆性能试验合格后方可使用。其掺量应通过试验确定。

(4)砂浆拌制及使用。

1)砌筑砂浆应采用机械搅拌,自投料完算起,搅拌时间应符合下列规定:

①水泥砂浆和水泥混合砂浆不得少于 2 min;

②水泥粉煤灰砂浆和掺用外加剂的砂浆不得少于 3 min;

③掺用有机塑化剂的砂浆应为 3～5 min。

2)砂浆现场拌制时,各组分材料应采用质量计量。

3)拌制水泥砂浆,应先将砂与水泥干拌均匀,再加水拌和均匀。

4)拌制水泥混合砂浆,应先将砂与水泥干拌均匀,再加掺合料(石灰膏、黏土膏)和水拌和均匀。

5)拌制水泥粉煤灰砂浆,应先将水泥、粉煤灰、砂干拌均匀,再加水拌和均匀。

6)掺用外加剂时,应先将外加剂按规定浓度溶于水中,在投入拌合用水时投入外加剂溶液,外加剂不得直接投入拌制的砂浆中。

7)砂浆拌成后和使用时,均应盛入储灰器中。如砂浆出现泌水现象,应在砌筑前再次拌和。

8)砂浆应随拌随用,水泥砂浆和水泥混合砂浆应分别在 3 h 和 4 h 内使用完毕;当施工期间最高气温超过 30 ℃时,应分别在拌成后 2 h 和 3 h 内使用完毕。对掺用缓凝剂的砂浆,其使用时间可根据具体情况延长。

### 三、砌块

砌块是以混凝土或工业废料做原料制成的实心或空心块材。其具有自重轻、机械化和工业化程度高、施工速度快、生产工艺和施工方法简单且可大量利用工业废料等优点,因此,用砌块代替烧结普通砖是墙体改革的重要途径。

砌块按形状可分为实心砌块和空心砌块两种。按制作原料可分为粉煤灰、加气混凝土、混凝土、硅酸盐、石膏砌块等数种。按规格来分有小型砌块、中型砌块和大型砌块。砌块高度为 115～380 mm 的称小型砌块;高度为 380～980 mm 的称中型砌块;高度大于 980 mm 的称大型砌块。目前,在工程中多采用中、小型砌块,各地区生产的砌块规格不一。其用于砌筑的砌块外观、尺寸和强度应符合设计要求。

(1)普通混凝土小型空心砌块。普通混凝土小型空心砌块是以水泥、砂、石等普通混凝土材料制成的混凝土砌块,空心率为 25%～50%,主要规格尺寸为 390 mm×190 mm×190 mm,适合人工砌筑。其强度高、自重轻、耐久性好,外形尺寸规整,有些还具有美化饰面及良好的保温隔热性能,适用范围广泛。

(2)轻集料混凝土小型空心砌块。轻集料混凝土小型空心砌块是以浮石、火山渣、煤渣、自然煤矸石、陶粒为集料制作的混凝土空心砌块,简称轻集料混凝土小砌块。

(3)粉煤灰砌块。粉煤灰砌块又称粉煤灰硅酸盐砌块,是以粉煤灰、石灰、石膏和炉渣等集料为原料,按照一定比例加水搅拌,振动成型,再经蒸汽养护而制成的密实砌块。

粉煤灰砌块常用规格尺寸:长度×高度×宽度为 880 mm×380 mm×40 mm 或 880 mm×430 mm×240 mm。砌块的端面应加灌浆槽,坐浆面(又称铺灰面)宜设抗剪槽。

(4)粉煤灰小型空心砌块。粉煤灰小型空心砌块是以粉煤灰、水泥及各种轻集料、重集料加水经拌和制成的小型空心砌块。其中,粉煤灰用量不应低于原材料重量的 10%,生产过程中也可加入适量的外加剂调节砌块的性能。

粉煤灰小型空心砌块按孔的排数分为单排孔、双排孔、三排孔和四排孔四种类型。其常用规格尺寸为 390 mm×190 mm×190 mm,其他规格尺寸可由供需双方协商确定。

## 单元二　脚手架工程及垂直运输设施

### 一、脚手架工程

脚手架是砌筑过程中堆放材料和工人进行操作的临时设施。当砌体砌到一定高度时(即可砌高度或一步架高度,一般为 1.2 m),砌筑质量和效率将会受到影响,这就需要搭设脚手架。砌筑用脚手架必须满足以下基本要求:脚手架的宽度应满足工人操作、材料堆放及运输要求,一般为 2 m,且不得小于 1.5 m;脚手架结构应有足够的强度、刚度和稳定性,保证在施工期间的各种荷载作用下,脚手架不变形、不摇晃和不倾斜;构造简单、便于装拆和搬运,并能多次周转使用;过高的外脚手架应有接地和避雷装置。

脚手架的种类很多,按其搭设位置可分为外脚手架和里脚手架两大类;按其所用材料可分为木脚手架、竹脚手架和钢管脚手架;按其构造形式可分为多立杆式、门式、悬挑式及吊脚手架等。目前,脚手架的发展趋势是采用高强度金属制作、具有多种功用的组合式脚手架,可以适应不同情况作业的要求。

## (一)外脚手架

外脚手架是沿建筑物外围搭设的一种脚手架,用于外墙砌筑和外墙装饰。常用的有多立杆式脚手架和门式钢管脚手架。多立杆式脚手架可用木、竹和钢管等搭设,目前主要采用钢管脚手架,虽然其一次性投资较大,但可多次周转、摊销费用低、装拆方便、搭设高度大,且能适应建筑物平立面的变化。多立式钢管脚手架有扣件式和碗扣式两种。

### 1.钢管扣件式脚手架

(1)钢管扣件式脚手架的构造。钢管扣件式脚手架由钢管和扣件组成,如图 3-1 所示。扣件为钢管与钢管之间的连接件,其基本形式可分为直角扣件、回转扣件和对接扣件三种,如图 3-2 所示,用于钢管之间的直角连接、直角对接接长或成一定角度的连接。

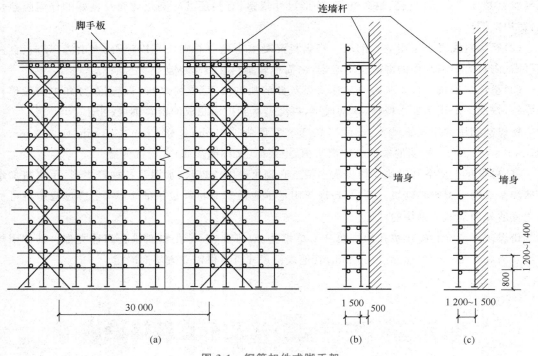

图 3-1 钢管扣件式脚手架

(a)正立面图;(b)侧立面图(多层);(c)侧立面图(单层)

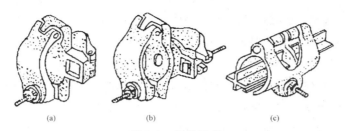

**图 3-2　扣件形式**

(a)直角扣件；(b)回转扣件；(c)对接扣件

钢管扣件式脚手架的主要构件有立杆、大横杆、斜杆和底座等，一般均采用外径 48 mm、壁厚 3.5 mm 的焊接钢管。立杆、大横杆、斜杆的钢管长度为 4.0～6.5 m，小横杆的钢管长度为 2.1～2.3 m。

钢管扣件式脚手架的构造形式可分为双排和单排两种。单排脚手架搭设高度不超过 30 m，不宜用于半砖墙、轻质空心砖墙、砌块墙体。

(2)钢管扣件式脚手架的架设要点。

1)在搭设脚手架前，对底座、钢管、扣件要进行检查，钢管要平直，扣件和螺栓要光洁、灵敏，对变形、损坏严重者不得使用。

2)搭设范围内的地基要夯实整平，做好排水处理，如地基土质不好，则底座下垫以木板或垫块。立杆要竖直，垂直度允许偏差不得大于 1/200。相邻两根立杆接头应错开 50 cm。

3)大横杆在每一面脚手架范围内的纵向水平高低差，不宜超过 1 皮砖的厚度。同一步内外两根大横杆的接头，应相互错开，不宜在同一跨度内。在垂直方向相邻的两根大横杆的接头也应错开，其水平距离不宜小于 50 cm。

4)小横杆可紧固于大横杆上，靠近立杆的小横杆可紧固于立杆上。双排脚手架小横杆靠墙的一端应离开墙面 5～15 cm。

5)各杆件相交伸出的端头，均应大于 10 cm，以防滑脱。

6)扣件连接杆件时，螺栓的松紧程度必须适度。如用测力扳手校核操作人员的手劲，以扭力矩控制在 40～50 N·m 为宜，最大不得超过 60 N·m。

7)为保证架子的整体性，应沿架子纵向每隔 30 m 设一组剪刀撑，两根剪刀撑斜杆分别扣在立杆与大横杆上或扣在小横杆的伸出部分上。斜杆两端扣件与立杆接点(即立杆与横杆的交点)的距离不宜大于 20 cm，最下面的斜杆与立杆的连接点距离地面不宜大于 50 cm。

8)为了防止脚手架向外倾倒，每隔 3 步架高、5 跨间隔，应设置连墙杆，其连接形式如图 3-3 所示。

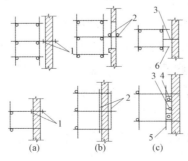

**图 3-3　连墙杆的做法**

1—两只扣件；2—两根短管；3—拉结铅丝；4—木楔；5—短管；6—横杆

9)拆除钢管扣件式脚手架时,应按照自上而下的顺序,逐根往下传递,不得乱扔。拆下的钢管和扣件应分类整理存放,对损坏的要进行整修。钢管应每年刷一次漆,防止生锈。

### 2.碗扣式钢管脚手架

碗扣式钢管脚手架又称多功能碗扣型脚手架,其基本构造和搭设要求与钢管扣件式脚手架类似,不同之处在于其杆件接头处采用碗扣连接。由于碗扣是固定在钢管上的,因此连接可靠,组成的脚手架整体性好,也不存在扣件丢失问题。碗扣式接头由上、下碗扣及横杆接头、限位销等组成,如图 3-4 所示。上、下碗扣和限位销按 600 mm 间距设置在钢管立杆上,其中,下碗扣和限位销直接焊接在立杆上,搭设时将上碗扣的缺口对准限位销后,即可将上碗扣向上拉起(沿立杆向上滑动),然后将横杆接头插入下碗扣圆槽内,再将上碗扣沿限位销滑下,并顺时针旋转扣紧,用小锤轻击几下即可完成接点的连接。立杆连接处外套管与立杆间隙不得大于 2 mm,外套长度不得小于 160 mm,外伸长度不得小于 110 mm。

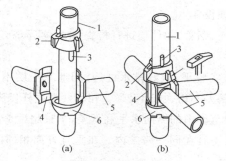

图 3-4　碗扣接头

1—立杆;2—上碗扣;3—限位销;4—横杆接头;5—横杆;6—下碗扣

碗扣式接头可以同时连接 4 根横杆,横杆可相互垂直或偏转一定的角度,因而可以搭设各种形式,特别是曲线形的脚手架,还可作为模板的支撑。模板支撑架应根据所受的荷载选择立杆的间距和步距,以底层纵、横向水平杆作为扫地杆,距离地面高度不得大于 350 mm,立杆底部应设置可调底座或固定底座;立杆上端包括可调螺杆伸出顶层水平钢的长度不得大于 0.7 m。

### 3.门式脚手架

门式脚手架又称为多功能门式脚手架,是目前应用较为普遍的脚手架之一。门式脚手架有多种用途,除可用于搭设外脚手架外,还可用于搭设里脚手架、施工操作平台或用于模板支撑等。

(1)门式脚手架的构造。门式脚手架的基本结构由门架、交叉支撑、连接棒、挂扣式脚手板或水平架、锁臂等组成,再设置水平加固杆、剪刀撑、扫地杆、封口杆、托座与底座,并采用连墙件与建筑物主体结构相连,是一种标准化钢管脚手架,又称多功能门式脚手架。门式钢管脚手架基本单元由一副门式框架、两副剪刀撑、一副水平梁架和四个连接器组合而成。若干基本单元通过连接器在竖向叠加,扣上臂扣,组成了一个多层框架。在水平方向,用加固杆和水平梁架使相邻单元连成整体,加上斜梯、栏杆柱和横杆,组成上下不相通的外脚手架,即构成整片脚手架,如图 3-5 所示。

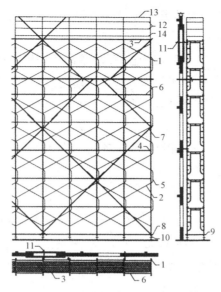

图 3-5 门式钢管脚手架的构造

1—门架；2—交叉支撑；3—挂扣式脚手板；4—连接棒；5—锁臂；6—水平加固杆；7—剪刀撑；

8—纵向扫地杆；9—横向扫地杆；10—底座；11—连墙件；12—栏杆；13—扶手；14—挡脚板

门式脚手架的主要特点是组装方便，装拆时间约为扣件式钢管脚手架的 1/3，特别适用于使用周期短或频繁周转的脚手架；承载性能好，安全可靠，其使用强度为扣件式钢管脚手架的 3 倍，使用寿命长，经济效益好。扣件式钢管脚手架一般可使用 8～10 年，而门式脚手架则可使用 10～15 年。由于组装件接头大部分不是螺栓紧固性的连接，而是插销或扣搭形式的连接，若搭设高度较大或荷载较重，必须附加钢管拉结紧固，否则会摇晃、不稳。

(2)门式钢管脚手架的搭设。

1)搭设顺序。铺放垫木板→拉线、放底座→自一端立门架并随即装剪刀撑→装水平梁架(或脚手板)→装梯子→装通长的大横杆(一般用 48 mm 脚手架钢管)→装设连墙杆→插上连接棒→安装上一步门架→装上锁臂→照上述步骤逐层向上安装→装加强整体刚度的长剪刀撑→装设顶部栏杆。

2)搭设要点。

①交叉支撑、水平架、脚手板、连接棒和锁臂的设置应符合相关规范的要求；不配套的门架配件不得混合使用于同一整片脚手架。

②门架安装应自一端向另一端延伸，并逐层改变搭设方向，不得相对进行；搭设完成一步架后，应按规范要求检查并调整其水平度与垂直度。

③交叉支撑、水平架或脚手板应紧随门架的安装及时设置，连接门架与配件的锁臂、搭钩必须处于锁住状态。

④水平架或脚手板应在同一步内连续设置，脚手板应满铺。

⑤底层钢梯的底部应加设钢管并用扣件扣紧在门架的立杆上，钢梯的两侧均应设置扶手，每段钢梯可跨越两步或三步门架再行转折。

⑥栏板(杆)、挡脚板应设置在脚手架操作层外侧、门架立杆的内侧。

⑦加固杆、剪刀撑必须与脚手架同步搭设；水平加固杆应设于门架立杆内侧，剪刀撑应搭设于门架立杆外侧并连接牢固。

⑧连墙件的搭设必须随脚手架搭设同步进行，严禁滞后设置或搭设完毕后补做；连墙件应连于上、下两榀门架的接头附近，且垂直于墙面、锚固可靠。

⑨当脚手架操作层高出相邻连墙件以上两步时，应采用确保脚手架稳定的临时拉结措施，直到连墙件搭设完毕后方可拆除。

⑩脚手架应沿建筑物周围连续、同步搭设升高，在建筑物周围形成封闭结构；如不能封闭，在脚手架两端应按规范要求增设连墙件。

### (二)里脚手架

里脚手架是搭设在施工对象内部的脚手架，主要用于在楼层上砌墙和进行内部装修等施工作业。由于建筑内部施工作业量大，平面分布十分复杂，要求里脚手架频繁搬移和装拆，因此，里脚手架必须轻便灵活、稳固可靠，搬移和装拆方便。常用的里脚手架有以下两种。

#### 1. 折叠式里脚手架

折叠式里脚手架可用角钢、钢筋、钢管等材料焊接制作，角钢折叠式里脚手架如图3-6所示。折叠式里脚手架的架设间距：砌墙时宜为 1.0～2.0 m，内部装修时宜为 2.2～2.5 m。

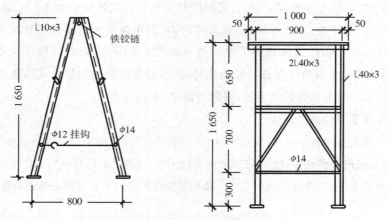

图 3-6 角钢折叠式里脚手架

#### 2. 支柱式里脚手架

支柱式里脚手架由支柱及横杆组成，上铺脚手板。支柱式里脚手架的搭设间距：砌墙时宜为 2.0 m，内部装修时不超过 2.5 m。

(1)套管式支柱。搭设时将插管插入立杆中，以销孔间距调节高度，插管顶端的 U 形支托搁置方木横杆用于铺设脚手板，如图3-7所示。其架设高度为 1.57～2.17 m，每个支柱的质量为 14 kg。

(2)承插式钢管支柱。水插式钢管支柱的架设高度为 1.2 m、1.6 m、1.9 m，搭设第三步时要加销钉以确保安全，如图3-8所示。每个支柱重 13.7 kg，横杆重 5.6 kg。

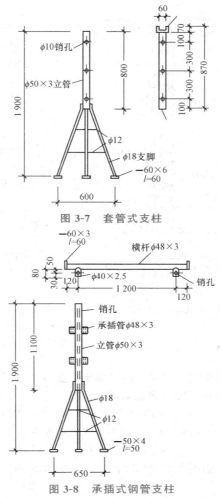

图 3-7　套管式支柱

图 3-8　承插式钢管支柱

里脚手架除采用上述金属工具式脚手架外,还可以就地取材,用竹、木等制作"马凳",作为脚手板的支架。

## 二、垂直运输设施

砌筑工程所需的各种材料绝大部分需要通过垂直运输机械运送到各施工楼层,因此,砌筑工程垂直运输工程量很大。目前,担负垂直运输建筑材料和供人员上、下的常用垂直运输设备有井架、龙门架、施工升降机等。

### 1.井架

井架是施工中最常用、最简便的垂直运输设施,它稳定性好,运输量大。除用型钢或钢管加工的定型井字架外,还可以用多种脚手架材料现场搭设而成。井架内设有吊篮,一般的井架多为单孔井架,但也可构成双孔或多孔井架,以满足同时运输多种材料的需要。上部还可设小型拔杆,供吊运长度较大的构件,其起重量一般为 0.5～1.5 t,回转半径可达 10 m。井架起重能力一般为 1～3 t,提升高度一般在 60 m 以内,在采取措施后,也可搭设得更高,如图 3-9、图 3-10 所示。为保证井架的稳定性,必须设置缆风绳或附墙拉结。

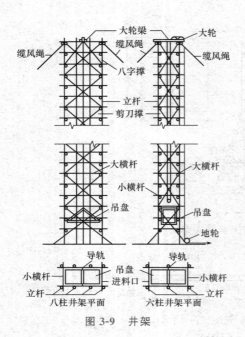

图 3-9　井架

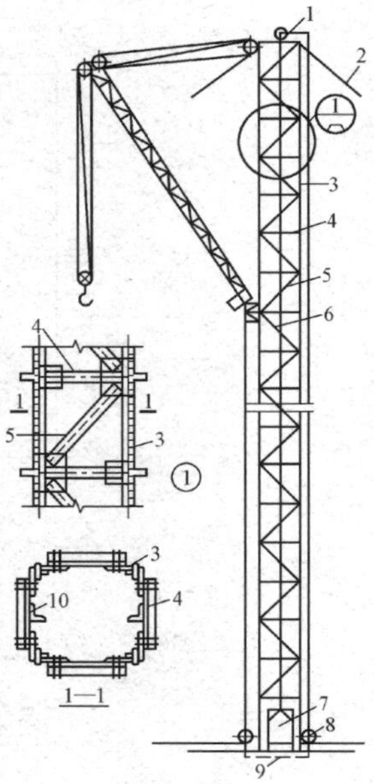

图 3-10　型钢井架

1—天轮；2—缆风绳；3—立柱；4—平撑；5—斜撑；
6—钢丝绳；7—吊盘；8—地轮；9—垫木；10—导轨

## 2.龙门架

龙门架是由支架和横梁组成的门型架。在门型架上安装滑轮、导轨、吊篮、安全装置、起重锁、缆风绳等部件构成一个完整的龙门架运输设备,如图 3-11 所示。

龙门架的搭设高度一般为 10～30 m,起重量为 0.5～1.2 t。按规定,龙门架高度在 12 m 以内者,预设缆风绳一道;高度在 12 m 以上者,每增高 5～6 m 增设一道缆风绳,每道不少于 6 根。龙门架塔高度可达 20～35 m。

龙门架不能作水平运输。如果选用龙门架作垂直运输方案,则也要考虑地面或楼层面上的水平运输设备。

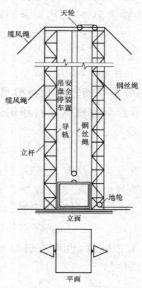

图 3-11　龙门架的基本构造

**3.施工升降机**

施工升降机又称施工外用电梯,多数为人货两用,少数专供货用。电梯按其驱动方式可分为齿条驱动和绳轮驱动两种。齿条驱动电梯又可分为单吊箱(笼)式和双吊箱(笼)式两种,并装有可靠的限速装置,适用于 20 层以上建筑工程;绳轮驱动电梯为单吊箱(笼),无限速装置,轻巧便宜,适用于 20 层以下建筑工程。

# 单元三　砌筑施工工艺

## 一、砖砌体施工

砌砖施工通常包括找平、放线,摆砖样,立皮数杆,盘角,挂线,砌筑,刮缝、清理等工序。

### 1.找平、放线

砌砖墙前,应在基础防潮层或楼层上定出各层的设计标高,并用 M7.5 的水泥砂浆或 C10 的细石混凝土找平,使各段墙体的底部标高均在同一水平标高上,以利于墙体交接处的搭接施工和确保施工质量。外墙找平时,应采用分层逐渐找平的方法,确保上下两层与外墙之间不出现明显的接缝。

砌砖质量
验收标准

根据龙门板上给定的定位轴线或基础外侧的定位轴线桩,将墙体轴线、墙体宽度线、门窗洞口线等引测至基础顶面或楼板上,并弹出墨线。二楼以上各层的轴线可用经纬仪或垂球(线坠)引测。

### 2.摆砖样

摆砖样是在放线的基础顶面或楼板上,按选定的组砌形式进行干砖试摆,应做到灰缝均匀、门窗洞口两侧的墙面对称,并尽量使门窗洞口之间或与墙垛之间的各段墙长为 1/4 砖长的整数倍,以便减少砍砖、节约材料、提高工效和施工质量。摆砖用的第一皮摺底砖的组砌一般采用"横丁纵顺"的顺序,即横墙均摆丁砖,纵墙均摆顺砖,并可按下式计算丁砖层排砖数 $n$ 和顺砖层排砖数 $N$:

窗口宽度为 $B$(mm)的窗下墙排砖数为

$$n=(B-10)\div125;N=(B-135)\div250$$

两洞口间净长或至墙垛长为 $L$ 的排砖数为

$$n=(B+10)\div125;N=(L-365)\div250$$

计算时取整数,并根据余数的大小确定是加半砖、七分头砖,还是减半砖并加七分头砖。如果还出现多于或少于 30 mm 以内的情况,可用减小或增加竖缝宽度的方法加以调整,灰缝宽度在 8~12 mm 是允许的。也可以采用同时水平移动各层门窗洞口的位置,使之满足砖模数的方法,但最大水平移动距离不得大于 60 mm,而且承重窗间墙的长度不应减少。

每一段墙体的排砖块数和竖缝宽度确定后,就可以从转角处或纵横墙交接处向两边排放砖,排完砖并经检查调整无误后,即可依据摆好的砖样和墙身宽度线,从转角处或交接处依次砌筑第一皮摺底砖。

常用的砌体的组砌形式有全顺、两平一侧、全丁、一顺一丁、梅花丁和三顺一丁,如图 3-12 所示。

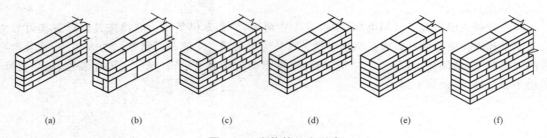

**图 3-12 砌体的组砌形式**

(a)全顺;(b)两平一侧;(c)全丁;(d)一顺一丁;(e)梅花丁;(f)三顺一丁

### 3. 立皮数杆

皮数杆是指在其上划有每皮砖厚、灰缝厚以及门、窗、洞口的下口、窗台、过梁、圈梁、楼板、大梁、预埋件等标高位置的一种木制标杆,它是砌墙过程中控制砌体竖向尺寸和各种构配件设置标高的主要依据。

皮数杆一般设置在墙体操作面的另一侧,立于建筑物的四个大角处、内外墙交接处、楼梯间及洞口较多的地方,并从两个方向设置斜撑或用锚钉加以固定,以确保垂直和牢固,如图 3-13 所示。皮数杆的间距为 10~15 m,间距超过时中间应增设皮数杆。支设皮数杆时,要统一进行找平,使皮数杆上的各种构件标高与设计要求一致。每次开始砌砖前,均应检查皮数杆的垂直度和牢固性,以防有误。

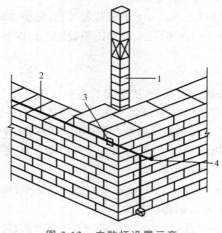

**图 3-13 皮数杆设置示意**

1—皮数杆;2—准线;3—竹片;4—圆钢钉

### 4. 盘角

盘角又称立头角,是指墙体正式砌砖前,在墙体的转角处由高级瓦工先砌起,并始终高于周围墙面 4~6 皮砖,作为整片墙体控制垂直度和标高的依据。盘角的质量直接影响墙体施工质量,因此,必须严格按皮数杆标高控制每一皮墙面高度和灰缝厚度,做到墙角方正、墙面顺直、方位准确、每皮砖的顶面近似水平,并要"三皮一靠,五皮一吊",确保盘角质量。

### 5. 挂线

挂线是指以盘角的墙体为依据,在两个盘角中间的墙外侧挂通线。挂线应用尼龙线或棉线绳拴砖坠重拉紧,使线绳水平、无下垂。墙身过长时,在中间除设置皮数杆外,还应砌一块"腰线砖"或再加一个细钢丝揽线棍,用以固定挂通的准线,使之不下垂和内外移动。盘角处的通线是靠墙角的灰缝卡挂的,为避免通线陷入水平灰缝内,应采用不超过 1 mm 厚的小别棍(用小竹片或包装用薄铁皮片)别在盘角处墙面与通线之间。

**6.砌筑**

砌筑砖墙通常采用"三一"法或挤浆法,并要求砖外侧的上楞线与准线平行、水平且距离准线1 mm,不得冲(顶)线,砖外侧的下楞线与已砌好的下皮砖外侧的上楞线平行并在同一垂直面上,俗称"上跟线、下靠楞";同时,还要做到砖平位正、挤揉适度、灰缝均匀、砂浆饱满。

**7.刮缝、清理**

清水墙砌完一段高度后,要及时进行刮缝和清扫墙面,以利于墙面勾缝整洁、和干净。刮砖缝可采用1 mm厚的钢板制作的凸形刮板,刮板突出部分的长度为10～12 mm,宽度为8 mm。清水外墙面一般采用加浆勾缝,用1∶1.5的细砂水泥砂浆勾成凹进墙面4～5 mm的凹缝或平缝;清水内墙面一般采用原浆勾缝,所以不用刮板刮缝,而是随砌随用钢溜子勾缝。下班前,应将施工操作面的落地灰和杂物清理干净。

## 二、石砌体施工

### 1.毛石砌块

砌石质量
验收标准

砌筑毛石基础的第一皮石块应坐浆,并将石块的大面向下;砌筑料石基础的第一皮子块应用丁砌层坐浆砌筑。毛石砌体的第一皮及转角处、交接处和洞口应用较大的平毛石砌筑每个楼层(包括基础)砌体的最上一皮宜选用较大的毛石砌筑。

毛石基础的扩大部分如做成阶梯形,上级阶梯的石块应至少压砌下级阶梯石块的1/2,相邻阶梯的毛石应相互错缝搭砌,如图3-14所示。

毛石基础必须设置拉结石,拉结石应均匀分布,且在毛石基础同皮内每隔2 m左右设置一块。拉结石的长度:如基础宽度小于或等于400 mm,应与基础宽度相等;如基础宽度大于400 mm,可用两块拉结石内外搭接,搭接长度不应小于150 mm,且其中一块拉结石的长度不应小于基础宽度的2/3。

### 2.料石砌块

料石基础砌体的第一皮应用丁砌层坐浆砌筑,料石砌体也应上下错缝搭砌,砌体厚度不小于两块料石宽度时,如同皮内全部采用顺砌,每砌两皮后,应砌一皮丁砌层;如同皮内采用丁顺组砌,丁砌石应交错设置,其中距不应大于2 m。

料石砌体灰浆的厚度,根据石料的种类确定:细石料砌体不宜大于5 mm;半细料砌体不宜大于10 mm;粗石料和毛石料砌体不宜大于20 mm。料石砌体砌筑时,应放置平稳。砂浆铺设厚度应略高于规定的灰缝厚度。砂浆的饱满度应大于80%。

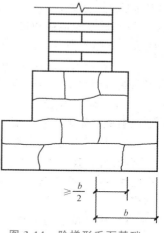

图3-14 阶梯形毛石基础

料石砌体转角处及交接处也应同时砌筑,必须留设临时间断时,应砌成踏步楼。

用料石和毛石或砖的组合墙中,料石砌体和毛石砌体或砖砌体应同时砌筑,并每隔2皮或3皮料石层用丁砌层与毛石砌体或砖砌体拉结砌合。丁砌料石的长度宜与组合墙厚度相同。

## 三、小型砌块砌体施工

### 1.施工准备

运到现场的小砌块,应分规格分等级堆放,堆垛上应设标记,堆放现场必须平整,并做好排水工作。小砌块的堆放高度不宜超过1.6 m,堆垛之间应保持适当的通道。

基础施工前,应用钢尺校核建筑物的放线尺寸,其允许偏差不应超过表 3-3 的规定。

表 3-3　建筑物放线尺寸允许偏差

| 长度 L、宽度 B 的尺寸/m | 允许偏差/mm |
|---|---|
| $L(B)\leqslant30$ | $\pm5$ |
| $30<L(B)\leqslant60$ | $\pm10$ |
| $60<L(B)\leqslant90$ | $\pm15$ |
| $L(B)>90$ | $\pm20$ |

砌筑基础前,应对基坑(或基槽)进行检查,符合要求后,方可开始砌筑基础。

普通混凝土小砌块不宜浇水;当天气干燥炎热时,可在小砌块上喷水将其稍加润湿;轻集料混凝土小砌块可洒水,但不宜过多。

### 2.砂浆制备

砂浆制备通常应符合以下要求:

(1)砌体所用砂浆应按照设计要求的砂浆品种、强度等级进行配置,砂浆配合比应经试验确定,采用质量比时,其计量精度为:水泥±2%,砂、石灰膏控制在±5%以内。

(2)砂浆应采用机械搅拌。搅拌时间:水泥砂浆和水泥混合砂浆不得少于 2 min;掺用外加剂的砂浆不得少于 3 min;掺用有机塑化剂的砂浆,应为 3～5 min。同时,还应具有较好的和易性和保水性。一般来说,稠度以 5～7 cm 为宜。

(3)砂浆应搅拌均匀,随拌随用,水泥砂浆和水泥混合砂浆应分别在 3 h 内使用完毕;当施工期间最高气温超过 30 ℃时,应分别在拌成后 2 h 内使用完毕(细石混凝土应在 2 h 内使用完毕)。

(4)砂浆试块的制作:在每一楼层或 250 m³ 砌体中,每种强度等级的砂浆应至少制作一组(每组六块);当砂浆强度等级或配合比有变更时,也应制作试块。

### 3.小型砌块砌体的施工工艺

砌块砌体施工的主要工序是:铺灰→砌块吊装就位→校正→灌缝和镶砖。

(1)龄期不足 28 d 及潮湿的小砌块不得进行砌筑。

(2)应在建筑物四角或楼梯间转角处设置皮数杆,皮数杆间距不宜超过 15 m。皮数杆上画出小砌块高度和水平灰缝的厚度以及砌体中其他构件标高位置。相对两皮数杆之间拉准线,依准线砌筑。

(3)应尽量采用主规格小砌块,并应清除小砌块表面污物,剔除外观质量不合格的小砌块和芯柱用小砌块孔洞底部的毛边。

(4)小砌块应底面朝上反砌。

(5)小砌块应对孔错缝搭砌。个别情况当无法对孔砌筑时,普通混凝土小砌块的搭接长度不应小于 90 mm,轻集料混凝土小砌块的搭接长度不应小于 120 mm;当不能保证此规定时,应在水平灰缝中设置钢筋网片或拉结钢筋,网片或钢筋的长度不应小于 700 mm,如图 3-15 所示。

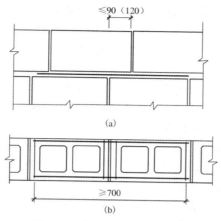

图 3-15　小砌块灰缝中拉结筋

(a)斜槎;(b)直槎

(6)小砌块应从转角和纵横交接处开始,内外墙同时砌筑,纵横墙交错连接。墙体临时断处应砌成斜槎,斜槎长度不应小于高度的 2/3(一般按一步脚手架高度控制);如留斜槎有困难,除外墙转角处及抗震设防地区,其墙体临时间断处不应留直槎外,可以从墙面伸出 200 mm 砌成阴阳槎,并沿墙高每三皮砌块(600 mm)设拉结筋或钢筋网片,接槎部位宜延至门窗洞口,如图 3-16 所示。

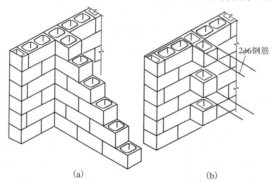

图 3-16　混凝土小砌块墙接槎

(a)斜槎;(b)直槎

(7)小砌块外墙转角处,应使小砌块隔皮交错搭砌,小砌块端面外露处用水泥砂浆补抹平整。小砌块内、外墙 T 形交接处,应隔皮加砌两块 290 mm×190 mm×190 mm 的辅助规格小砌块,辅助小砌块位于外墙上,开口处对齐,如图 3-17 所示。

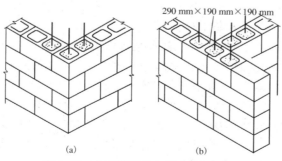

图 3-17　小砌块墙转角及交接处砌法

(a)转角处;(b)T 形交接处

(8)小砌块砌体的灰缝应横平竖直,全部灰缝应填满砂浆;水平灰缝的砂浆饱满度不得低于90%;竖向灰缝的砂浆饱满度不得低于80%。砌筑中不得出现瞎缝、透明缝。

(9)小砌块的水平灰缝厚度和竖向灰缝宽度应控制在8～12 mm。砌筑时,铺灰长度不得超过800 mm,严禁用水冲浆灌缝。

(10)当缺少辅助规格小砌块时,墙体通缝不应超过两皮砌块。

(11)承重墙体不得采用小砌块与烧结砖等其他块材混合砌筑;严禁使用断裂小砌块或壁肋中有竖向凹形裂缝的小砌块砌筑承重墙体。

(12)对设计规定的洞口、管道、沟槽和预埋件等,应在砌筑时预留或预埋,严禁在砌好的墙体上打凿。在小砌块墙体中不得预留水平沟槽。

(13)小砌块砌体内不宜设脚手眼。如必须设置,可用190 mm×190 mm×190 mm 小砌块侧砌,利用其孔洞作脚手眼,砌筑完后用混凝土填实脚手眼。但在墙体下列部位不得设置脚手眼:

1)过梁上部,与过梁成60°角的三角形及过梁跨度1/2范围内;

2)宽度不大于800 mm的窗间墙;

3)梁和梁垫下及其左右各500 mm的范围内;

4)门窗洞口两侧200 mm内,与墙体交接处400 mm的范围内;

5)设计规定不允许设脚手眼的部位。

(14)施工中需要在砌体中设置的临时施工洞口,其侧边距离交接处的墙面不应小于600 mm,并在洞口顶部设过梁,填砌施工洞口的砌筑砂浆强度等级应提高一级。

(15)砌体相邻工作段的高度差不得大于一个楼层高或4 m。

(16)在常温条件下,普通混凝土小砌块日砌筑高度应控制在1.8 m以内;轻集料混凝土小砌块日砌筑高度应控制在2.4 m以内。

## 四、框架填充墙施工

框架填充墙施工要点如下:

(1)填充墙采用烧结多孔砖、烧结空心砖进行砌筑时,应提前两天浇水湿润。采用蒸压加气混凝土砌块砌筑时,应向砌筑面浇适量的水。

(2)墙体的灰缝应横平竖直、厚薄均匀,并应填满砂浆,竖缝不得出现透明缝、瞎缝。

(3)多孔砖应采用一顺一丁或梅花丁的组砌形式。多孔砖的孔洞应垂直面受压,砌筑前应先进行试摆。

框架填充墙质量验收标准

(4)填充墙拉结筋的设置:框架柱和梁施工完成后,就应按设计砌筑内外墙体,墙体应与框架柱进行锚固,锚固拉结筋的规格、数量、间距和长度应符合设计要求。当设计无规定时,一般应在框架柱施工时预埋锚筋,锚筋的设置规定如下:沿柱高每500 mm 配置2Φ6 钢筋伸入墙内长度,一二级框架宜沿墙全长设置,三四级框架不应小于墙长的1/5,且不应小于700 mm,锚筋的位置必须准确。砌体施工时,将锚筋凿出并拉直砌在砌体的水平砌缝中,确保墙体与框架柱的连接。有的锚筋由于在框架柱内伸出的位置不准,施工中把锚筋打弯甚至扭转,使之伸入墙身内,从而失去了锚筋的作用,会使墙身与框架间出现裂缝。因此,当锚筋的位置不准时,将锚筋拉直用C20细石混凝土浇筑至与砌体模数吻合,一般厚度为20～500 mm。在实际工程中,为了解决预埋锚筋位置容易错位的问题,框架柱施工时,在规定留设锚筋位置处预留铁件或沿柱高设置2Φ6预埋钢筋,进行砌体施工前,按设计要求的锚筋间距将其凿出与锚筋焊接。当填充墙长度大于5 m时,墙顶部与梁应有拉结措施;当墙的高度超过4 m时,应在墙高中部设置与柱连接的通长的钢筋混凝土水平墙梁。

（5）采用轻集料混凝土小型空心砌块或蒸压加气混凝土砌块施工时，墙底部应先砌烧结普通砖或多孔砖，或现浇混凝土坎台等，其高度不宜小于 200 mm。

（6）卫生间、浴室等潮湿房间，在砌体的底部应现浇宽度不小于 120 mm、高度不小于 100 mm 的混凝土导墙，待达到一定强度后再在上面砌筑墙体。

（7）门窗洞口的侧壁也应用烧结普通砖镶框砌筑，并与砌块相互咬合。填充墙砌至接近梁底、板底时，应留一定的空隙，待填充墙砌筑完毕并应至少间隔 7 d 后，采用烧结普通砖侧砌，并用砂浆填塞密实，以提高砌块砌体与框架之间的拉结。

（8）若设计为空心石膏板隔墙时，应先在柱和框架梁与地坪间加木框，木框与梁柱可用膨胀螺栓等连接，然后在木框内加设木筋，木筋的间距视空心石膏板的宽度而定。当空心石膏板的刚度及强度满足要求时，可直接安装。

框架本身在建筑中构成骨架，自成体系，在设计中只承受本层隔墙、板及活荷载所传递给它的压力，故施工时不能先砌墙，后浇筑框架梁，这样会使框架梁失去作用，并增加底层框架梁的应力，甚至发生事故。

## 五、钢筋混凝土构造柱、芯柱施工

### （一）钢筋混凝土构造柱的施工

1. 构造柱简介

构造柱的截面尺寸一般为 240 mm×180 mm 或 240 mm×240 mm；竖向受力钢筋常采用 4 根直径为 12 mm 的 HPB300 级钢筋；箍筋直径采用 6 mm，其间距不得大于 250 mm，且在柱的上下端适当加密。

钢筋混凝土构造柱、芯柱施工质量验收标准

砖墙与构造柱应沿墙高每隔 500 mm 设置 2Φ6 的水平拉结钢筋，两边伸入墙内不宜小于 1 m；若外墙为一砖半墙，则水平拉结钢筋应用 3 根，如图 3-18、图 3-19 所示。

砖墙与构造柱相接处，砖墙应砌成马牙槎，从每层柱脚开始，先退后进；每个马牙槎沿高度方向的尺寸不宜超过 300 mm（或 5 皮砖高）；每个马牙槎退进应不小于 60 mm。

构造柱必须与圈梁连接。其根部可与基础圈梁连接，无基础圈梁时，可增设厚度不小于 120 mm 的混凝土底脚，深度从室外地坪以下不应小于 500 mm。

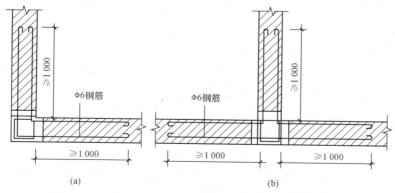

图 3-18　一砖墙转角处及交接处构造柱水平拉结钢筋布置
（a）转角处；（b）丁形接头处

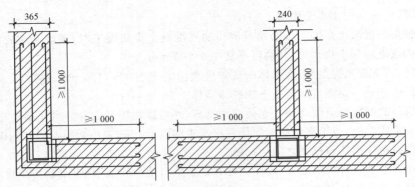

**图 3-19 一砖半墙转角处及交接处构造柱水平拉结钢筋布置**

**2.钢筋混凝土构造柱施工要点**

(1)构造柱的施工程序为钢筋绑扎、砌砖墙、支模、浇筑混凝土柱。

(2)构造柱钢筋的规格、数量、位置必须正确,绑扎前必须进行除锈和调直处理。

(3)构造柱从基础到顶层必须垂直,对准轴线,在逐层安装模板前,必须根据柱轴线随时校正竖筋的位置和垂直度。

(4)构造柱的模板可用木模或钢模,在每层砖墙砌好后,立即支模。模板必须与所在墙的两侧严密贴紧,支撑牢靠,防止板缝漏浆。

(5)在浇筑构造柱混凝土前,必须将砖砌体和模板洒水湿润,并将模板内的落地灰、砖渣和其他杂物清除干净。

(6)构造柱的混凝土坍落度宜为 50~70 mm,以保证浇捣密实;也可根据施工条件、季节不同,在保证浇捣密实的条件下加以调整。

(7)构造柱的混凝土浇筑可分段进行,每段高度不宜大于 2 m。在施工条件较好并能确保浇筑密实时,也可每层一次浇筑完毕。

(8)浇捣构造柱混凝土时,宜用插入式振捣棒,分层捣实。将振捣棒随振随拔,每次振捣层的厚度不应超过振捣棒长度的 1.25 倍。振捣时,振捣棒应避免直接碰触砖墙,并严禁通过砖墙传振。

(9)构造柱混凝土保护层厚度宜为 20 mm,且不小于 15 mm。

(10)在砌完一层墙后和浇筑该层柱混凝土前,应及时对已砌好的独立墙加稳定支撑,只有在该层柱混凝土浇筑完成后,才能进行上一层的施工。

**(二)钢筋混凝土芯柱的施工**

**1.芯柱的主要构造**

钢筋混凝土芯柱是按设计要求设置在小型混凝土空心砌块墙的转角处和交接处,在这些部位的砌块孔洞中插入钢筋,并浇筑混凝土而形成的。

芯柱所用插筋不应少于 1 根直径为 12 mm 的 HPB300 级钢筋,所用混凝土强度不应低于C25。芯柱的插筋和混凝土应贯通整个墙身和各层楼板,并与圈梁连接,其底部应伸入室外地坪以下 500 mm 或锚入基础圈梁内。上下楼层的插筋可在楼板面上搭接,搭接长度不应小于 40 倍插筋直径。

芯柱与墙体连接处,应设置拉结钢筋网片,网片可用直径 4 mm 的钢筋焊成,每边伸入墙内不宜小于 10 mm,沿墙高每隔 600 mm 设置一道,如图 3-20 所示。

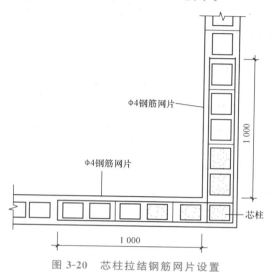

图 3-20　芯柱拉结钢筋网片设置

对于非抗震设防地区的混凝土空心砌块房屋,芯柱中的插筋直径不应小于 10 mm,与墙体连接的钢筋网片,每边伸入墙内不应小于 600 mm。其余构造与前述相似。

2.钢筋混凝土芯柱施工要点

(1)芯柱部位宜采用不封底的通孔小砌块,当采用半封底小砌块时,砌筑前必须打掉孔洞毛边。

(2)在楼(地)面砌筑第一皮小砌块时,在芯柱部位,应用开口砌块(或 U 形砌块)砌出操作孔,在操作孔侧面宜预留连通孔,必须清除芯柱孔洞内的杂物并削掉孔内凸出的砂浆,用水冲洗干净,校正钢筋位置并绑扎或焊接固定后,方可浇筑混凝土。

(3)检查竖筋安放位置及其接头连接质量,芯柱钢筋应与基础或基础梁中的预埋钢筋连接,上下楼层的钢筋可在楼板面上搭接,搭接长度不应小于 $40d$($d$ 为钢筋直径)。

(4)砌筑砂浆必须达到一定强度后(大于 1.0 MPa),方可浇筑芯柱混凝土。

(5)砌完一个楼层高度后,应连续浇筑芯柱混凝土,每浇筑 400~500 mm 高度捣实一次,或边浇筑边捣实。浇筑混凝土前,先注入适量水泥浆,严禁筑满一个楼层后再捣实,宜采用机械捣实,混凝土坍落度不应小于 50 mm。

(6)芯柱混凝土在预制楼板处应贯通,不得削弱芯柱断面尺寸,可采用设置现浇钢筋混凝土板带的方法或预制楼板预留缺口(板端外伸钢筋插入芯柱)的方法,实施芯柱贯通措施。

# 单元四 砌筑工程冬、雨期施工

## 一、砌筑工程冬期施工

**1. 砌筑工程冬期施工的一般要求**

（1）当室外日平均气温连续 5 d 稳定低于 5 ℃ 时，砌体工程应采取冬期施工措施。需要注意的是，气温根据当地气象资料确定；冬期施工期限以外，当日最低气温低于 0 ℃ 时，也应按规定执行。

（2）冬期施工的砌体工程质量验收除应符合本地区要求外，还应符合现行行业标准《建筑工程冬期施工规程》(JGJ/T 104—2011) 的有关规定。

（3）砌体工程冬期施工应有完整的冬期施工方案。

（4）冬期施工所用材料应符合下列规定：

1）石灰膏、电石膏等应采取防冻措施，如遭冻结，应经融化后使用；

2）拌制砂浆用砂，不得含有冰块和大于 10 mm 的冻结块；

3）砖、砌块在砌筑前，应清除表面污物、冰雪等，不得使用遭水浸和受冻后表面结冰、污染的砖或砌块。

（5）冬期施工砂浆试块的留置，除应按常温规定要求外，还应增加 1 组与砌体同条件养护的试块，用于检验转入常温 28 d 的强度。如有特殊需要，可另外增加相应龄期的同条件养护的试块。

（6）地基土有冻胀性时，应在未冻的地基上砌筑，并应防止在施工期间和回填土前地基受冻。

（7）冬期施工中砖、小砌块浇（喷）水湿润应符合下列规定：

1）烧结普通砖、烧结多孔砖、蒸压灰砂砖、蒸压粉煤灰砖、烧结空心砖、吸水率较大的轻集料混凝土小型空心砌块在气温高于 0 ℃ 条件下砌筑时，应浇水湿润；在气温低于、等于 0 ℃ 条件下砌筑时，可不浇水，但必须增大砂浆稠度。

2）普通混凝土小型空心砌块、混凝土多孔砖、混凝土实心砖及采用薄灰砌筑法的蒸压加气混凝土砌块施工时，不应对其浇（喷）水湿润。

3）抗震设防烈度为 9 度的建筑物，当烧结普通砖、烧结多孔砖、蒸压粉煤灰砖、烧结空心砖无法浇水湿润时，如无特殊措施，不得砌筑。

（8）拌和砂浆时水的温度不得超过 80 ℃，砂的温度不得超过 40 ℃。

（9）采用砂浆掺外加剂法、暖棚法施工时，砂浆使用温度不应低于 5 ℃。

（10）采用暖棚法施工，块体在砌筑时的温度不应低于 5 ℃，距离所砌的结构底面 0.5 m 处的棚内温度也不应低于 5 ℃。

（11）在暖棚内的砌体养护时间应根据暖棚内温度按表 3-4 确定。

表 3-4 暖棚法砌体的养护时间

| 暖棚的温度/℃ | 5 | 10 | 15 | 20 |
|---|---|---|---|---|
| 养护时间/d | ≥6 | ≥5 | ≥4 | ≥3 |

(12)采用外加剂法配制的砌筑砂浆,当设计无要求,且最低气温等于或低于－15 ℃时,砂浆强度等级应较常温施工提高一级。

(13)配筋砌体不得采用掺氯盐的砂浆施工。

### 2.砌体工程冬期施工常用方法

砌体工程冬期施工常用的方法有掺盐砂浆法、冻结法和暖棚法。

(1)掺盐砂浆法。掺盐砂浆法是在砂浆中掺入一定数量的氯化钠(单盐)或氯化钠加氯化钙(双盐),以降低冰点,使砂浆中的水分在低于 0 ℃一定范围内不冻结。这种方法施工简便、经济、可靠,是砌体工程冬期施工广泛采用的方法。掺盐砂浆的掺盐量应符合规定。当设计无要求且最低气温≤－15 ℃时,砌筑承重砌体砂浆强度等级应按常温施工提高一级。下列情况不得采用掺氯盐的砂浆砌筑砌体:

1)对装饰工程有特殊要求的建筑物;

2)使用环境湿度大于80％的建筑物;

3)配筋、钢埋件无可靠防腐处理措施的砌体;

4)接近高压电线的建筑物(如变电所、发电站等);

5)经常处于地下水水位变化范围内,以及在地下未设防水层的结构。

(2)暖棚法。暖棚法是利用简易结构和廉价的保温材料,将需要砌筑的砌体和工作面临时封闭起来,棚内加热,使之在正温条件下砌筑和养护。暖棚法费用高、热效低、劳动效率不高,因此宜少采用。一般来说,地下工程、基础工程及工期紧迫的砌体结构,可考虑采用暖棚法施工。

采用暖棚法施工,块材在砌筑时的温度不应低于 5 ℃,距离所砌的结构底面 0.5 m 处的棚内温度也不应低于 5 ℃。

## 二、砌筑工程雨期施工

### 1.砌体工程雨期施工要求

(1)砖在雨期必须集中堆放,以便用塑料薄膜、竹席等覆盖,且不宜浇水。砌墙时,要求干湿砖块合理搭配。砖湿度过大时不可上墙,砌筑高度不宜超过1.2 m。

(2)雨期遇大雨必须停工。砌砖收工时应在砖墙顶盖一层干砖,避免大雨冲刷灰浆。搅拌砂浆宜用中粗砂,因为中粗砂拌制的砂浆收缩变形小。另外,要减少砂浆用水量,防止砂浆使用中变稀。大雨过后受雨冲刷过的新砌墙体应翻动最上面两皮砖。

(3)稳定性较差的窗间墙、独立砖柱,应加设临时支撑或及时浇筑圈梁,以增加砌体的稳定性。

(4)砌体施工时,内外墙要尽量同时砌筑,并应注意转角及丁字墙之间的连接,同时要适当缩小砌体的水平灰缝、减小砌体的压缩变形,其水平灰缝宜控制在 8 mm 左右。遇台风时,应在与风向相反的方向加临时支撑,以保证墙体的稳定。

(5)雨后继续施工,必须复核已完工砌体的垂直度和标高。

### 2.雨期施工工艺

砌筑方法宜采用"三一"法,每天的砌筑高度应限制在 1.2 m 以内,以减小砌体倾斜的可能性。必要时,可将墙体两面用夹板支撑加固。

根据雨期长短及工程实际情况,可搭设活动的防雨棚,随砌筑位置变动而搬动。若为小雨,可不采取此措施。收工时,在墙上盖一层砖,并用草帘加以覆盖,以免雨水将砂浆冲掉。

**3.雨期施工安全措施**

雨期施工时脚手架等应增设防滑设施。金属脚手架和高耸设备,应有防雷接地设施。在雨期,露天施工人员易受寒,要备好姜汤和药物。

## 模块小结

本模块主要包括砌筑材料、脚手架及垂直运输设施和砌筑施工三部分内容。首先对砌筑材料及脚手架等进行讲解,重点讲解了砌筑砂浆和砖、石、砌块材料等;随后对砌砖施工、砌石施工、砌块施工等进行讲解,重点讲解每种砌体的施工工艺和验收标准。

## 思考与练习

**一、填空题**

1.砌筑工程所用的主要材料是_____、_____和_____。

2.砌筑砂浆按组成材料不同,可分为_____、_____与_____三种。

3.普通混凝土小型空心砌块主要规格尺寸为_____。

4.砌筑用水泥砂浆宜选用水泥强度等级不大于_____的水泥。

5.搅拌水泥混合砂浆时,生石灰熟化时间不得少于_____,磨细生石灰粉的熟化时间不得少于_____。

6.小砌块的堆放高度不宜超过_____,堆垛之间应保持适当的通道。

7.采用轻集料混凝土小型空心砌块或蒸压加气混凝土砌块施工时,墙底部应先砌烧结普通砖或多孔砖,或现浇混凝土坎台等,其高度不宜小于_____。

8.构造柱的截面尺寸一般为_____;构造柱必须与_____连接。

**二、选择题**

1.砌筑工程用的块材不包括(　　　)。

　　A.烧结普通砖　　　　　　　　　　　　　B.炉渣砖

　　C.陶粒混凝土砌块　　　　　　　　　　　D.玻璃砖

2.生石灰熟化成石膏时,熟化时间不得少于(　　　)d。

　　A.3　　　　　　　　B.5　　　　　　　　C.7　　　　　　　　D.14

3.下列垂直运输机械中,既可以运输材料和工具,又可以运输工作人员的是(　　　)。

　　A.塔式起重机　　　　　　　　　　　　　B.井架

　　C.龙门架　　　　　　　　　　　　　　　D.施工电梯

4.既可以进行垂直运输,又能完成一定水平运输的机械是(　　　)。

　　A.塔式起重机　　　　　　　　　　　　　B.井架

　　C.龙门架　　　　　　　　　　　　　　　D.施工电梯

5. 皮数杆的间距为（　　）m,间距超过时中间应增设皮数杆。

  A. 10～15    B. 10～12    C. 15～20    D. 10～20

6. 小型砌块墙体临时间断处应砌成斜槎,斜槎长度不应小于高度的（　　）。

  A. 2/3    B. 1/3    C. 1/2    D. 3/4

7. 内墙砌筑用的角钢折叠式脚手架,其水平方向架设间距一般不超过（　　）m。

  A. 1     B. 1. 5    C. 3     D. 2

### 三、简答题

1. 毛石基础必须设置拉结石有哪些要求?

2. 砌块砌体施工的主要工序是什么?

3. 试述钢管扣件式脚手架的构造及搭接要点。

4. 试述门式脚手架的构造及搭接要点。

5. 试述砖砌体的砌筑工艺。

6. 砌体工程雨期施工有哪些要求?

# 模块四　混凝土结构工程

**知识目标**

1. 了解模板工程的基本要求和分类，掌握胶合板模板、木模板、组合钢模板的构造及施工方法。

2. 了解钢筋工程的分类及验收堆放，掌握钢筋冷拉、冷拔及连接方法。

3. 了解钢筋代换的方法，掌握钢筋下料长度的计算。

4. 了解混凝土工程原材料的选用，掌握混凝土配制强度的确定、混凝土施工配合比及施工配料。

5. 了解混凝土工程冬期施工方法，掌握混凝土冬期施工的一般规定。

**能力目标**

1. 能组织与管理模板工程的施工进行模板的安装、拆除。

2. 能组织与管理钢筋工程的施工，进行钢筋的冷加工、钢筋的焊接及钢筋的配料和代换。

3. 能组织与管理混凝土工程的施工，进行混凝土配料、浇筑、振捣、养护和质量检查。

## 单元一　混凝土结构工程概述

### 一、混凝土结构简介

混凝土结构是以混凝土为主制成的结构，包括素混凝土结构、钢筋混凝土结构和预应力混凝土结构等。混凝土结构是我国建筑施工领域应用最广泛的一种结构形式。无论是在资金投入还是在资源消耗方面，混凝土结构工程对降低工程造价、加快建设速度的效果都十分明显。

### 二、混凝土结构工程的种类

混凝土结构工程按施工方法，可分为现浇混凝土结构工程和装配式混凝土结构工程两类。

现浇混凝土结构工程是在建筑结构的设计部位架设模板、绑扎钢筋、浇筑混凝土、振捣成型，经养护使混凝土达到设计规定强度后拆模。整个施工过程均在施工现场进行。现浇混凝土结构工程整体性好、抗震能力强、节约钢材，而且无须大型的起重机械，但工期较长、成本较高，易受气候条件影响。

装配式混凝土结构工程是在预制构件厂或施工现场预先制作好结构构件，在施工现场用起重机械把预制构件安装到设计位置,在构件之间用电焊、预应力或现浇的手段使其连接成整体。装配式混凝土结构工程具有降低成本、现场拼装、减轻劳动强度和缩短工期的优点,但其耗钢量较大,而且施工时需要大型的起重设备。

### 三、混凝土结构工程的组成及施工工艺流程

混凝土结构工程由钢筋工程、模板工程和混凝土工程三部分组成。混凝土结构工程施工时,要由模板、钢筋、混凝土等多个工种相互配合进行,因此,施工前要做好充分的准备,施工中合理组织,加强管理,使各工种紧密配合,以加快施工进度。现浇混凝土结构工程施工工艺流程如图 4-1 所示。

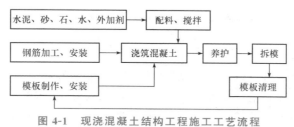

图 4-1 现浇混凝土结构工程施工工艺流程

## 单元二 模板工程

混凝土结构的模板工程,是混凝土构件成型的一个十分重要的组成部分。现浇混凝土结构使用的模板工程的造价约占钢筋混凝土工程总造价的 30%,占总用工量的 50%。因此,采用先进的模板技术,对于提高工程质量、加快施工速度、提高劳动生产率、降低工程成本和实现文明施工,都具有十分重要的意义。

### 一、模板工程的基本要求

现浇混凝土结构所用的模板技术已迅速向多样化、体系化方向发展,除木模板外,已形成组合式、工具式和永久式三大系列工业化模板体系。无论采用哪一种模板,模板及其支架都必须满足下列要求:

模板工程施
工质量检查
验收标准

(1)保证工程结构和构件各部分结构尺寸和相互位置的正确性。

(2)具有足够的承载能力、刚度和稳定性,能可靠地承受新浇筑混凝土的重力和侧压力,以及在施工过程中所产生的其他荷载。

(3)构造简单,装拆方便,能多次周转使用,并便于钢筋的绑扎、安装和混凝土的浇筑、养护等工艺要求。

(4)模板的接缝不应漏浆。

(5)模板的材料宜选用钢材、木材、胶合板、塑料等,模板的支架材料宜选用钢材等,各种材料的材质应符合相关的规定。

(6)当采用木材时,其树种可根据各地区实际情况选用,材质不宜低于Ⅲ等材。

(7)模板的混凝土接触面应涂隔离剂,不宜采用油质类等影响结构或妨碍装饰工程施工的隔离剂。严禁隔离剂玷污钢筋。

(8)对模板及其支架应定期维修,钢模板及钢支架应防止锈蚀。

(9)在浇筑混凝土前,应对模板工程进行验收。模板安装和浇筑混凝土时,应对模板及其支架进行观察和维护。发生异常情况时,应按照施工技术方案及时进行处理。

(10)模板及其支架拆除的顺序及安全措施应按照施工技术方案执行。

## 二、模板的分类

1.按现浇钢筋混凝土结构类型分类

按现浇钢筋混凝土结构类型分类,模板主要可分为基础模板、柱模板、梁模板、楼板模板、楼梯模板、墙模板、壳模板等类型。

2.按建筑材料分类

按建筑材料分类,模板可分为木模板、钢木模板、钢模板、胶合板模板、塑料模板、玻璃钢模板和铝合金模板等。

3.按施工方法分类

按施工方法分类,模板可分为现场装拆式模板、固定式模板和移动式模板三种。

(1)现场装拆式模板是在施工现场按照设计要求的结构形状、尺寸及空间位置现场组装的模板,当混凝土达到拆模强度后拆除模板。现场装拆式模板多用定型模板和工具式支撑。

(2)固定式模板多用于制作预制构件,是按照构件的形状、尺寸在现场或预制厂制作,涂刷隔离剂,浇筑混凝土,待混凝土达到规定强度后立即脱模、清理模板,再重新涂刷隔离剂,制作下一批构件。各种胎模也属于固定式模板。

(3)移动式模板是随混凝土的浇筑,模板可沿垂直方向或水平方向移动,如墙柱混凝土浇筑时采用的滑升模板、提升模板等。

## 三、胶合板模板

钢筋混凝土模板用的胶合板包括木胶合板和竹胶合板两类。目前,胶合板的使用比较广泛,主要是由于胶合板除具有木模板重量轻,制作、改制、装拆、运输方便,投资少的优点外,还具有平面尺寸大、质量轻、表面平整、可周转使用的优点。

1.胶合板模板的类型

(1)木胶合板模板。

1)木胶合板模板的构造。木胶合板通常是由5层、7层、9层、11层等奇数单层木胶合板经热压固化胶合而成。相邻层的纹理方向相互垂直,最外层表面的纹理应当与胶合板的长边平行,因此,使用时应注意胶合板的长向为强方向,短向为弱方向,如图4-2所示。

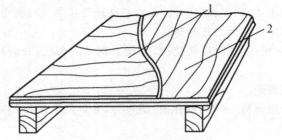

图 4-2  木胶合板纹理方向与使用
1—表板;2—芯板

2)木胶合板的规格。常用的木胶合板尺寸规格见表4-1。

表 4-1　常用的木胶合板尺寸规格

| 厚度/mm | 幅面尺寸 | | | | 备注 |
|---|---|---|---|---|---|
| | 模数制 | | 非模数制 | | |
| | 宽度/mm | 长度/mm | 宽度/mm | 长度/mm | |
| 12 | 600 | 1 800 | 915 | 1 830 | 至少 5 层 |
| 15 | 900 | 1 800 | 1 220 | 1 830 | 至少 7 层 |
| 18 | 1 000 | 2 400 | 915 | 2 135 | |
| 21 | 1 200 | 2 400 | 1 220 | 2 440 | |

3）木胶合板模板尺寸。一般宽度为 1 200 mm 左右，长度为 2 400 mm 左右，厚度为 12～18 mm。

4）承载能力。木胶合板的承载能力与胶合板的厚度、静弯曲强度以及胶合性能、弹性模量有关。静弯曲强度和弹性模量测试装置如图 4-3 所示。

5）使用要点。耐碱性、耐水性、耐热性、耐磨性以及脱模性，重复使用，必须使用表面进行处理的胶合木模板。

①禁止将模板从高处扔下；

②脱模后立即清洗板面浮浆，堆放整齐；

③胶合板周边涂封边胶，及时清除水泥浆；

④胶合板板面尽量不钻洞，遇有预留孔洞等普通板材拼补。

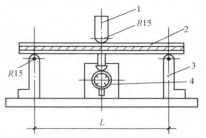

图 4-3　静弯曲强度及弹性模量测试装置
1—压头；2—试件；3—支座；4—百分表

6）常规的支模方法。用 φ48×3.5 脚手钢管搭设排架，排架上铺放间距为 400 mm 左右的50 mm×100 mm 或者 60 mm×80 mm 木方（俗称68 方木），作为面板下的楞木。木胶合板常用厚度为 12 mm、18 mm，木方的间距随胶合板厚度作调整。这种支模方法简单易行，现已在施工现场大面积采用。

（2）竹胶合板模板。我国竹材资源丰富，且竹材具有生长快、生产周期短（一般 2～3 年成材）的特点。另外，一般竹材顺纹抗拉强度为 18 N/mm²，为松木的 2.5 倍、红松的 1.5 倍；横纹抗压强度为 6～8 N/mm²，是杉木的 1.5 倍、红松的 2.5 倍；静弯曲强度为 15～16 N/mm²。

因此，在我国木材资源短缺的情况下，以竹材为原料，制作混凝土模板用竹胶合板，具有收缩率小、膨胀率和吸水率低，以及承载能力大的特点，是一种具有发展前途的新型建筑模板。

1）组成和构造。竹胶合板通常由面板和芯板刷酚醛树脂胶，经热压固化胶合成型，其面板与芯板所用材料既有不同，又有相同。芯板是将竹子劈成竹条（称竹帘单板），宽度为 14～17 mm，厚度为 3～5 mm，在软化池中进行高温软化处理后，作烤青、烤黄、去竹衣及干燥等进一步处理，用人工或编织机编织。面板通常为编席单板，做法是将竹子劈成篾片，由编工编成竹席。表面板采用薄木胶合板。

这样既可利用竹材资源，又可兼有木胶合板的表面平整度。在混凝土工程中，常用的竹胶合板厚度为 9 mm。

竹胶合板断面示意，如图 4-4 所示。为了提高竹胶合板的耐水性、耐磨性和耐碱性，经试验证明，竹胶合板表面进行环氧树脂涂面的耐碱性较好，进行瓷釉涂料涂面的综合效果最佳。

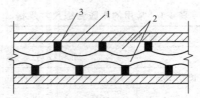

**图 4-4　竹胶合板断面示意**
1—竹席或薄木片面板；2—竹帘芯板；3—胶粘剂

2)规格和性能。按照国家标准《竹胶合板模板》(JG/T 156—2004)的规定。竹胶合板的规格见表 4-2 和表 4-3。

mm

表 4-2　竹模板规格

| 长度 | 宽度 | 厚度 |
|---|---|---|
| 1 830 | 915 | |
| 1 830 | 1 220 | |
| 2 000 | 1 000 | |
| 2 135 | 915 | 9、12、15、18 |
| 2 440 | 1 220 | |
| 3 000 | 1 500 | |
| 注:竹模板规格也可根据用户需要生产。 | | |

表 4-3　竹胶合板厚度与层数对应关系

| 层数 | 厚度/mm | 层数 | 厚度/mm |
|---|---|---|---|
| 2 | 1.4～2.5 | 14 | 11.0～11.8 |
| 3 | 2.4～3.5 | 15 | 11.8～12.5 |
| 4 | 3.4～4.5 | 16 | 12.5～13.0 |
| 5 | 4.5～5.0 | 17 | 13.0～14.0 |
| 6 | 5.0～5.5 | 18 | 14.0～14.5 |
| 7 | 5.5～6.0 | 19 | 14.5～15.3 |
| 8 | 6.0～6.5 | 20 | 15.5～16.2 |
| 9 | 6.5～7.5 | 21 | 16.5～17.2 |
| 10 | 7.5～8.2 | 22 | 17.5～18.0 |
| 11 | 8.2～9.0 | 23 | 18.0～19.5 |
| 12 | 9.0～9.8 | 24 | 19.5～20.0 |
| 13 | 9.0～10.8 | | |

**2.胶合板的施工工艺**

(1)胶合板模板的配制方法。

1)按设计图纸尺寸直接配制模板。形体简单的结构构件,可根据结构施工图纸直接按尺寸列出模板规格和数量进行配制。模板厚度、横档与楞木的断面和间距,以及支撑系统的配制,都可按支承要求通过计算选用。

2)采用放大样方法配制模板。形体复杂的结构构件,如楼梯、圆形水池等,可在平整的地坪上,按结构图的尺寸画出结构构件的实样,量出各部分模板的准确尺寸或套制样板,同时确定模板及其安装的节点构造,进行模板的制作。

3)用计算方法配制模板。形体复杂不宜采用放大样方法,但有一定几何形体规律的构件,可用计算方法结合放大样的方法,进行模板的配制。

4)采用结构表面展开法配制模板。一些形体复杂且又由各种不同形体组成的复杂体型结构构件,如设备基础,其模板的配制可采用先画出模板平面图和展开图,再进行配模设计和模板制作。

(2)胶合板模板配制要求。

1)应直接使用整张胶合板模板,尽量减少随意锯截,造成胶合板浪费。

2)木胶合板的常用厚度一般为 12 mm 或 18 mm,竹胶合板的常用厚度一般为 12 mm,内、外楞的间距可随胶合板的厚度,通过设计计算进行调整。

3)支撑系统可以选用钢管脚手架,也可采用木材。采用木支撑时,不得选用脆性、严重扭曲和受潮容易变形的木材。

4)钉子长度应为胶合板厚度的 1.5～2.5 倍,每块胶合板与木楞相叠处至少钉两个钉子。第二块板的钉子要转向第一块模板方向斜钉,使拼缝严密。

5)配制好的模板应在反面编号并写明规格,分别堆放保管,以免错用。

6)胶合板模板适用于现浇钢筋混凝土框架结构、剪力墙结构和筒体结构的施工。

## 四、木模板

木模板一般是在木工车间或木工棚加工成基本组件,然后在现场进行拼装。拼板由板条用拼条钉成,如图 4-5 所示。板条厚度一般为 25～50 mm,宽度不大于 200 mm,以保证在干缩时缝隙均匀,浇水后易于密封,受潮后不易翘曲。梁底的拼板由于受到较大荷载需要加厚至 40～50 mm。拼条根据受力情况可平放或立放。拼条间距取决于所浇筑混凝土的侧压力和板条厚度,一般为400～500 mm。

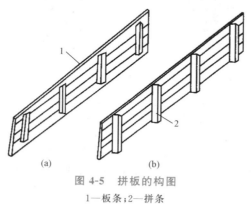

图 4-5　拼板的构图
1—板条;2—拼条

### 1.基础模板

现浇混凝土结构基础模板的构造如图 4-6 所示。基础阶梯的高度不符合钢模板宽度的模数时,可加镶木板。对杯形基础,杯口处在模板的顶部中间装杯芯模板上。

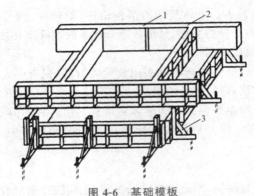

图 4-6　基础模板

1—扁钢连接杆；2—T 形连接杆；3—角钢三角撑

2.柱模板

柱子的断面尺寸不大但比较高。因此,柱子模板的构造和安装主要考虑保证垂直度及抵抗新浇混凝土的侧压力;同时,也要便于浇筑混凝土、清理垃圾与钢筋绑扎等。

柱模板是由两块相对的内拼板夹在两块外拼板之间组成的,如图 4-7(a)所示;也可用短横板(门子板)代替外拼板钉在内拼板上,如图 4-7(b)所示。有些短横板可先不钉上,作为混凝土的浇筑孔,待混凝土浇筑至其下口时再钉上。

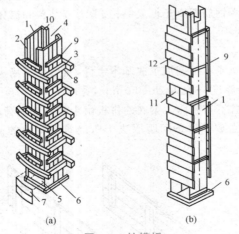

图 4-7　柱模板

(a)拼板柱模板;(b)短横板柱模板

1—内拼板；2—外拼板；3—柱箍；4—梁缺口；5—清理孔；6—木框；
7—盖板；8—拉紧螺栓；9—拼条；10—三角木条；11—浇筑孔；12—短横板

柱模板支设安装的程序:在基础顶面弹出柱的中心线和边线→根据柱边线设置模板定位框→根据定位框位置竖立内外拼板,并用斜撑临时固定→由顶部用垂球校正模板中心线,使其垂直→模板垂直度检查无误后,即用斜撑钉牢固定。

柱模板底部开有清理孔,沿高度每隔 2 m 开有浇筑孔(也是振捣口)。柱底部一般有一钉在底部混凝土上的木框,用来固定柱模板的位置。为承受混凝土侧压力,拼板外要设柱箍,柱箍可为木制、钢制或钢木制。柱箍间距与混凝土侧压力大小、拼板厚度有关,由于侧压力是下大上小,因而柱模板下部柱箍较密。柱模板顶部根据需要开有与梁模板连接的缺口。

安装柱模板前,应先绑扎好钢筋,测出标高并标在钢筋上,同时,在已浇筑的基础顶面或楼面上固定好柱模板底部的木框,在内外拼板上弹出中心线,根据柱边线及木框位置竖立内外拼板,并用斜撑临时固定,然后由顶部用锤球校正,使其垂直。检查无误后,即用斜撑钉牢固定。同在一条轴线上的柱,应先校正两端的柱模板,再从柱模板上口中心线拉一根钢丝来校正中间的柱模板。柱模板之间还要用水平撑及剪刀撑相互拉结。

3.梁模板

梁的跨度较大而宽度不大。梁底一般是架空的,混凝土对梁侧模板有水平侧压力,对梁底模板有垂直压力,因此,梁模板及其支架必须能承受这些荷载而不致发生超过规范允许的过大变形。

如图 4-8 所示,梁模板主要由底模、侧模、夹木及其支架系统组成,底模板承受垂直荷载,一般较厚,下面每隔一定间距(800~1 200 mm)有顶撑支撑。顶撑可用圆木、方木或钢管制成。顶撑底应加垫一对木楔块以调整标高。为使顶撑传递下来的集中荷载均匀地传递给地面,在顶撑底加铺垫板。多层建筑施工中,应使上、下层的顶撑在一条竖向直线上。侧模板承受混凝土侧压力,应包在模板的外侧,底部用夹木固定,上部用斜撑和水平拉条固定。

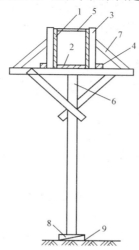

图 4-8　单梁模板

1—侧模板;2—底模板;3—侧模拼条;4—夹木;
5—水平拉条;6—顶撑(支架);7—斜撑;8—木楔;9—木垫板

如梁跨度大于或等于 4 m,应使梁底模起拱,防止新浇筑混凝土的荷载使跨中模板下挠。设计无规定时,起拱高度宜为全跨长度的 1/1 000~3/1 000,起拱不得减少构件的截面高度。

梁模板支设安装的程序:在梁模板下方楼地面上铺垫板→在柱模缺口处钉上衬口档,把底模板搁置在衬口档上→立起靠近柱或墙的顶撑,再将梁长度等分→立中间部分顶撑,在顶撑底下打入木楔并检查调整标高→把侧模板放上,两头钉于衬口档上→在侧板底外侧铺钉夹木,再钉上斜撑、水平拉条。

4.楼板模板

楼板的面积大而厚度比较薄,侧压力小。楼板模板及其支架系统主要承受钢筋混凝土的自重及其施工荷载,以保证模板不变形。如图 4-9 所示,楼板模板的底模用木板条或用定型模板或用胶合板拼成,铺设在楞木上。楞木搁置在梁模板外侧托木上,若楞木面不平,可以加木楔调平。当楞木的跨度较大时,中间应加设立柱。立柱上钉通长的杠木。底模板应垂直于楞木方向铺钉并适当调整楞木间距,来适应定型模板的规格。

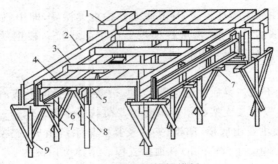

图 4-9　有梁楼板模板

1—楼板模板；2—梁侧模板；3—楞木；4—托木；
5—杠木；6—夹木；7—短撑木；8—立柱；9—顶撑

楼板模板支设安装程序：主、次梁模板安装→在梁侧模板上安装楞木→在楞木上安装托木→在托木上安装楼板底模→在大跨度楞木中间加设支柱→在支柱上钉通长的杠木。

## 五、组合钢模板

组合钢模板是一种工具式定型模板，由钢模板和支撑件两大部分组成。它可以拼成不同尺寸、不同形状的模板，以适应基础、柱、梁、板、墙施工的需要。组合钢模板尺寸适中，轻便灵活，装拆方便。

### 1.组合钢模板的组成

组合钢模板主要由钢模板、连接件和支承件三部分组成。

（1）钢模板。钢模板可分为平模板和角模板，如图 4-10 所示。平模板由面板、边框、纵横肋构成。边框与面板常用 2.5～3.0 mm 厚钢板一次轧成，纵横肋用 3 mm 厚扁钢与面板及边框焊成。为便于连接，边框上有连接孔，边框的长向及短向的孔距均一致，以便横竖都能拼接。平模板的长度有 1 500 mm、1 200 mm、900 mm、750 mm、600 mm、450 mm 六种规格，宽度有 300 mm、250 mm、200 mm、150 mm、100 mm 五种规格（平模板用符号 P 表示，如宽为 300 mm，长为 1 500 mm 的平模板则用 P3015 表示），因而可组成不同尺寸的模板，在构件接头处（如柱与梁接头）等特殊部位，不足模数的空缺可用少量木模板补缺，用钉子或螺栓将方木与平模板边框孔洞连接。角模板又可分为阴角模板、阳角模板及连接角模板，阴、阳角模板用作成型混凝土结构的阴、阳角，连接角模板用作两块平模板拼成 90°的连接件。

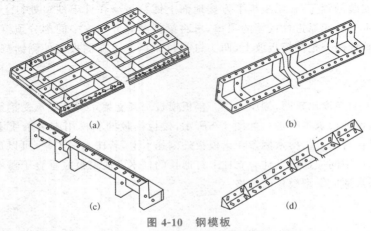

图 4-10　钢模板

（a）平模板；（b）阴角模板；（c）阳角模板；（d）连接角模板

（2）组合钢模板的连接件。组合钢模板连接配件包括 U 形卡、L 形插销、钩头螺栓、对拉螺栓、紧固螺栓和扣件等。

1）U 形卡。用于钢模板与钢模板之间的拼接，其安装间距一般不大于 300 mm，即每隔一孔卡插一个，安装方向一顺一倒相互错开，如图 4-11 所示。

2）L 形插销。用于两个钢模板端肋相互连接，可增加模板接头处的刚度，保证板面平整，如图 4-12 所示。

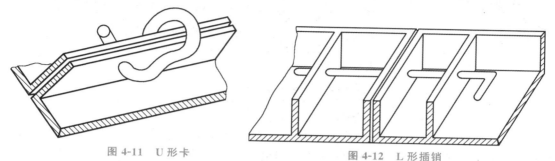

图 4-11　U 形卡　　　　　　　　　　图 4-12　L 形插销

3）钩头螺栓及"3"形扣件、蝶形扣件。用于连接钢楞（圆形钢管、矩形钢管、内卷边槽钢等）与钢模板，如图 4-13 所示。

4）对拉螺栓。用于连接竖向构件（墙、柱、墩等）的两对侧模板，如图 4-14 所示。

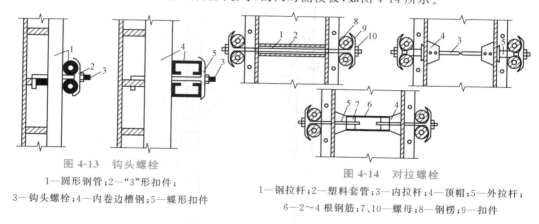

图 4-13　钩头螺栓
1—圆形钢管；2—"3"形扣件；
3—钩头螺栓；4—内卷边槽钢；5—蝶形扣件

图 4-14　对拉螺栓
1—钢拉杆；2—塑料套管；3—内拉杆；4—顶帽；5—外拉杆；
6—2～4 根钢筋；7、10—螺母；8—钢楞；9—扣件

（3）组合钢模板的支承件。组合钢模板的支承件包括柱箍、梁托架、支托桁架、钢管顶撑及钢管支架。

1）柱箍。柱箍可采用角钢、槽钢制作，也可采用钢管及扣件制作。

2）梁托架。梁托架用来支托梁底模和夹模，如图 4-15（a）所示。梁托架可用钢管或角钢制作，其高度为 500～800 mm，宽度达 600 mm，可根据梁的截面尺寸进行调整，高度较大的梁，可用对拉螺栓或斜撑固定两边侧模。

3）支托桁架，有整体式和拼接式两种。拼接式桁架可由两个半榀桁架拼接，以适应不同跨度的需要，如图 4-15（b）所示。

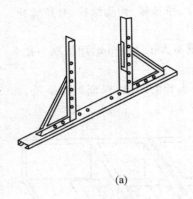
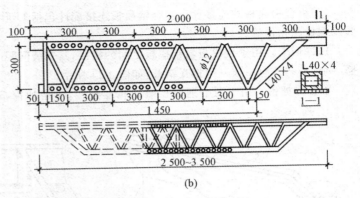

图 4-15　梁托架及支托桁架

(a)梁托架;(b)支托桁架

4)钢管顶撑,由套管及插管组成,如图 4-16 所示,其高度可借插销粗调,借螺旋微调。钢管支架由钢管及扣件组成,支架柱可用钢管对接(用对接扣连接)或搭接(用回转扣连接)接长。支架横杆步距为 1 000~1 800 mm。

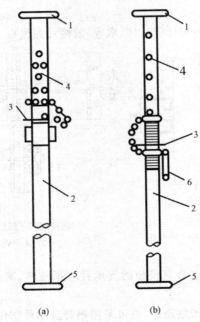

图 4-16　钢管顶撑

(a)对接扣连接;(b)回转扣连接

1—顶板;2—套管;3—转盘;4—插管;5—底板;6—转动手柄

## 2.组合钢模板施工工艺流程

组合钢模板的施工工艺适用于建筑工程中现浇钢筋混凝土结构柱、墙、梁等构件的模板施工,下面,以钢筋混凝土框架结构为例,学习柱、梁、墙模板的施工工艺流程和施工操作要求。

(1)柱模板。

1)柱模板的施工工艺流程,如图 4-17 所示。

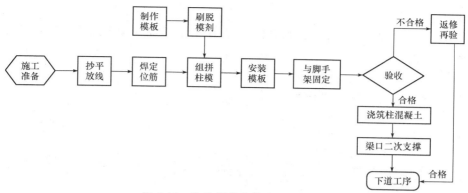

图 4-17　柱模板安装施工工艺流程

2)柱模板的安装。

①准备工作。首先是放线,根据设计图纸在楼地面上弹出模板内边线和中心线,供模板安装和校正之用;其次,在模板安装前,模板底部需预先找平,主要是保证模板位置准确,避免模板底部漏浆;最后,在外柱部位设置模板承垫条并校正其平直度。

②焊定位筋。在柱四边的主筋上,距离地面 50～80 mm 处电焊水平定位筋,每边至少 2 处,固定模板,防止滑移。

③刷脱模剂。模板安装前刷水性脱模剂,主要是海藻酸钠。

④安装柱模。安装通排柱模板前,应先搭设双排脚手架,并将柱顶及柱脚固定于脚手架上,便于柱模板的校正调直。

⑤安装柱箍。待柱模板安装完成后,在模板外侧安装柱箍,防止浇筑混凝土过程中模板变形。

⑥校正、封堵清扫口。浇筑混凝土前,对柱模板进行再次校正。用清水冲洗模板后,封堵清扫口,防止模板中杂物残留在柱内。

(2)梁模板。

1)梁模板的施工工艺流程,如图 4-18 所示。

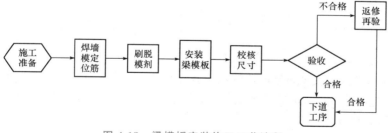

图 4-18　梁模板安装施工工艺流程

2)梁模板安装。

①准备工作。在柱子上弹出轴线、梁位置线和水平线,固定柱头模板。

②搭梁支架。通常搭设双排立杆支架,间距宜为 900～1 200 mm。梁支架立柱中间应安装大横杆与楼板支架拉通连接成整体,并且最下面一层横杆(扫地杆)应距地面至少 200 mm。

③刷脱模剂。模板安装前刷水性脱模剂,主要是海藻酸钠。

④安装梁模板。安装梁模板时先安装底模,当梁跨度大于 4 m 时,应按设计起拱,如无设计要求,按(1/1 000～3/1 000)$l$($l$ 为梁的全跨长度)。底模安装并校正完成后,再安装梁侧模板,用 U 形卡将梁侧模与梁底模通过连接角模进行连接,梁侧模板的支撑采用梁托架或三脚架、扣件、钢管等与梁支架连接成整体,形成三角斜撑,斜撑间的间距宜为 700～800 mm;当梁侧模板间距超过

600 mm 时,应加对拉螺栓固定。

⑤ 校核尺寸。梁侧模板安装完成后,校核梁截面尺寸、梁底标高及梁底起拱尺寸,并清扫模板内杂物。

(3)墙模板。

1)墙模板的施工工艺流程,如图 4-19 所示。

图 4-19　墙模板安装施工工艺流程

2)墙模板安装。

①准备工作。清理墙筋底部,若墙底部平整度较差,则用水泥砂浆进行找平处理。找平后,弹出墙边线及模板控制线,通常两者间距为 150 mm。

②焊定位筋。依据支模方案,在墙两侧纵筋上焊定位筋,在墙对拉螺栓处加焊定位筋,起到固定模板、防止滑移的作用。

③刷脱模剂。模板安装前刷水性脱模剂,主要是海藻酸钠。

④安装墙模。按照模板设计要求,先在现场拼装墙模板,拼装时内钢楞水平安装,外钢楞竖直安装,两者共同固定墙模板;按设计图中门窗洞口位置线,安装门窗洞口模板及预埋件;再将预先拼装好的墙模板按设计图安装就位,并用斜撑和拉杆固定,安装套管和对拉螺栓;最后,安装另一侧模板,将拼装好的模板安装就位。校正后,拧紧穿墙对拉螺栓,并与脚手架连接固定。

⑤校正、封堵清扫口。模板全部安装完成后,校正扣件、螺栓连接情况及模板拼缝和下口的严密性。

## 六、模板的拆除

### 1.拆除模板时的混凝土强度

现浇结构的模板及其支架拆除时的混凝土强度应符合设计要求,当设计无具体要求时,应满足下列要求:在混凝土强度能保证其表面及棱角不受损坏时,侧模方可拆除;在混凝土强度符合表 4-4 的规定后,底模方可拆除。

表 4-4　底模拆模时所需混凝土强度

| 结构类型 | | 结构跨度/m | 按设计的混凝土立方体桩压强度标准值的百分率/% |
|---|---|---|---|
| 板 | | ≤2 | ≥50 |
| | | >2,≤8 | ≥75 |
| | | >8 | ≥100 |
| 梁、拱、壳 | | ≤8 | ≥75 |
| 悬臂构件 | | — | ≥100 |

已拆除模板及其支架的结构,在混凝土强度符合设计的混凝土强度等级的要求后,方可承受全部使用荷载;当施工荷载所产生的效应比使用荷载的效应更为不利时,必须经过核算,加设临时支撑。

### 2.拆模顺序

拆模应按一定的顺序进行。一般应遵循先支的后拆、后支的先拆,先拆非承重模板、后拆承重模板及自上而下的原则。重大复杂模板的拆除,事前应编制拆除方案。

(1)柱模。单块组拼的应先拆除钢楞、柱箍和对拉螺栓等连接件、支撑件,再由上而下逐步拆除;预组拼的则应先拆除两个对角的卡件并做临时支撑后,再拆除另外两个对角的卡件,待吊钩挂好,拆除临时支撑,方能脱模起吊。

(2)墙模。单块组拼的在拆除对拉螺栓、大小钢楞和连接件后,自上而下逐步水平拆除;预组拼的应在挂好吊钩,检查所有连接件都拆除后,方能拆除临时支撑,脱模起吊。

(3)梁、楼板模板。应先拆梁侧模,再拆楼板底模,最后拆除梁底模。拆除跨度较大的梁下支柱时,应先从跨中开始分别拆向两端。多层楼板模板支柱的拆除,应按下列要求进行:上层楼板正在浇筑混凝土时,下一层楼板的模板支柱不得拆除,再下一层楼板的支柱,仅可拆除一部分;跨度 4 m 及 4 m 以下的梁下均应保留支柱,其间距不得大于 3 m。

### 3.拆模注意事项

(1)拆模时,操作人员应站在安全处,以免发生安全事故。

(2)拆模时,尽量不要用力过猛、过急,严禁用大锤和撬棍硬砸、硬撬,以避免混凝土表面或模板受到损坏。

(3)拆下的模板及配件,严禁抛扔,要有人接应传递,按指定地点堆放;并做到及时清理、维修和涂刷好隔离剂,以备待用。拆除模板过程中,如发现混凝土有影响结构安全的质量问题时,应暂停拆除,经过处理后方可继续拆除。

# 单元三　钢筋工程

## 一、钢筋的分类及验收堆放

### 1.钢筋的分类

钢筋混凝土结构中常用的钢材,有钢筋和钢丝两类。钢筋可分为热轧钢筋和余热处理钢筋。热轧钢筋可分为热轧带肋钢筋和热轧光圆钢筋。普通热轧带肋钢筋的牌号由 HRB 和牌号的屈服点最小值构成,分为 HRB400、HRB500、HRB600、HRB400E、HRB500E 五个牌号;热轧光圆钢筋的牌号为 HPB300。余热处理钢筋的牌号为 RRB400、RRB500、RRB400W。钢筋按直径大小可分为钢丝(直径为 3～5 mm)、细钢筋(直径为 6～10 mm)、中粗钢筋(直径为 12～20 mm)和粗钢筋(直径大于 20 mm)。钢丝有冷拔钢丝、碳素钢丝及刻痕钢丝。直径大于 12 mm 的粗钢筋一般轧成 6～12 m 1 根;钢丝及直径为 6～12 mm 的细钢筋一般卷成圆盘。另外,根据结构的要求还可采用其他钢筋,如冷轧带肋钢筋、冷轧扭钢筋、热处理钢筋及精轧螺纹钢筋等。

### 2.钢筋的进场验收

钢筋的现场检验包括以下几个方面:

(1)检查产品合格证、出厂检验报告。钢筋出厂应具有产品合格证书、出厂试验报告单,作为质量的证明材料,所列出的品种、规格、型号、化学成分、力学性能等,必须满足设计要求,符合有关现行国家标准的规定。

(2)检查进场复试报告。进场复试报告是钢筋进场抽样检验的结果,以此作为判断材料能否在工程中应用的依据。

钢筋进场时,应按现行国家标准《钢筋混凝土用钢》(GB 1499)的有关规定抽取试件,做力学性能检验,其质量符合有关标准规定的钢筋,可在工程中应用。

检查数量按进场的批次和产品的抽样检验方案确定。有关标准中对进场检验数量有具体规定的,应按标准执行;如果有关标准只对产品出厂检验数量有规定的,检查数量可按下列情况确定:

1)当一次进场的数量大于该产品的出厂检验批量时,应划分为若干个出厂检验批量,然后按出厂检验的抽样方案执行。

2)当一次进场的数量小于或等于该产品的出厂检验批量时,应作为一个检验批量,然后按出厂检验的抽样方案执行。

3)对连续进场的同批钢筋,当有可靠依据时,可按一次进场的钢筋处理。

(3)进场的每捆(盘)钢筋均应有标牌。按炉罐号、批次及直径分批验收,分类堆放整齐,严防混料并应对其检验状态做标记,防止混用。

(4)进场钢筋的外观质量检查应符合下列规定:

1)钢筋应逐批检查其尺寸,不得有超过允许偏差的尺寸。

2)逐批检查,钢筋表面不得有裂纹、折叠、结疤及夹杂,盘条允许有压痕及局部的凸块、凹块、划痕、麻面,但其深度或高度(从实际尺寸算起)不得大于 0.20 mm,带肋钢筋表面的凸块,不得超过横肋高度,钢筋表面上其他缺陷的深度和高度不得大于所在部位尺寸的允许偏差,冷拉钢筋不得有局部缩颈现象。

3)钢筋表面氧化铁皮(铁锈)质量不大于 16 kg/t。

4)带肋钢筋表面标志清晰明了,标志包括强度级别、厂名(汉语拼音字头表示)和直径(mm)数字。

**3. 钢筋的存放**

钢筋运进施工现场后,必须严格按批分等级、牌号、直径、长度挂牌存放,并注明数量,不得混淆。钢筋应尽量堆入仓库或料棚内,并在仓库或场地周围挖排水沟,以利于泄水。条件不具备时,应选择地势较高、土质坚实和较为平坦的露天场地存放。堆放时钢筋下面要加垫木,垫木距离面地不宜少于 200 mm,以防钢筋锈蚀和污染。钢筋成品要分工程名称、构件名称、部位、钢筋类型、尺寸、钢号、直径和根数分别堆放,不能将几项工程的钢筋成品混放在一起,同时注意避开易造成钢筋污染和锈蚀的环境。

## 二、钢筋加工

为了充分发挥钢材的性能,提高钢筋的强度,节约钢材和满足预应力钢筋的要求,通常对钢筋进行加工处理。钢筋加工的方法包括冷拉、冷拔、除锈、调直、切断、弯曲成型等。通过加工提高钢筋的强度,是节约钢筋和提高钢筋混凝土结构构件强度和耐久性的一项重要技术措施。

钢筋加工质量验收标准

**1. 钢筋冷拉**

钢筋的冷拉原理是将钢筋在常温下进行强力拉伸,使拉力超过屈服点 $b$,达到如图 4-20 所示中的 $c$ 点后卸荷,由于钢筋产生塑性变形,变形不能恢复,应力—应变曲线沿 $cO_1$ 变化,$cO_1$ 大致与 $aO$ 平行,$OO_1$ 即为塑性变形。如卸载后立即再加载,曲线沿 $O_1c'd'e'$ 变化,并在 $c'$ 点出现新的屈服点,这个屈服点明显高于冷拉前的屈服点。这是因为在冷拉过程中,钢筋内部的晶体沿着结合力最差的结晶面产生相对滑移,使滑移面上的晶格变形,晶格遭到破碎,构成滑移面的凹凸不平,阻碍晶体的继续滑移,使钢筋内部组织产生变化,从而使得钢筋的屈服点得以提高,这种现象称为"变形硬化"(冷硬)。

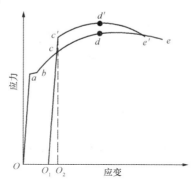

图 4-20　冷拉钢筋应力—应变曲线

### 2.钢筋冷拔

钢筋冷拔是在常温下通过特质的钨合金拔丝模,将直径为 6～10 mm 的 HPB300 级钢筋多次用强力拉拔成比原钢筋直径小的钢丝,使钢筋产生塑性变形。

钢筋经过冷拔后,横向压缩、纵向拉伸,钢筋内部晶格产生滑移,抗拉强度标准值可提高50%～90%。但塑性降低,硬度提高。这种经冷拔加工的钢筋称为冷拔低碳钢丝。冷拔低碳钢丝可分为甲级、乙级。甲级钢丝主要用作预应力混凝土构件的预应力筋;乙级钢丝用于焊接网片和焊接骨架、架立筋、箍筋及构造钢筋。钢筋冷拔的工艺过程:轧头→剥皮→通过润滑剂→进入拔丝模。如钢筋需要连接时,则应在冷拔前进行对焊连接。

冷拔总压缩率和冷拔次数对钢丝质量和生产效率都有很大的影响。冷拔总压缩率越大,抗拉强度提高越多,塑性降低也就越多。

冷拔钢丝一般要经过多次冷拔,才能达到预定的总压缩率。但冷拔次数过多,易使钢丝变脆且降低生产效率;冷拔次数过少,易将钢丝拔断且损坏拔丝模。冷拔速度也要控制适当,过快易造成断丝。

冷拔设备由拔丝机、拔丝模、剥皮装置、轧头机等组成。常用拔丝机有立式和卧式两种。

冷拔低碳钢丝的质量要求:表面不得有裂纹和机械损伤,并应按施工规范要求进行拉力试验和反复弯曲试验,甲级钢丝应逐盘取样检查,乙级钢丝可以分批抽样检查,其力学性能应符合《混凝土结构工程施工质量验收规范》(GB 50204—2015)的规定。

### 3.钢筋除锈

工程中钢筋的表面应洁净,以保证钢筋与混凝土之间的握裹力。钢筋上的油漆、漆污和用锤敲击时能剥落的乳皮、铁锈等,应在使用前清除干净。不得使用带有颗粒状或片状老锈的钢筋。

### 4.钢筋调直

钢筋调直可分为人工调直和机械调直两种。人工调直又分为绞盘调直(多用于 12 mm 以下的钢筋、板柱)、铁柱调直(用于粗钢筋)、蛇形管调直(用于冷拔低碳钢丝);常用的机械调直包括钢筋调直机调直(用于冷拔低碳钢丝和细钢筋)、卷扬机调直(用于粗细钢筋)。

### 5.钢筋弯曲成型

(1)钢筋弯钩弯折的规定。箍筋的弯钩,可按图 4-21 加工;对有抗震要求和受扭的结构,应按图 4-21(c)加工。

(a)          (b)          (c)

图 4-21　箍筋示意

(a)90°/180°；(b)90°/90°；(c)135°/135°

（2）钢筋弯曲成型的方法。钢筋弯曲成型的方法有手工弯曲和机械弯曲两种。钢筋弯曲均应在常温下进行，严禁将钢筋加热后弯曲。手工弯曲成型设备简单、成型准确；机械弯曲成型可减轻劳动强度、提高工效，但操作时应注意安全。

## 三、钢筋连接

钢筋连接方式可分为绑扎、焊接和机械连接三种。

钢筋连接质量验收标准

### （一）钢筋绑扎连接

钢筋绑扎连接是利用混凝土的粘结锚固作用，实现两根锚固钢筋的应力传递。为保证钢筋的应力能充分传递，必须满足施工规范规定的最小搭接长度的要求，且应将接头位置设在受力较小处。

钢筋绑扎应符合下列要求：

（1）纵向受力钢筋的连接方式应符合设计要求。

（2）钢筋接头宜设置在受力较小处。同一纵向受力钢筋宜少设接头。在结构的重要构件和关键受力部位，不宜设置连接接头。

（3）钢筋绑扎搭接接头连接区段及接头面积百分率应符合要求。

（4）纵向受力钢筋绑扎搭接接头的最小搭接长度应符合下列规定：

1）当纵向受拉钢筋的绑扎搭接接头面积百分率不大于 25% 时，其最小搭接长度应符合表 4-5 的规定。

2）当纵向受拉钢筋搭接接头面积百分率大于 25%，但不大于 50% 时，其最小搭接长度应按表 4-5 中的数值乘以系数 1.2 取用；当接头面积百分率大于 50% 时，应按表 4-5 中的数值乘以系数 1.35 取用。

表 4-5　纵向受拉钢筋的最小搭接长度

| 钢筋类型 | | 混凝土强度等级 | | | | | | | | |
|---|---|---|---|---|---|---|---|---|---|---|
| | | C20 | C25 | C30 | C35 | C40 | C45 | C50 | C55 | ≥C60 |
| 光圆钢筋 | 300 级 | 49d | 41d | 37d | 35d | 31d | 29d | 29d | | |
| 带肋钢筋 | 400 级 | 55d | 49d | 43d | 39d | 37d | 35d | 33d | 31d | 31d |
| | 37d | 500 级 | 67d | 59d | 53d | 47d | 43d | 41d | 39d | 39d |

注：两根直径不同钢筋的搭接长度，以较细钢筋的直径计算。

3)当符合下列条件时,纵向受拉钢筋的最小搭接长度应根据上述1)、2)条确定后,按下列规定进行修正:

①当带肋钢筋的直径大于 25 mm 时,其最小搭接长度应按相应数值乘以系数 1.1 取用。

②对具有环氧树脂涂层的带肋钢筋,其最小搭接长度应按相应数值乘以系数 1.25 取用。

③当在混凝土凝固过程中受力钢筋易受扰动(如滑模施工)时,其最小搭接长度应按相应数值乘以系数 1.1 取用。

④对末端采用机械锚固措施的带肋钢筋,其最小搭接长度可按相应数值乘以系数 0.6 取用。

⑤当带肋钢筋的混凝土保护层厚度大于搭接钢筋直径的 3 倍且配有箍筋时,其最小搭接长度可按相应数值乘以系数 0.8 取用。

⑥对有抗震设防要求的结构构件,其受力钢筋的最小搭接长度对一、二级抗震等级,应按相应数值乘以系数 1.15 取用;对三级抗震等级,应按相应数值乘以系数 1.05 取用。在任何情况下,受拉钢筋的搭接长度不应小于 300 mm。

4)纵向受压钢筋搭接时,其最小搭接长度应根据上述第 1)～3)条的规定确定相应数值后,乘以系数 0.7 取用。在任何情况下,受压钢筋的搭接长度不应小于 200 mm。

### (二)钢筋焊接连接

#### 1.钢筋闪光对焊

闪光对焊广泛用于钢筋纵向连接及预应力钢筋与螺端杆的焊接。热轧钢筋的焊接宜优先采用闪光对焊,其次才考虑电弧焊。钢筋闪光对焊的原理是利用对焊机使两段钢筋接触,通过低电压的强电流,待钢筋被加热到一定温度变软后,进行轴向加压顶锻,形成对焊接头。

常用的钢筋闪光对焊工艺有连续闪光焊、预热闪光焊和闪光—预热—闪光焊。对 RRB400 级钢筋,有时在焊接后还进行通电热处理。通电热处理的目的,是对焊接头进行一次退火或高温回火处理,以消除热影响区产生的脆性组织,改善接头的塑性。通电热处理的方法,是焊毕稍冷却后松开电极,将电极钳口调至最大距离,重新夹住钢筋,待接头冷却至暗黑色(焊后 20～30 s),进行脉冲式通电处理(频率约 2 次/s,通电 5～7 s)。待钢筋表面呈橘红色并有微小氧化斑点出现时即可。焊接不同直径的钢筋时,其截面比不宜超过 1.5。焊接参数按大直径钢筋选择,并减少大直径钢筋的调伸长度。焊接时先对大直径钢筋预热,以使两者加热均匀。负温下焊接,冷却虽快,但易产生淬硬现象,内应力也大。为此,负温下焊接应减小温度梯度和冷却速度。为使加热均匀,增大焊件受热区,可增大调伸长度的 10%～20%,变压器级数可降低一级或两级,应使加热缓慢而均匀,降低烧化速度,焊后见红区应比常温时长。

钢筋闪光对焊后,除对接头进行外观检查(无裂纹和烧伤、接头弯折不大于 3°、接头轴线偏移不大于钢筋直径的 0.1 倍,也不大于 2 mm)外,还应按《钢筋焊接及验收规程》(JGJ 18—2012)中的规定进行抗拉试验和冷弯试验。

#### 2.钢筋电弧焊

电弧焊利用弧焊机使焊条与焊件之间产生高温电弧,使焊条和电弧燃烧范围内的焊件熔化,待其凝固便形成焊缝或接头。电弧焊广泛用于钢筋接头、钢筋骨架焊接、装配式结构接头的焊接、钢筋与钢板的焊接及各种钢结构焊接。

钢筋电弧焊的接头形式如图 4-22 所示。它包括搭接焊接头(单面焊缝或双面焊缝)、帮条焊接头(单面焊缝或双面焊缝)、坡口焊接头(平焊或立焊)、熔槽帮条焊接头(用于安装焊接 $d \geqslant$ 25 mm 的钢筋)和窄间隙焊(置于 U 形铜模内)。

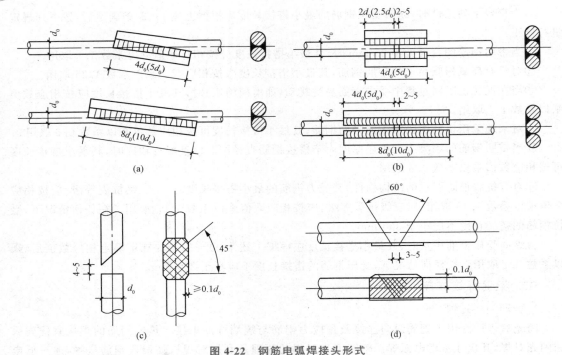

**图 4-22 钢筋电弧焊接头形式**

(a)搭接焊接头；(b)帮条焊接头；(c)立焊的坡口焊接头；(d)平焊的坡口焊接头

弧焊机有直流与交流之分，常用的为交流弧焊机。

焊条的种类很多，如 E4303、E5503 等，钢筋焊接根据钢材等级和焊接接头形式选择焊条。焊条表面涂有药皮，它可保证电弧稳定，使焊缝免致氧化并产生熔渣覆盖焊缝，以减缓冷却速度，对熔池脱氧和加入合金元素，以保证焊缝金属的化学成分和力学性能。

焊接电流和焊条直径，根据钢筋类别、直径、接头形式及焊接位置进行选择。

搭接接头的长度、帮条的长度、焊缝的长度和高度等都有明确规定。采用帮条焊或搭接焊时，焊缝长度不应小于帮条或搭接长度，焊缝高度 $h \geqslant 0.3d$ 并不得小于 4 mm，焊缝宽度 $b \geqslant 0.7d$ 并不得小于 10 mm。电弧焊一般要求焊缝表面平整，无裂纹，无较大凹陷、焊瘤，无明显咬边、气孔、夹渣等缺陷。在现场安装条件下，每一层楼以 300 个同类型接头为一批，每一批选取 3 个接头进行拉伸试验。如有一个不合格，取双倍试件复验；再有一个不合格，则该批接头不合格。如对焊接质量有怀疑或发现异常情况，还可进行非破损方式（X 射线、γ 射线、超声波探伤等）检验。

### 3. 钢筋电渣压力焊

钢筋电渣压力焊是将两钢筋安放成竖向对接形式，利用焊接电流通过两钢筋端面间隙，在焊剂层下形成电弧过程和电渣过程，产生电弧热和电阻热，熔化钢筋，加压完成连接的一种焊接方法。其具有操作方便、效率高、成本低、工作条件好等特点，适用于现浇混凝土结构施工中竖向或斜向（倾斜度不大 10°）连接，但不得在竖向焊接之后将其再横置于梁、板等构件中做水平钢筋之用。

钢筋电渣压力焊具有电弧焊、电渣焊和压力焊共同的特点。其焊接过程可分四个阶段，即引弧过程→电弧过程→电渣过程→顶压过程。其中，电弧和电渣两个过程对焊接质量有重要影响，故应根据待焊钢筋直径的大小，合理选择焊接参数。

**4.钢筋电阻点焊**

钢筋焊接骨架或钢筋焊接网中交叉钢筋的焊接宜采用电阻点焊。钢筋焊接骨架和钢筋焊接网在焊接生产中,当两根钢筋直径不同时,焊接骨架较小钢筋直径不大于 10 mm 时,大、小钢筋直径之比不宜大于 3 倍;当较小钢筋直径为 12～16 mm 时,大、小钢筋直径之比不宜大于 2 倍。焊接网较小钢筋直径不得小于较大钢筋直径的 60％。所用的点焊机有单点点焊机(用以焊接较粗的钢筋)、多头点焊机(用以焊钢筋网)和悬挂式点焊机(可焊平面尺寸大的骨架或钢筋网)。现场还可采用手提式点焊机。

点焊时,将已除锈污的钢筋交叉点放入点焊机的两电极间,使钢筋通电发热至一定温度后,加压使焊点金属焊牢。焊点应有一定的压入深度,压入深度为较小钢筋直径的 18％～25％。

**5.钢筋气压焊**

钢筋气压焊是采用一定比例的氧气和乙炔焰为热源,对需要连接的两钢筋端部接缝处进行加热,使其达到热塑状态,同时对钢筋施加 30～40 MPa 的顶压力,使钢筋顶焊在一起。该焊接方法使钢筋在还原气体的保护下,发生塑性流变后相互紧密接触,促使端面金属晶体相互扩散渗透,再结晶、再排列,形成牢固的焊接接头。这种方法设备投资少、施工安全、节约钢材和电能,不仅适用于竖向钢筋的连接,也适用于各种方向布置的钢筋连接。适用范围:直径为 14～40 mm 的 HPB300 级和HRB400 级钢筋(25MnSi 除外);当不同直径钢筋焊接时,两钢筋直径差不得大于 7 mm。

**(三)钢筋机械连接**

钢筋机械连接是通过连接件的机械咬合作用或钢筋端面的承压作用,将一根钢筋中的力传递至另一根钢筋的连接方法。其具有施工简便,工艺性能良好,接头质量可靠,不受钢筋焊接性的制约,可全天候施工,节约钢材和能源等优点。常用的机械连接有套筒挤压连接、锥螺纹套筒连接等。

**1.钢筋套筒挤压连接**

钢筋套筒挤压连接是将需要连接的带肋钢筋插于特制的钢套筒内,利用挤压机压缩套筒,使其产生塑性变形,靠变形后的钢套筒与带肋钢筋之间的紧密咬合,来实现钢筋的连接。适用于直径为 16～40 mm 的热轧、HRB400 级带肋钢筋的连接。

钢筋套筒挤压连接,可分为钢筋套筒径向挤压连接和钢筋套筒轴向挤压连接两种形式。

(1)钢筋套筒径向挤压连接。钢筋套筒径向挤压连接是采用挤压机沿径向(即与套筒轴线垂直方向)将钢套筒挤压产生塑性变形,使其紧密地咬住带肋钢筋的横肋,实现两根钢筋的连接,如图 4-23 所示。当不同直径的带肋钢筋采用挤压接头连接时,若套筒两端外径和壁厚相同,被连接钢筋的直径相差不应大于 5 mm。挤压连接工艺流程:钢筋套筒检验→钢筋断料,刻划钢筋套入长度定出标记→套筒套入钢筋→安装挤压机→开动液压泵,逐渐加压套筒至接头成型→卸下挤压机→接头外形检查。

(2)钢筋套筒轴向挤压连接。钢筋轴向挤压连接是采用挤压机和压模对钢套筒及插入的两根对接钢筋,沿其轴向方向进行挤压,使套筒咬合到带肋钢筋的肋间,从而使其结合成一体,如图 4-24 所示。

图 4-23　钢筋套筒径向挤压连接
1—钢套管;2—钢筋

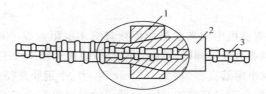

**图 4-24　钢筋套筒轴向挤压连接**

1—压模；2—钢套管；3—钢筋

### 2.钢筋锥螺纹套筒连接

钢筋锥螺纹套筒连接是利用锥形螺纹能承受轴向力和水平力以及密封性能较好的原理，依靠机械力将钢筋连接在一起。操作时，先用专用套丝机将钢筋的待连接端加工成锥形外螺纹；然后，通过带锥形内螺纹的钢套筒将两根待接钢筋连接；最后，利用力矩扳手按规定的力矩值，使钢筋和连接钢套筒拧紧在一起，如图 4-25 所示。

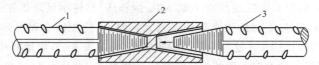

**图 4-25　钢筋锥螺纹套筒连接**

1—已连接的钢筋；2—锥螺纹套筒；3—未连接的钢筋

钢筋锥螺纹套筒连接工艺简便，能在施工现场连接直径为 $16\sim40$ mm 的热轧 HRB400 级同径或异径的竖向或水平钢筋，且不受钢筋是否带肋和含碳量的限制。适用于按一、二级抗震等级设施的工业和民用建筑钢筋混凝土结构的热轧 HRB400 级钢筋的连接施工，但不得用于预应力钢筋的连接。对于直接承受动荷载的结构构件，其接头还应满足抗疲劳性能等设计要求。锥螺纹连接套筒的材料宜采用 45 号优质碳素结构钢或其他经试验确认符合要求的钢材制成，其抗拉承载力不应小于被连接钢筋受拉承载力标准值的 1.1 倍。

（1）钢筋锥螺纹的加工要求。

1）钢筋应先调直再下料。钢筋下料可用钢筋切断机或砂轮锯，但不得用气割下料。下料时，要求切口端面与钢筋轴线垂直，端头不得挠曲或出现马蹄形。

2）加工好的钢筋锥螺纹丝头的锥度、牙形、螺距等必须与连接套的锥度、牙形、螺距一致，并应进行质量检验。检验内容包括锥螺纹丝头牙形检验和锥螺纹丝头锥度与小端直径检验。

3）加工工艺：下料→套丝→用牙形规和卡规（或环规）逐个检查钢筋套丝质量→质量合格的丝头用塑料保护帽盖封，待查待用。

钢筋锥螺纹的完整牙数，不得小于表 4-6 的规定值。

**表 4-6　钢筋锥螺纹完整牙数**

| 钢筋直径/mm | 16～18 | 20～22 | 25～28 | 32 | 36 | 40 |
|---|---|---|---|---|---|---|
| 完整牙数 | 5 | 7 | 8 | 10 | 11 | 12 |

4）钢筋经检验合格后，方可在套丝机上加工锥螺纹。为确保钢筋的套丝质量，操作人员必须遵守持证上岗制度。操作前应先调整好定位尺，并按钢筋规格配置相对应的加工导向套。对于大直径钢筋，要分次加工到规定的尺寸，以保证螺纹的精度和避免损坏梳刀。

5）钢筋套丝时，必须采用水溶性切削冷却润滑液。当气温低于 0 ℃ 时，应掺入 $15\%\sim20\%$ 亚硝酸钠，不得采用机油做冷却润滑液。

（2）钢筋连接。连接钢筋之前，先回收钢筋待连接端的保护帽和连接套上的密封盖，并检查钢筋规格是否与连接套规格相同，检查锥螺纹丝头是否完好无损、有无杂质。

连接钢筋时,应先把已拧好连接套的一端钢筋对正轴线拧到被连接的钢筋上,然后用力矩扳手按规定的力矩值把钢筋接头拧紧,不得超拧,以防止损坏接头丝扣。拧紧后的接头应画上油漆标记,以防止存在钢筋接头漏拧。锥螺纹钢筋连接方法如图 4-26 所示。

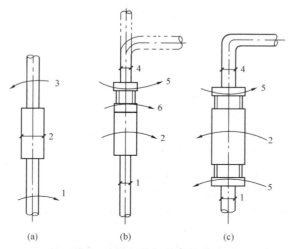

图 4-26　锥螺纹钢筋连接方法

(a)同径或异径钢筋连接;(b)单向可调接头连接;(c)双向可调接头连接

1、3、4—钢筋;2—连接套筒;5—可调连接器;6—锁母

拧紧时要拧到规定扭矩值,待测力扳手发出指示响声时,才认为达到了规定的扭矩值。锥螺纹接头拧紧扭矩值见表 4-7,但不得加长扳手杆来拧紧。质量检验与施工安装使用的力矩扳手应分开使用,不得混用。

表 4-7　锥螺纹接头拧紧扭矩值

| 钢筋直径/mm | ≤16 | 18～20 | 22～25 | 28～32 | 36～40 | 50 |
| --- | --- | --- | --- | --- | --- | --- |
| 拧紧力矩/(N·m) | 100 | 180 | 240 | 300 | 350 | 460 |

在构件受拉区段内,同一截面连接接头数量不宜超过钢筋总数的 50%;受压区不受限制。连接头的错开间距应大于 500 mm,保护层不得小于 15 mm,钢筋间净距应大于 50 mm。

在正式安装前,要取三个试件进行基本性能试验。当有一个试件不合格,应取双倍试件进行试验;如仍有一个不合格,则该批加工的接头为不合格,严禁在工程中使用。

对连接套应有出厂合格证及质保书。每批接头的基本试验应有试验报告。连接套与钢筋应配套一致且有钢印标记。

安装完毕后,质量检测员应用自用的专用测力扳手对拧紧的力矩值加以抽检。

## 四、钢筋配料与代换

### (一)钢筋配料

钢筋配料是根据构件配筋图计算构件各钢筋的直线下料长度、总根数及钢筋总质量,然后编制钢筋配料单,作为备料加工的依据。

设计图中注明的钢筋尺寸(不包括弯钩尺寸)是钢筋的外轮廓尺寸,称为钢筋的外包尺寸。外包尺寸的大小根据构件尺寸、钢筋形状及保护层厚度确定,保护层厚度见表 4-8。

表 4-8 　钢筋的混凝土保护层厚度 　　　　　　　　　　　　　　　mm

| 环境类别 | 板、墙、壳 | 梁、柱、杆 |
|---|---|---|
| 一 | 15 | 20 |
| 二 a | 20 | 25 |
| 二 b | 25 | 35 |
| 三 a | 30 | 40 |
| 三 b | 40 | 50 |

注:1.混凝土等级不大于 C25 时,表中保护层厚度数值应增加 5 mm;

2.钢筋混凝土基础宜设置混凝土垫层,基础中钢筋的混凝土保护厚度应从垫层顶面算起,且不应小于 10 mm。

　　下料长度计算是配料计算中的关键。由于结构受力的要求,许多钢筋需在中间弯曲和两端弯成弯钩。钢筋弯曲时,其外壁伸长,内壁缩短,而中心线长度并不改变。但是,简图尺寸或设计图中注明的尺寸要根据外包尺寸计算,且不包括端头弯钩长度。显然,外包尺寸大于中心线长度,它们之间存在一个差值,称为"量度差值"。因此,钢筋的下料长度公式应为

钢筋下料长度＝外包尺寸＋端头弯钩－量度差值

箍筋下料长度＝箍筋周长＋箍筋调整值

　　当弯心的直径为 2.5$d$($d$ 为钢筋的直径)时,弯钩的增加长度和各种弯曲角度的量度差值的计算方法如下。

　　1.半圆弯钩的增加长度

　　半圆弯钩的增加长度如图 4-27(a)所示。

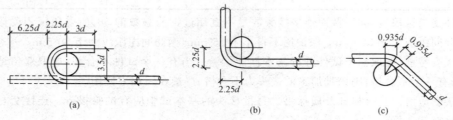

图 4-27 　弯钩的增加长度

(a)半圆弯钩;(b)90°弯钩;(c)45°弯钩

(1)弯钩全长:

$$3d+\frac{3.5\pi d}{2}=8.5d$$

(2)弯钩增加长度(包括量度差值):

$$8.5d-2.25d=6.25d$$

　　在实践中,由于实际弯心直径与理论直径有时会不一致、钢筋粗细和机具条件不同等而影响弯钩长度,所以在实际配料时,对弯钩增加长度常根据具体条件采用经验数据,见表 4-9 和表 4-10。

表 4-9　弯钩增加长度经验数据　　　　　　　　　　　　　　　　　　　mm

| 钢筋直径/d | ≤6 | 8～10 | 12～18 | 20～28 | 32～36 |
|---|---|---|---|---|---|
| 一个弯钩长度 | 40 | 6d | 5.5d | 5d | 4.5d |

表 4-10　各种规格钢筋弯钩增加长度参考表　　　　　　　　　　　　mm

| 钢筋直径/d | 半圆弯钩 | | 半圆弯钩（不带平直部分） | | 斜弯钩 | | 直弯钩 | |
|---|---|---|---|---|---|---|---|---|
| | 一个钩长 | 两个钩长 | 一个钩长 | 两个钩长 | 一个钩长 | 两个钩长 | 一个钩长 | 两个钩长 |
| 3.4 | 25 | 50 | — | — | 20 | 40 | 10 | 20 |
| 5.6 | 40 | 80 | 20 | 40 | 30 | 60 | 15 | 30 |
| 8 | 50 | 100 | 25 | 50 | 40 | 80 | 20 | 40 |
| 9 | 55 | 110 | 30 | 60 | 45 | 90 | 25 | 50 |
| 10 | 60 | 120 | 35 | 70 | 50 | 100 | 25 | 50 |
| 12 | 75 | 150 | 40 | 80 | 60 | 120 | 30 | 60 |
| 14 | 85 | 170 | 45 | 90 | — | — | — | — |
| 16 | 100 | 200 | 50 | 100 | — | — | — | — |
| 18 | 110 | 220 | 60 | 120 | — | — | — | — |
| 20 | 125 | 250 | 65 | 130 | — | — | — | — |
| 22 | 135 | 270 | 70 | 140 | — | — | — | — |
| 25 | 155 | 310 | 80 | 160 | — | — | — | — |
| 28 | 175 | 350 | 85 | 190 | — | — | — | — |
| 32 | 200 | 400 | 105 | 210 | — | — | — | — |
| 36 | 225 | 450 | 115 | 230 | — | — | — | — |
| 40 | 250 | 500 | 130 | 260 | — | — | — | — |

注:1.半圆弯钩计算长度为 6.25d;半圆弯钩不带平直部分计算长度为 3.25d;斜弯钩计算长度为 4.9d;直弯钩计算长度为 3.5d。

2.直弯钩弯起高度按不小于直径的 3 倍计算,在楼板中使用时,其长度取决于楼板厚度,需按实际情况计算。

**2.弯 90°时的量度差值**

弯 90°时的量度差值,如图 4-27(b)所示。

(1)外包尺寸:

$$2.25d+2.25d=4.5d$$

(2)中心线长度:

$$\frac{3.5\pi d}{4}=2.75d$$

(3)量度差值:

$$4.5d-2.75d=1.75d$$

实际工作中为计算简便,常取 2d。

**3.弯 45°时的量度差值**

弯 45°时的量度差值,如图 4-27(c)所示。

(1)外包尺寸:

$$2\times\left(\frac{2.5d}{2}+d\right)\tan22°30'=1.87d$$

(2)中心线长度：

$$\frac{3.5\pi d}{8}=1.37d$$

(3)量度差值：

$$1.87d-1.37d=0.5d$$

同理可得其他常用角度的量度差值，见表4-11。

表 4-11　钢筋弯曲调整值

| 角度直径/mm 调整值 | 30° | 45° | 60° | 90° | 135° |
|---|---|---|---|---|---|
| | 0.35d | 0.5d | 0.35d | 2d | 2.5d |
| 6 | — | — | — | 12 | 15 |
| 8 | — | — | — | 16 | 20 |
| 10 | 3.5 | 5.0 | 8.5 | 20 | 25 |
| 12 | 4.0 | 6.0 | 10.0 | 24 | 30 |
| 14 | 5.0 | 7.0 | 12.0 | 28 | 35 |
| 16 | 5.5 | 8.0 | 13.5 | 32 | 40 |
| 18 | 6.5 | 9.0 | 15.5 | 36 | 45 |
| 20 | 7.0 | 10.0 | 17.0 | 40 | 50 |
| 22 | 8.0 | 11.0 | 19.0 | 44 | 55 |
| 25 | 9.0 | 12.5 | 21.5 | 50 | 62.5 |
| 28 | 10.0 | 14.0 | 24.0 | 56 | 70 |
| 32 | 11.0 | 16.0 | 27.0 | 64 | 80 |
| 32 | 12.5 | 18.0 | 30.5 | 72 | 90 |

注:d 为弯曲钢筋直径;表中角度是指钢筋弯曲后与水平线的夹角。

**4. 箍筋调整值**

箍筋调整值为弯钩增加长度与弯曲度量差值两项之和。需根据箍筋外包尺寸或内包尺寸确定,见表4-12。

表 4-12　箍筋外包尺寸与内包尺寸　　　　　　　　mm

| 箍筋量度方法 | 箍筋直径 | | | |
|---|---|---|---|---|
| | 4～5 | 6 | 8 | 10～12 |
| 外包尺寸 | 40 | 50 | 60 | 70 |
| 内包尺寸 | 80 | 100 | 120 | 150～170 |

## (二)钢筋的代换

施工中,当供应的钢筋品种或规格与设计图纸要求不符时,可以进行代换。但代换时,必须充分了解设计意图和代换钢材的性能,严格遵守规范的各项规定。对抗裂性要求较高的构件,不宜用光圆钢筋代换带肋钢筋;钢筋代换时,不宜改变构件中的有效高度。

(1)当钢筋的品种、级别或规格需作变更时,应办理设计变更文件。当需要代换时,必须征得设计单位同意,并应符合下列要求:

1)不同种类钢筋的代换,应按钢筋受拉承载力设计值相等的原则进行。代换后应满足《混凝土结构设计规范(2015年版)》(GB 50010—2010)中有关间距、锚固长度、最小钢筋直径、根数等的要求。

2)对有抗震要求的框架钢筋需代换时,不宜以强度等级较高的钢筋代替原设计中的钢筋;对重要受力结构,不宜采用HPB300级钢筋代换带肋钢筋。

3)当构件受抗裂、裂缝宽度或挠度控制时,钢筋代换时应重新进行验算;梁的纵向受力钢筋与弯起钢筋应分别进行代换。

代换后的钢筋用量不宜大于原设计用量的5%,也不宜低于2%,且应满足规范规定的最小钢筋直径、根数、钢筋间距、锚固长度等要求。

(2)钢筋代换的方法有以下三种:

1)当结构构件是按强度控制时,可按强度等同原则代换,称为"等强度代换"。如设计图中所用钢筋强度为$f_{y1}$,钢筋总面积为$A_{s1}$,代换后钢筋强度为$f_{y2}$,钢筋总面积为$A_{s2}$,则应使:

$$f_{y2}A_{s2} \geqslant f_{y1}A_{s1}$$

2)当构件按最小配筋率控制时,可按钢筋面积相等的原则代换,称为"等面积代换",即

$$A_{s1} = A_{s2}$$

式中　$A_{s1}$——原设计钢筋的计算面积;

　　　$A_{s2}$——拟代换钢筋的计算面积。

3)当结构构件按裂缝宽度或挠度控制时,钢筋的代换需进行裂缝宽度或挠度验算。代换后,还应满足构造方面的要求(如钢筋间距、最小直径、最少根数、锚固长度、对称性等)及设计中提出的特殊要求(如冲击韧性、抗腐蚀性等)。

## 五、钢筋安装

钢筋安装质量验收标准

### 1. 钢筋制作前的准备工作

钢筋网片、骨架制作成型的正确与否,直接影响着结构构件的受力性能,因此,必须重视并妥善组织这一技术工作。

(1)熟悉施工图纸。学习施工图纸时,要明确各个单根钢筋的形状及各个细部的尺寸,确定各类结构的绑扎程序。如发现图纸中有错误或不当之处,应及时与工程设计部门联系,协同解决。

(2)核对钢筋配料单及料牌。学习施工图纸的同时,应核对钢筋配料单和料牌,再根据配料单和料牌核对钢筋半成品的钢号、形状、直径和规格、数量是否正确,有无错配、漏配及变形。如发现问题,应及时整修增补。

(3)工具、附件的准备。绑扎钢筋用的工具和附件主要有扳手、钢丝、小撬棒、马架、画线尺等,还要准备水泥砂浆垫块或塑料卡等保证保护层厚度的附件,以及钢筋撑脚或混凝土撑脚等保护钢筋网片位置正确的附件等。

(4)画钢筋位置线。平板或墙板的钢筋,在模板上画线;柱的箍筋,在两根对角线主筋上画点;梁的箍筋,在架立筋上画点;基础的钢筋,在两方向各取一根钢筋上画点或在固定架上画线。钢筋接头的画线,应根据到料规格,结合相关规范对有关接头位置、数量的规定,使其错开并在模板上画线。

(5)研究钢筋安装顺序,确定施工方法。在熟悉施工图纸的基础上,要仔细研究钢筋安装的顺序,特别是在比较复杂的钢筋安装工程中,应先确定每根钢筋穿插就位的顺序,并结合现场实际情况和技术工人的水平,以减少绑扎困难。

**2. 钢筋的现场绑扎安装**

(1)钢筋绑扎应熟悉施工图纸,核对成品钢筋的级别、直径、形状、尺寸和数量,核对配料表和料牌。如有出入,应予以纠正或增补。同时,准备好绑扎用钢丝、绑扎工具、绑扎架等。

(2)钢筋应绑扎牢固,防止钢筋移位。

(3)对形状复杂的结构部位,应研究好钢筋穿插就位的顺序及与模板等其他专业配合的先后次序。

(4)基础底板、楼板和墙的钢筋网绑扎,除靠近外围两行钢筋的相交点全部绑扎外,中间部分交叉点可间隔交错扎牢;双向受力的钢筋则需全部扎牢。相邻绑扎点的钢丝扣要呈八字形,以免网片歪斜变形。钢筋绑扎接头的钢筋搭接处,应在中心和两端用钢丝扎牢。

(5)结构采用双排钢筋网时,上、下两排钢筋网之间应设置钢筋撑脚或混凝土支柱(墩),每隔1 m放置一个,墙壁钢筋网之间应绑扎 φ6～φ10 钢筋制成的撑钩,间距约为 1.0 m,相互错开排列;大型基础底板或设备基础,应用 φ16～φ25 钢筋或型钢焊成的支架来支撑上层钢筋,支架间距为 0.8～1.5 m;梁、板纵向受力钢筋采取双层排列时,两排钢筋之间应垫以 φ25 以上的短钢筋,以保证间距正确。

(6)梁、柱箍筋应与受力筋垂直设置,箍筋弯钩叠合处应沿受力钢筋方向张开设置,箍筋转角与受力钢筋的交叉点均应扎牢;箍筋平直部分与纵向交叉点可间隔扎牢,以防止骨架歪斜。

(7)板、次梁与主筋交叉处,板的钢筋在上,次梁的钢筋居中,主梁的钢筋在下;当有圈梁或垫梁时,主梁的钢筋应放在圈梁上。受力筋两端的搁置长度应保持均匀一致。框架梁牛腿及柱帽等钢筋,应放在柱的纵向受力钢筋内侧,同时要注意梁顶面受力筋间的净距要有 30 mm,以利于浇筑混凝土。

(8)预制柱、梁、屋架等构件常采取底模上就地绑扎,此时应先排好箍筋,再穿入受力筋;然后,绑扎牛腿和节点部位钢筋,以降低绑扎的困难性和复杂性。

**3. 绑扎钢筋网与钢筋骨架安装**

(1)钢筋网与钢筋骨架的分段(块),应根据结构配筋特点及起重运输能力而定。一般钢筋网的分块面积以 6～20 m² 为宜,钢筋骨架的分段长度以 6～12 m 为宜。

(2)为防止钢筋网与钢筋骨架在运输和安装过程中发生歪斜变形,应采取临时加固措施。

(3)钢筋网与钢筋骨架的吊点,应根据其尺寸、质量及刚度而定。宽度大于 1 m 的水平钢筋网宜采用四点起吊,跨度小于 6 m 的钢筋骨架宜采用两点起吊,跨度大、刚度差的钢筋骨架宜采用横吊梁(铁扁担)四点起吊。为了防止吊点处钢筋受力变形,可采取兜底吊或加短钢筋措施。

(4)焊接网和焊接骨架沿受力钢筋方向的搭接接头,宜位于构件受力较小的部位,如承受均布荷载的简支受弯构件,焊接网受力钢筋接头宜放置在跨度两端各 1/4 跨长范围内。

(5)受力钢筋直径≥16 mm 时,焊接网沿分布钢筋方向的接头宜辅以附加钢筋网,其每边的搭接长度为 15d(d 为分布钢筋直径),但不小于 100 mm。

**4. 焊接钢筋骨架和焊接网安装**

(1)焊接钢筋骨架和焊接网的搭接接头,不宜位于构件的最大弯矩处,焊接网在非受力方向的搭接长度宜为 100 mm;受拉焊接骨架和焊接网在受力钢筋方向的搭接长度应符合设计规定;受压焊接骨架和焊接网在受力钢筋方向的搭接长度,可取受拉焊接骨架和焊接网在受力钢筋方向的搭接长度的 0.7 倍。

(2)在梁中,焊接骨架的搭接长度内应配置箍筋或短的槽形焊接网。箍筋或网中的横向钢筋间距不得大于 5d。在轴心受压或偏心受压构件中的搭接长度内,箍筋或横向钢筋的间距不得大于 10d。

（3）在构件宽度内有若干焊接网或焊接骨架时，其接头位置应错开。在同一截面内搭接的受力钢筋的总截面面积不得超过受力钢筋总截面面积的 50%；在轴心受拉及小偏心受拉构件（板和墙除外）中，不得采用搭接接头。

（4）焊接网在非受力方向的搭接长度宜为 100 mm。当受力钢筋直径≥16 mm 时，焊接网沿分布钢筋方向的接头宜辅以附加钢筋网，其每边的搭接长度为 15d。

# 单元四　混凝土工程

凝土工程施工包括配料、搅拌、运输、浇筑、振捣和养护等施工过程，如图 4-28 所示。其中的任一过程施工不当，都会影响混凝土的质量。混凝土施工不但要保证构件有设计要求的外形，而且要获得要求的强度、良好的密实性和整体性。为了减少城市噪声和粉尘污染，改善城市环境，提高建设工程质量，很多地区已经禁止城区现场搅拌混凝土，必须采用商品混凝土。

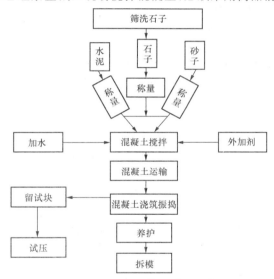

混凝土施工
质量验收标准

图 4-28　混凝土工程施工过程示意

## 一、混凝土配料

结构工程中所用的混凝土是以胶凝材料、粗细集料、水，按照一定配合比拌和而成的混合材料。另外，根据需要，还要向混凝土中掺加外加剂和外掺合料，以改善混凝土的某些性能。因此，混凝土的原材料除胶凝材料、粗细集料、水外，还有外加剂、外掺合料（常用的有粉煤灰、硅粉、磨细矿渣等）。

### 1. 混凝土配制强度的确定

在混凝土的施工配料时，除应保证结构设计对混凝土强度等级的要求外，还应保证施工对混凝土和易性的要求，并应遵循合理使用材料、节约胶凝材料的原则，必要时还应满足抗冻性、抗渗性等的要求。

为了使混凝土的强度保证率达到 95% 的要求，在进行配合比设计时，必须使混凝土的配制强度 $f_{cu,0}$ 高于设计强度 $f_{cu,k}$。《普通混凝土配合比设计规程》(JGJ 55—2011) 要求，混凝土配制强度 $f_{cu,0}$ 按下列规定确定：

(1)当混凝土的设计强度等级小于 C60 时,配制强度按下式计算:

$$f_{cu,0} \geqslant f_{cu,k} + 1.645\sigma$$

式中　$f_{cu,0}$——混凝土配制强度(MPa);

　　　$f_{cu,k}$——混凝土设计强度等级值(MPa);

　　　$\sigma$——混凝土强度标准差(MPa)。

混凝土强度标准差 $\sigma$ 的确定方法如下:

1)当具有近 1~3 个月的同一品种、同一强度等级混凝土的强度资料时,且试件组数不小于 30 时,其混凝土强度标准差,$\sigma$ 应按下式计算:

$$\sigma = \sqrt{\frac{\sum_{i=0}^{n} f_{cu,i}^2 - n m_{fcu}^2}{n-1}}$$

式中　$n$——试件组数;

　　　$f_{cu,i}$——第 $i$ 组试件的抗压强度(MPa);

　　　$m_{fcu}$——$n$ 组试件抗压强度的算术平均值(MPa)。

对于强度等级不大于 C30 的混凝土:当 $\sigma$ 计算值不小于 3.0 MPa 时,应按计算结果取值;当 $\sigma$ 计算值小于 3.0 MPa 时,$\sigma$ 应取 3.0 MPa。对于强度等级大于 C30 且小于 C60 的混凝土:当 $\sigma$ 计算值不小于 4.0 MPa 时,应按计算结果取值;当 $\sigma$ 计算值小于 4.0 MPa 时,$\sigma$ 应取 4.0 MPa。

2)当没有近期的同一品种、同一强度等级混凝土的强度资料时,$\sigma$ 按表 4-13 取用。

表 4-13　混凝土强度标准差 $\sigma$ 取值(JGJ 55—2011)

| 混凝土强度等级 | ≤C20 | C25~C45 | C50~C55 |
| --- | --- | --- | --- |
| $\sigma$/MPa | 4.0 | 5.0 | 6.0 |

(2)当混凝土的设计强度等级不小于 C60 时,配制强度按下式计算:

$$f_{cu,0} \geqslant 1.15 f_{cu,k}$$

## 2.混凝土施工配合比及施工配料

混凝土的配合比是在试验室根据混凝土的配制强度经过试配和调整而确定的,称为试验室配合比。试验室配合比所用的粗、细集料都是不含水分的。而施工现场的粗、细集料都有一定的含水率,且含水率的大小随温度等条件不断变化。为保证混凝土的质量,施工中应按粗、细集料的实际含水率对原配合比进行调整。混凝土施工配合比是指根据施工现场集料含水情况,对以干燥集料为基准的"设计配合比"进行修正后得出的配合比。

假定工地上测出砂的含水率为 $a\%$,石子的含水率为 $b\%$,则施工配合比(kg)为

胶凝材料($m'_b$):$m'_b = m_b$;

粗集料($m'_g$):$m'_g = m_g(1+b\%)$;

细集料($m'_s$):$m'_s = m_s(1+a\%)$;

水($m'_w$):$m'_w = m_w + m_g b\% - m_s a\%$。

施工配料是确定每搅拌一次所需的各种原材料数量,它根据施工配合比和搅拌机的出料容量计算。

**【例 4-1】** 某混凝土试验室配合比为 1：2.28：4.47，水胶比 $W/B=0.63$，每立方米混凝土水泥用量为 285 kg，现场测得砂、石的含水量分别为 3%、1%，求施工配合比及每立方米混凝土各种材料的用量。

**【解】** 设试验室配合比为水泥：砂：石 $=1：x：y$，则施工配合比为

$1：x(1+W_x)：y(1+W_y)=1：2.28\times(1+0.03)：4.47\times(1+0.01)=1：2.35：4.51$

按施工配合比，每立方米混凝土各种材料用量如下：

水泥 $\quad m_B=285$ kg

砂 $\quad m_S=285\times2.35=669.75$（kg）

石 $\quad m_G=285\times4.51=1\ 285.35$（kg）

用水量 $\quad m_W=0.63\times285-2.28\times285\times0.03-4.47\times285\times0.01$

$\qquad\qquad\quad=179.55-19.49-12.74=147.32$（kg）

施工水胶比为

$$\frac{147.32}{285}=0.52$$

**3. 材料称量**

施工配合比确定以后，就需对材料进行称量，称量是否准确将直接影响混凝土的强度。为严格控制混凝土的配合比，搅拌混凝土时应根据计算出的各组成材料的一次投料量，采用质量准确投料。其质量偏差不得超过以下规定：胶凝材料、外掺混合材料为 ±2%；粗、细集料为 ±3%；水、外加剂溶液为 ±2%。各种衡量器应定期校验，经常保持准确。集料含水量应经常测定。雨天施工时，应增加测定次数。

## 二、混凝土搅拌

混凝土搅拌过程就是将水、胶凝材料和粗细集料进行均匀拌和及混合的过程。通过搅拌，使材料达到塑化、强化的作用。

### (一)搅拌方法

混凝土搅拌方法有人工搅拌和机械搅拌两种。

**1. 人工搅拌**

人工搅拌一般采用"三干三湿"法，即先将水泥加入砂中干拌 2 遍，再加入石子翻拌 1 遍，搅拌均匀后，边缓慢加水，边反复湿拌 3 遍，以达到石子与水泥浆无分离现象为准。同等条件下，人工搅拌要比机械搅拌多耗 10%～15% 的水泥且拌和质量差，只有在混凝土用量不大且又缺乏机械设备时采用。

**2. 机械搅拌**

目前普遍使用的搅拌机，根据其搅拌机理可分为自落式搅拌机和强制式搅拌机两大类。

(1)自落式搅拌机。自落式搅拌机如图 4-29 所示。其搅拌鼓筒内壁装有叶片，随着鼓筒的转动，叶片不断将混凝土拌合料提高，然后利用物料的重量自由下落，达到均匀拌和的目的。自落式搅拌机筒体和叶片磨损较小，易于清理，但搅拌力小、动力消耗大、效率低，主要用于搅拌流动性和低流动性混凝土。

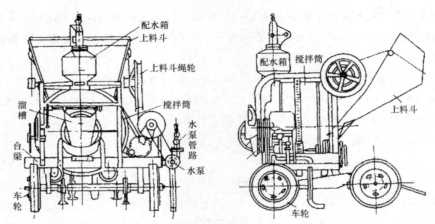

图 4-29  自落式混凝土搅拌机

（2）强制式搅拌机。强制式搅拌机是利用搅拌筒内运动着的叶片强迫物料朝着各个方向运动，由于各物料颗粒的运动方向、速度各不相同，相互之间产生剪切滑移而相互穿插、扩散，从而在很短的时间内使物料拌和均匀，其搅拌机理被称为剪切搅拌机理。

强制式搅拌机如图 4-30 所示，具有搅拌质量好、速度快、生产效率高及操作简便、安全等优点，但机件磨损严重，强制搅拌机适用于搅拌干硬性或低流动性混凝土和轻集料混凝土。

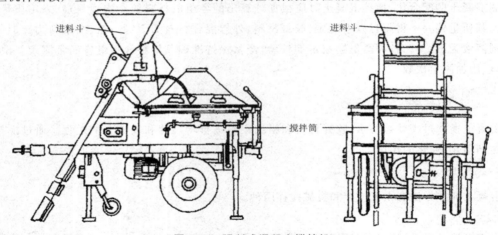

图 4-30  强制式混凝土搅拌机

## （二）搅拌制度

为了获得均匀、优质的混凝土拌合物，除合理选择搅拌机的型号外，还必须正确地确定搅拌制度，包括搅拌时间、进料容量及投料顺序。

### 1.搅拌时间

搅拌时间是指从全部材料投入搅拌筒中起，到开始卸料为止所经历的时间。它与搅拌质量密切相关：搅拌时间过短，混凝土不均匀，强度及和易性将下降；搅拌时间过长，不但降低搅拌的生产效率，同时会使不坚硬的粗集料在大容量搅拌机中因脱角、破碎等而影响混凝土的质量。对于加气混凝土，也会因搅拌时间过长而使所含气泡减少。混凝土搅拌的最短时间见表 4-14。

表 4-14　混凝土搅拌的最短时间

| 序号 | 混凝土坍落度/mm | 搅拌机机型 | 搅拌机出料量/L | | |
|---|---|---|---|---|---|
| | | | <250 | 250~500 | >500 |
| 1 | ≤40 | 强制式 | 60 | 90 | 120 |
| | >40 且<100 | 强制式 | 60 | 60 | 90 |
| 2 | ≥100 | 强制式 | 60 | 60 | 60 |
| 注:混凝土搅拌的最短时间系指自全部材料装入搅拌筒中起,到开始卸料为止的时间。 | | | | | |

**2.进料容量**

进料容量是将搅拌前各种材料的体积累积起来的容量,又称干料容量。进料容量为出料容量的 1.4~1.8 倍(通常取 1.5 倍)。如进料容量超过规定容量的 10% 以上,就会使材料在搅拌筒内无充分的空间进行掺和,影响混凝土拌合物的均匀性;反之,如装料过少,则又不能充分发挥搅拌机的效能。

**3.投料顺序**

在确定混凝土各种原材料的投料顺序时,应考虑如何保证混凝土的搅拌质量,减少机械磨损和水泥飞扬,减少混凝土的粘罐现象,降低能耗和提高劳动生产率等。目前,采用的投料顺序有一次投料法和二次投料法。

(1)一次投料法。这是目前广泛使用的一种方法,也就是将砂、石、水泥依次放入料斗后,再和水一起进入搅拌筒进行搅拌。这种方法工艺简单、操作方便。当采用自落式搅拌机搅拌时,常用的加料顺序是先倒石子,再加水泥,最后加砂。这种投料顺序的优点是水泥位于砂石之间,进入拌筒时可减少水泥飞扬。同时,砂和水泥先进入拌筒形成砂浆,可缩短包裹石子的时间,也避免了水向石子表面聚集产生的不良影响,可提高搅拌质量。

(2)二次投料法。二次投料法又可分为预拌水泥砂浆法和预拌水泥净浆法。

1)预拌水泥砂浆法是指先将水泥、砂和水投入搅拌筒搅拌 1~1.5 min 后,加入石子再搅拌1~1.5 min。

2)预拌水泥净浆法是先将水和水泥投入搅拌筒搅拌 1/2 搅拌时间,再加入砂石搅拌到规定时间。

由于预拌水泥砂浆或水泥净浆对水泥有一种活化作用,因而搅拌质量明显高于一次投料法。若水泥用量不变,混凝土强度可提高 15% 左右;或在混凝土强度相同的情况下,可减少水泥用量15%~20%。

当采用强制式搅拌机搅拌轻集料混凝土时,若轻集料在搅拌前已经预湿,则合理的加料顺序应是:先加粗、细集料和水泥搅拌 30 s,再加水继续搅拌到规定时间;若在搅拌前轻集料未经预湿,则合理的加料顺序是:先加粗、细集料和总用水量的 1/2 搅拌 60 s 后,再加水泥和剩余 1/2 总用水量搅拌到规定时间。

## 三、混凝土运输

混凝土运输过程中应保持其均匀性,避免产生分层离析现象;混凝土运至浇筑地点,应符合浇筑时所规定的坍落度,见表 4-15;运输工作应保证混凝土浇筑工作连续进行;运送混凝土的容器应严密,其内壁应平整、光洁,不吸水、不漏浆,黏附的混凝土残渣应经常清除。

表 4-15　混凝土浇筑时的坍落度

| 项次 | 结构种类 | 坍落度/mm |
|---|---|---|
| 1 | 基础或地面等的垫层、无配筋的厚大结构(挡土墙、基础或厚大的块体等)或配筋稀疏的结构 | 10~30 |
| 2 | 板、梁和大中型截面的柱子等 | 30~50 |
| 3 | 配筋密列的结构(薄壁、斗仓、筒仓、细柱等) | 50~70 |
| 4 | 配筋特密的结构 | 70~90 |

注:1. 本表是指采用机械振捣的坍落度,采用人工捣实时可适当增大。
　　2. 需要配制大坍落度混凝土时,应掺用外加剂。
　　3. 曲面或斜面结构的混凝土,其坍落度值应根据实际需要另行选定。
　　4. 轻集料混凝土的坍落度,宜比表中数值减少 10~20 mm。
　　5. 自密实混凝土的坍落度另行规定。

### 1. 运输时间

混凝土从搅拌机中卸出到浇筑完毕的延续时间,不宜超过表 4-16 的规定,对掺用外加剂或采用快硬水泥拌制的混凝土,其延续时间应按试验确定。对于轻集料混凝土,其延续时间应适当缩短。

表 4-16　混凝土从搅拌机卸出到浇筑完毕的延续时间　　　　　　　　　　　　　　min

| 混凝土生产地点 | 气温 | |
|---|---|---|
| | <25 ℃ | ≥25 ℃ |
| 预拌混凝土搅拌站 | 150 | 120 |
| 施工现场 | 120 | 90 |
| 混凝土制品厂 | 90 | 60 |

### 2. 运输工具的选择

混凝土的运输,可分为地面水平运输、垂直运输和楼面水平运输三种方式。

(1)地面水平运输。当采用商品混凝土或运距较远时,最好采用混凝土搅拌运输车。此类车在运输过程中搅拌筒可缓慢转动进行拌和,防止混凝土的离析。当距离过远时,可装入干料在到达浇筑现场前 15~20 min 放入搅拌水,能边行走边进行搅拌。

如现场搅拌混凝土,可采用载重 1 t 左右、容量为 400 L 的小型机动翻斗车或手推车运输。当运距较远、运量又较大时,可采用皮带运输机或窄轨翻斗车。

(2)垂直运输。可采用塔式起重机、混凝土泵、快速提升斗和井架。

(3)楼面水平运输。多采用双轮手推车,塔式起重机也可兼顾楼面水平运输。如用混凝土泵,则可采用布料杆布料。

### 3. 搅拌运输车运送混凝土

混凝土搅拌运输车是一种用于长距离运送混凝土的高效能机械。它是将运送混凝土的搅拌筒安装在汽车底盘上,将混凝土搅拌站生产的混凝土拌合物装入搅拌筒内,直接运至施工现场的大型混凝土运输工具。

采用混凝土搅拌运输车应符合下列规定:

(1)混凝土必须能在最短的时间内均匀、无离析地排出,出料干净、方便,能满足施工的要求。当与混凝土泵联合运送时,其排料速度应相匹配。

(2)从搅拌运输车运卸的混凝土中分别取 1/4 和 3/4 处试样进行坍落度试验,两个试样的坍落度值之差不得超过 30 mm。

（3）混凝土搅拌运输车在运送混凝土时搅动转速通常为 2～4 r/min；整个运送过程中拌筒的总转数应控制在 300 转以内。

（4）若采用干料由搅拌运输车途中加水自行搅拌，搅拌速度一般应为 6～18 r/min；搅拌转数自混合料加水投入搅拌筒起直至搅拌结束，应控制在 70～100 r/min。

（5）混凝土搅拌运输车因途中失水，到工地需加水调整混凝土的坍落度时，搅拌筒应以 6～8 r/min 搅拌速度搅拌，并另外再转动至少 30 r/min。

#### 4. 泵送混凝土

混凝土泵是通过输送管将混凝土送到浇筑地点的一种工具。其适用于以下工程：

（1）大体积混凝土。大体积混凝土包括大型基础、满堂基础、设备基础、机场跑道、水工建筑等。

（2）连续性强和浇筑效率要求高的混凝土。连续性强和浇筑效率要求高的混凝土包括高层建筑、贮罐、塔形构筑物、整体性强的结构等。

混凝土输送管道一般是用钢管制成的。管径通常有 100 mm、125 mm 和 150 mm 三种，标准管管长 3 m，配套管有 1 m 和 2 m 两种，另配有 90°、45°、30°、15°等不同角度的弯管，以供管道转折处使用。

输送管的管径选择，主要根据混凝土集料的最大粒径及管道的输送距离、输送高度和其他工程条件决定。

采用泵送混凝土应符合下列规定：

（1）混凝土泵与输送管连通后，应按所用混凝土泵使用说明书的规定进行全面检查，符合要求后方能开机进行空运转。

（2）混凝土泵启动后，应先泵送适量水以湿润混凝土泵的料斗、活塞及输送管内壁等直接与混凝土接触的部位。

（3）确认混凝土泵和输送管中无异物后，应采取下列方法润滑混凝土泵和输送管内壁：

1）泵送水泥砂浆。

2）泵送 1∶2 水泥砂浆。

3）泵送与混凝土内除粗集料外的其他成分相同配合比的水泥砂浆。

（4）开始泵送时，混凝土泵应处于慢速、匀速并随时可反泵的状态。泵送速度应先慢后快，逐步加速。待各系统运转顺利后，方可以正常速度进行泵送。

（5）混凝土泵送应连续进行。如必须中断时，其中断时间不得超过混凝土从搅拌至浇筑完毕所允许的延续时间。

（6）泵送混凝土时，活塞应保持最大行程运转。

（7）泵送完毕时，应将混凝土泵和输送管清洗干净。

## 四、混凝土浇筑与振捣

浇筑混凝土前，对模板及其支架、钢筋和预埋件必须进行检查，并做好记录。符合设计要求后，清理模板内的杂物及钢筋上的油污，堵严缝隙和孔洞，方能浇筑混凝土。

#### 1. 混凝土的浇筑

（1）混凝土自高处倾落的自由高度不应超过 2 m。

（2）在浇筑竖向结构混凝土前，应先在底部填以 50～100 mm 厚与混凝土内砂浆成分相同的水泥砂浆；浇筑时不得发生离析现象；当浇筑高度超过 3 m 时，应采用串筒、溜管或振动溜管，使混凝土下落。

（3）混凝土浇筑层的厚度应符合表4-17的规定。

表4-17 混凝土浇筑层的厚度 mm

| 捣实混凝土的方法 | | 浇筑层的厚度 |
|---|---|---|
| 插入式振捣 | | 振捣器作用部分长度的1.25倍 |
| 表面振动 | | 200 |
| 人工捣固 | 在基础、无筋混凝土或配筋稀疏的结构中 | 250 |
| | 在梁、墙板、柱结构中 | 200 |
| | 在配筋密列的结构中 | 150 |
| 轻集料混凝土 | 插入式振捣 | 300 |
| | 表面振动（振动时需加载） | 200 |

（4）在钢筋混凝土框架结构中，梁、板、柱等构件是沿垂直方向重复出现的，所以，一般按照结构层次来分层施工。平面上如果面积较大，还应考虑分段进行，以便混凝土、钢筋、模板等工序能相互配合、流水施工。

（5）在每一施工层中，应先浇筑柱或墙。在每一施工段中的柱或墙应该连续浇筑到顶，每一排的柱子由外向内对称顺序进行，防止由一端向另一端推进，致使柱子模板逐渐受推倾斜。柱子浇筑完后，应停歇1～2 h，使混凝土获得初步沉实。待有了一定强度后，再浇筑梁板混凝土。梁和板应同时浇筑混凝土，只有当梁高在1 m以上时，为了施工方便，才可以单独先行浇筑。

（6）浇筑混凝土应连续进行。当必须间歇时，其间歇时间宜缩短，并应在前层混凝土凝结前，将次层混凝土浇筑完毕。一般情况下，混凝土运输、浇筑及间歇的全部时间不得超过表4-20的规定，当超过时应留置施工缝。在浇筑与柱和墙连成整体的梁和板时，应在柱和墙浇筑完后停歇1～1.5 h，再继续浇筑；梁和板宜同时浇筑混凝土；拱和高度大于1 m的梁等结构，可单独浇筑混凝土。在混凝土浇筑过程中，应经常观察模板、支架、钢筋、预埋件和预留孔洞的情况。当发现有变形、移位时，应及时采取措施进行处理。

2.施工缝的留置

由于施工技术和施工组织上的原因，不能连续将结构整体浇筑完成，并且间歇的时间预计将超出表4-18规定的时间时，应预先选定适当的部位设置施工缝。

表4-18 混凝土运输、浇筑和间歇的允许时间 min

| 混凝土强度等级 | 气温 | |
|---|---|---|
| | 不高于25 ℃ | 高于25 ℃ |
| 不高于C30 | 210 | 180 |
| 高于C30 | 180 | 150 |
| 注：当混凝土中掺有促凝型或缓凝型外加剂时，其允许时间应根据试验结果确定。 | | |

施工缝的位置应设置在结构受剪力较小且便于施工的部位。

（1）施工缝的处理。

1）所有水平施工缝应保持水平并做成毛面，垂直缝处应支模浇筑；施工缝处的钢筋均应留出，不得切断。为防止在混凝土或钢筋混凝土内产生沿构件纵轴线方向错动的剪力，柱、梁施工缝的表面应垂直于构件的轴线；板的施工缝应与其表面垂直；梁、板也可留企口缝，但企口缝不得留斜槎。

2）在施工缝处继续浇筑混凝土时，已浇筑的混凝土抗压强度应≥1.2 N/mm²。首先，应清除硬化的混凝土表面上的水泥薄膜和松动石子及软混凝土层,并加以充分湿润和冲洗干净,不积水;然后,在施工缝处铺设一层水泥浆或与混凝土内成分相同的水泥砂浆;浇筑混凝土时应细致捣实,使新旧混凝土紧密结合。

3)承受动力作用的设备基础的施工缝,在水平施工缝上继续浇筑混凝土前,应对地脚螺栓进行一次观测校准;标高不同的两个水平施工缝,其高低结合处应留成台阶形,并且台阶的高宽比不得大于1.0;垂直施工缝应加插钢筋,其直径为12~16 mm,长度为500~600 mm,间距为500 mm,在台阶式施工缝的垂直面上也应补插钢筋;施工缝的混凝土表面应凿毛,在继续浇筑混凝土前,应用水冲洗干净,湿润后在表面上抹10~15 mm厚与混凝土内成分相同的一层水泥砂浆;继续浇筑混凝土时,该处应仔细捣实。

4)后浇缝宜做成平直缝或阶梯缝,钢筋不切断。后浇缝应在其两侧混凝土龄期达30~40 d后,将接缝处混凝土凿毛、洗净、湿润、刷水泥浆一层,再用强度不低于两侧混凝土的补偿收缩混凝土浇筑密实并养护14 d以上。

(2)混凝土浇筑中常见的施工缝留设位置及方法。

1)柱的施工缝留在基础的顶面、梁或起重机梁牛腿的下面或起重机梁的上面、无梁楼板柱帽的下面,如图4-31所示,在框架结构中(如梁的负筋弯入柱内)施工缝可留置在这些钢筋的下端。

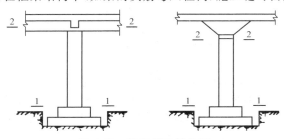

图4-31　柱子施工缝位置

1—1、2—2—施工缝位置

2)梁板、肋形楼板施工缝留置应符合下列要求:

①与板连成整体的大截面梁,留在板底面以下20~30 mm处;当板下有梁托时,留在梁托下部。单向板可留置在平行于板的短边的任何位置(但为方便施工缝的处理,一般留在跨中1/3跨度范围内)。

②在主、次梁的肋形楼板,宜顺着次梁方向浇筑,施工缝底留置在次梁跨度中间1/3范围内无负弯矩钢筋与之相交叉的部位,如图4-32所示。

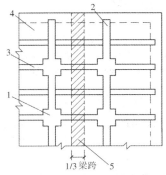

1/3梁跨

图4-32　有主、次梁楼板施工缝的留置

1—柱;2—主梁;3—次梁;4—楼板;

5—按次梁方向浇筑混凝土,可留施工缝范围

3)墙施工缝宜留置在门洞口过梁跨中 1/3 跨度范围内,也可留在纵横墙的交接处。

4)楼梯、圈梁施工缝留置应符合下列要求:

①楼梯施工缝留设在楼梯段跨中 1/3 跨度范围内无负弯矩筋的部位。

②圈梁施工缝留在非砖墙交接处、墙角、墙垛及门窗洞范围内。

5)箱形基础施工缝的留置。箱形基础的底板、顶板与外墙的水平施工缝设在底板顶面以上及顶板底面以下 300～500 mm 为宜,接缝宜设钢板、橡胶止水带或凸形企口缝;底板与内墙的施工缝可设在底板与内墙交接处;而顶板与内墙的施工缝,其位置应视剪力墙插筋的长短而定,一般在 1 000 mm 以内即可;箱形基础外墙垂直施工可设在离转角 1 000 mm 处,采取相对称的两块墙体一次浇筑施工,间隔 5～7 d,待收缩基本稳定后,再浇筑另一相对称墙体。内隔墙可在内墙与外墙交接处留设施工缝,一次浇筑完成,内墙本身一般不再留垂直施工缝,如图 4-33 所示。

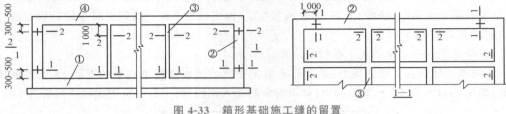

图 4-33　箱形基础施工缝的留置
①—底板;②—外墙;③—内隔墙;④—顶板
1—1、2—2—施工缝位置

6)地坑、水池施工缝的留置。底板与立壁施工缝,可留在立壁上距坑(池)底板混凝土面上部 200～500 mm 的范围内,转角宜做成圆角或折线形;顶板与立壁施工缝留在板下部 20～30 mm 处,如图 4-34(a)所示;大型水池可从底板、池壁到顶板在中部留设后浇带,使之形成环状,如图 4-34(b)所示。

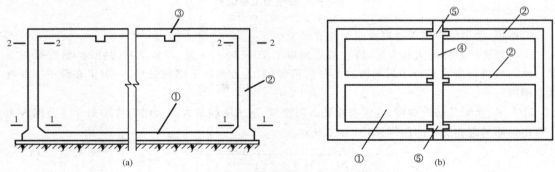

图 4-34　地坑、水池施工缝的留置
(a)水平施工缝留置;(b)后浇带留置(平面)
①—底板;②—墙壁;③—顶板;④—底板后浇带;⑤—墙壁后浇带
1—1、2—2—施工缝位置

7)大型设备基础施工缝应符合以下要求:

①受动力作用的设备基础互不相依的设备与机组之间、输送辊道与主基础之间可留垂直施工缝,但与地脚螺栓中心线间的距离不得小于 250 mm,且不得小于螺栓直径的 5 倍,如图 4-35(a)所示。

②水平施工缝可留置在低于地脚螺栓底端,其与地脚螺栓底端的距离应大于 150 mm;当地脚螺栓直径小于 30 mm 时,水平施工缝可留置在不小于地脚螺栓埋入混凝土部分总长度的 3/4 处,如图 4-35(b)所示;水平施工缝也可留置在基础底板与上部块体或沟槽交界处,如图 4-35(c)所示。

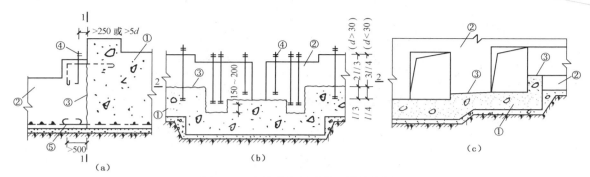

图 4-35 大型设备基础施工缝的留置

(a)两台机组之间适当地方留置施工缝;(b)基础分两次浇筑施工缝留置;(c)基础底板与上部块体、沟槽施工缝留置

①—第一次浇筑混凝土;②—第二次浇筑混凝土;③—施工缝;④—地脚螺栓;⑤—钢筋

d—地脚螺栓直径;l—地脚螺栓埋入混凝土长度

③对受动力作用的重型设备基础不允许留置设施工缝时,可在主基础与辅助设备基础、沟道、辊道之间受力较小部位留设后浇缝,如图 4-36 所示。

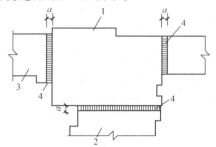

图 4-36 后浇缝留置

1—主体基础;2—辅助基础;3—辊道或沟道;4—后浇缝

a—后浇缝宽度

### 3. 混凝土的振捣

(1)每一振点的振捣延续时间,应使混凝土表面呈现浮浆且不再沉落。

(2)当采用插入式振动器时,捣实普通混凝土的移动间距,不宜大于振捣器作用半径的 1.5 倍,如图 4-37 所示。捣实轻集料混凝土的移动间距,不宜大于其作用半径;振捣器与模板的距离,不应大于其作用半径的 0.5 倍,并应避免碰撞钢筋、模板、预埋件等;振捣器插入下层混凝土内的深度不应小于 50 mm。一般每点振捣时间为 20～30 s;使用高频振动器时,最短不应少于 10 s,应使混凝土表面呈水平且以不再显著下沉、不再出现气泡、表面泛出灰浆为准。振动器插点要均匀排列,可采用"行列式"或"交错式",以图 4-38 所示的次序移动,不应混用,以免造成混乱而发生漏振。

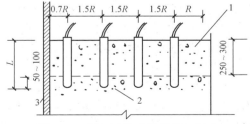

图 4-37 插入式振动器的插入深度

1—新浇筑的混凝土;2—下层已振捣但尚未初凝的混凝土;3—模板

R—振动器的有效作用半径

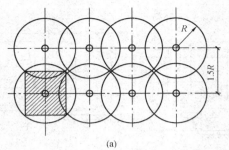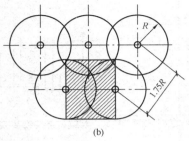

$$(a) \qquad\qquad\qquad\qquad (b)$$

图 4-38　振捣点的布置

(a)行列式；(b)交错式

R—振动器的有效作用半径

(3)采用表面振动器时,在每一位置上应连续振动一定时间,正常情况下为 25～40 s,但以混凝土面均匀出现浆液为准,移动时应成排依次振动前进,前后位置和排与排间应相互搭接 30～50 mm,防止漏振。振动倾斜混凝土表面时,应由低处逐渐向高处移动,以保证混凝土振实。表面振动器的有效作用深度,在无筋及单筋平板中为 200 mm,在双筋平板中约为 120 mm。

(4)采用外部振动器时,振动时间和有效作用随结构形状、模板坚固程度、混凝土坍落度及振动器功率大小等各项因素而定。一般每隔 1～1.5 m 的距离设置一个振动器。当混凝土呈水平面且不再出现气泡时,可停止振动。必要时应通过试验确定振动时间。待混凝土入模后方可开动振动器,混凝土浇筑高度要高于振动器安装部位。当钢筋较密和构件断面较深较窄时,也可采取边浇筑边振动的方法。外部振动器的振动作用深度在 250 mm 左右,如构件尺寸较厚时,需在构件两侧安设振动器同时进行振捣。

## 五、混凝土养护

混凝土浇筑捣实后,逐渐凝固硬化,这个过程主要由水泥的水化作用来实现,而水化作用必须在适当的温度和湿度条件下才能完成。因此,为了保证混凝土有适宜的硬化条件,使其强度不断增长,必须对混凝土进行养护。

混凝土浇筑后,如气候炎热、空气干燥,不及时进行养护,混凝土中的水分蒸发过快,易出现脱水现象,使已形成凝胶体的水泥颗粒不能充分水化,不能转化为稳定的结晶,缺乏足够的粘结力,从而会使混凝土表面出现片状或粉状剥落,影响混凝土的强度。另外,在混凝土尚未具备足够的强度时,水分过早地蒸发,还会产生较大的变形,出现干缩裂缝,影响混凝土的整体性和耐久性。因此,混凝土养护绝不是一件可有可无的事,而是一个重要的环节,应严格按照规定要求进行。

混凝土养护方法可分为自然养护和蒸汽养护两种。

### 1.自然养护

自然养护是指利用平均气温高于 5 ℃的自然条件,用保水材料或草帘等对混凝土加以覆盖后适当浇水,使混凝土在一定的时间内在湿润状态下硬化。

(1)开始养护时间。当最高气温低于 25 ℃时,混凝土浇筑完毕后应在 12 h 以内开始养护;当最高气温高于 25 ℃时,应在 6 h 以内开始养护。

(2)养护天数。浇水养护时间的长短视水泥品种而定,硅酸盐水泥、普通硅酸盐水泥和矿渣硅酸盐水泥拌制的混凝土,不得少于 7 d;火山灰质硅酸盐水泥和粉煤灰硅酸盐水泥拌制的混凝土或有抗渗性要求的混凝土,不得少于 14 d。混凝土必须养护至其强度达到 1.2 MPa 以后,方准在其上踩踏和安装模板及支架。

(3)浇水次数。应使混凝土保持适当的湿润状态。养护初期,水泥的水化反应较快,需水也较多,所以要特别注意在浇筑以后头几天的养护工作。另外,在气温高、湿度低时,也应增加洒水的次数。

(4)喷洒塑料薄膜养护。将过氯乙烯树脂塑料溶液用喷枪洒在混凝土表面,溶液挥发后在混凝土表面形成一层塑料薄膜,使混凝土与空气隔绝,阻止水分的蒸发,以保证水化作用的正常进行。所选薄膜在养护完成后,能自行老化脱落。在构件表面喷洒塑料薄膜来养护混凝土,适用于不易洒水养护的高耸构筑物和大面积混凝土结构。

2.蒸汽养护

蒸汽养护就是将构件放置在有饱和蒸汽或蒸汽空气混合物的养护室内,在较高的温度和相对湿度的环境中进行养护,以加速混凝土的硬化,使混凝土在较短的时间内达到规定的强度标准值。蒸汽养护过程分为静停、升温、恒温、降温四个阶段。

(1)静停阶段。混凝土构件成型后在室温下停放养护,时间为 2～6 h,以防止构件表面产生裂缝和疏松现象。

(2)升温阶段。此阶段是构件的吸热阶段。升温速度不宜过快,以免构件表面和内部产生过大温差而出现裂纹。对于薄壁构件(如多肋楼板、多孔楼板等),每小时不得超过 25 ℃;其他构件不得超过 20 ℃;用干硬性混凝土制作的构件,不得超过 40 ℃。

(3)恒温阶段。此阶段是升温后温度保持不变的时间。此时强度增长最快,这个阶段应保持90%～100%的相对湿度;最高温度不得大于 95 ℃,时间为 3～5 h。

(4)降温阶段。此阶段是构件散热过程。降温速度不宜过快,每小时不得超过 10 ℃,出池后,构件表面与外界温差不得大于 20 ℃。

## 单元五　混凝土结构工程冬期施工

根据当地多年气温资料,室外日平均气温连续 5 d 稳定低于 5 ℃时,混凝土结构工程应按冬期施工要求组织施工。冬期施工时,气温低,水泥水化作用减弱,新浇混凝土强度增长明显地延缓,当温度降至 0 ℃以下时,水泥水化作用基本停止,混凝土强度也停止增长。特别是温度降至混凝土冰点温度以下时,混凝土中的游离水开始结冰,结冰后的水体积膨胀约 9%。在混凝土内部产生冰胀应力,致使结构强度降低。受冻的混凝土在解冻后,其强度虽能继续增长,但已不能达到原设计的强度等级。试验证明,混凝土的早期冻害是由于内部析水结冰所致。混凝土在浇筑后立即受冻,抗压强度约损失 50%,抗拉强度约损失 40%。试验证明,混凝土遭受冻结带来的危害与遭冻的时间早晚、水胶比、水泥强度等级、养护温度等有关。

冬期浇筑的混凝土在受冻以前必须达到的最低强度,称为混凝土受冻临界强度。在受冻前,不同的混凝土受冻临界强度应达到如下标准:硅酸盐水泥或普通硅酸盐水泥配制的混凝土不得低于其设计强度标准的 30%;矿渣硅酸盐水泥配制的混凝土不得低于其设计强度标准值的 40%;C10 及以下的混凝土不得低于 5.0 N/mm²;掺防冻剂的混凝土,温度降低到防冻剂规定温度以下时,混凝土的强度不得低于 3.5 N/mm²。

### 一、混凝土冬期施工的一般规定

一般情况下,混凝土冬期施工要求在常温下浇筑、养护,使混凝土强度在冰冻前达到受冻临界强度,在冬期施工时对原材料和施工过程均要求有必要的措施,来保证混凝土的施工质量。

### 1. 对材料的要求及加热

(1)冬期施工中配制混凝土用的水泥，应优先选用活性高、水化热大的硅酸盐水泥和普通硅酸盐水泥。水泥的强度等级不应低于 42.5R 级。最小水泥用量不宜少于 $300 \ kg/m^3$，水胶比不应大于 0.6。使用矿渣硅酸盐水泥时，宜采用蒸汽养护；使用其他品种水泥，应注意其中掺和材料对混凝土抗冻抗渗等性能的影响。冷混凝土法施工宜优先选用含引气成分的外加剂，含气量宜控制在 2%～4%。掺用防冻剂的混凝土，严禁使用高铝水泥。

(2)混凝土所用集料必须清洁，不得含有冰、雪等冰结物及易冻裂的矿物质。冬期集料所用储备场地应选择地势较高、不积水的地方。

(3)冬期施工对组成混凝土材料的加热，应优先考虑加热水，因为水的热容量大，加热方便，但加热温度不得超过表 4-19 所规定的数值。当水、集料达到规定温度仍不能满足热工计算要求时，可提高水温到 100 ℃，但水泥不得与 80 ℃以上的水直接接触。水的常用加热方法有三种，即用锅烧水、用蒸汽加热水和用电极加热水。水泥不得直接加热，使用前宜运入暖棚存放。

表 4-19 拌合水及集料的最高温度℃

| 序号 | 水泥品种及强度等级 | 拌合水 | 集料 |
|---|---|---|---|
| 1 | 强度等级小于 42.5 级的普通硅酸盐水泥、矿渣硅酸盐水泥 | 80 | 60 |
| 2 | 强度等级大于或等于 42.5 级的普通硅酸盐水泥、硅酸盐水泥 | 60 | 40 |

冬期施工拌制混凝土的砂、石温度要符合热工计算需要温度。集料加热的方法有：将集料放在底下加温的铁板上面直接加热；或者通过蒸汽管、电热线加热等。但不得用火焰直接加热集料，并应控制加热温度。加热的方法可因地制宜，以蒸汽加热法为好，其优点是加热温度均匀，热效率高；缺点是集料中的含水量增加。

(4)钢筋冷拉可在负温下进行，但冷拉温度不宜低于－20 ℃。当采用控制应力方法时，冷拉控制应力较常温下提高 $30 \ N/mm^2$；当采用冷拉率控制方法时，冷拉率与常温时相同。钢筋的焊接宜在室内进行。如必须在室外焊接，最低气温不低于－20 ℃，具有防雪和防风措施。刚焊接的接头严禁立即碰到冰雪，避免造成冷脆现象。

(5)冬期浇筑的混凝土，宜使用无氯盐类防冻剂，对抗冻性要求高的混凝土，宜使用引气剂或引气减水剂。

### 2. 混凝土的搅拌、运输和浇筑

(1)混凝土的搅拌。混凝土不宜露天搅拌，应尽量搭设暖棚，优先选用大容量的搅拌机，以减少混凝土的热损失。混凝土搅拌时间应根据各种材料的温度情况，考虑相互间的热平衡过程，可通过试拌确定延长的时间，一般为常温搅拌时间的 1.25～1.5 倍。拌制混凝土的最短时间应符合规定。搅拌混凝土时，集料中不得带有冰、雪及冻土。

拌制掺用防冻剂的混凝土，当防冻剂为粉剂时，可按要求掺量直接撒在水泥上面，和水泥同时投入；当防冻剂为液体时，应先配制成规定浓度溶液，然后再根据使用要求，用规定浓度溶液再配制成施工溶液。各溶液应分别置于明显标志的容器内，不得混淆，每班使用的外加剂溶液应一次配制完成。

配制与加入防冻剂，应设专人负责并做好记录，严格按剂量要求掺入。

混凝土拌合物的出机温度不宜低于 10 ℃。

(2)混凝土的运输。混凝土的运输过程是热损失的关键阶段，应采取必要的措施减少混凝土的热损失，同时应保证混凝土的和易性。常用的主要措施为减少运输时间和距离，使用大容积的运输工具并采取必要的保温措施,保证混凝土入模温度不低于 5 ℃。

（3）混凝土的浇筑。混凝土在浇筑前,应清除地基、模板和钢筋上的冰雪和污垢,并应进行覆盖保温。尽量加快混凝土的浇筑速度,防止热量散失过多。当采用加热养护时,混凝土养护前的温度不得低于 2 ℃。

冬期不得在强冻胀性地基土上浇筑混凝土。当在弱冻胀性地基土上浇筑混凝土时,地基土应进行保温,以免遭冻。对加热养护的现浇混凝土结构,混凝土的浇筑程序和施工缝的位置,应能防止在加热养护时产生较大的温度应力。当分层浇筑厚大整体结构时,已浇筑层的混凝土温度,在被上一层混凝土覆盖前,不得低于按热工计算的温度,且不得低于 2 ℃。

冬期施工混凝土振捣应用机械振捣,振捣时间应比常温时有所增加。

## 二、混凝土冬期施工方法

混凝土冬期施工主要有蓄热法、蒸汽加热法、电热法、暖棚法和掺外加剂法等。但无论采用什么方法,均应保证混凝土在冻结以前,至少应达到临界强度。

### 1. 蓄热法

蓄热法就是将具有一定温度的混凝土浇筑完后,在其表面用草帘、锯末、炉渣等保温材料加以覆盖,避免混凝土的热量和水泥的水化热散失太快,保证混凝土在冻结前达到所要求强度的一种冬期施工方法。

蓄热法适用于室外最低气温不低于 −15 ℃ 时,地面以下的工程或表面系数不大于5(结构冷却的表面积与其全部体积的比值)的结构混凝土的冬期养护。如选用适当的保温材料,采用快硬早强水泥,在混凝土外部进行早期短时加热和采取掺入早强型外加剂等措施,则可进一步扩大蓄热法的应用范围,这是混凝土冬期施工较经济、简单而有效的方法。

### 2. 蒸汽加热法

蒸汽加热法就是利用蒸汽使混凝土保持一定的温度和湿度,以加速混凝土硬化。蒸汽加热法除预制厂用的蒸汽养护窑外,在现浇结构中还有汽套法、毛管法和构件内部通汽法等。

（1）汽套法。汽套法是在构件模板外再加设密封的套板模,模板与套板间的空隙不宜超过 150 mm,在套板内通入蒸汽加热养护混凝土。汽套法加热均匀,但设备复杂、费用大,只有在特殊条件下用于养护梁、板等水平构件。

（2）毛管法。毛管法即在模板内侧做成凹槽,凹槽上盖以钢板,在凹槽内通入蒸汽进行加热。毛管法用汽少、加热均匀,适用于养护柱、墙等垂直结构。另外,也有在大模板的背面装设蒸汽管道,再用薄钢板封闭,适当加以保温的做法,用于大模板工程冬期施工。

（3）构件内部通汽法。构件内部通汽法是在浇筑构件时先预留孔道,再将蒸汽送入孔道内加热混凝土,待混凝土达到要求的强度后,随即用砂浆或细石混凝土灌入孔道内加以封闭。

采用蒸汽加热的混凝土,宜选用矿渣水泥及火山灰质水泥,严禁使用矾土水泥。普通水泥的加热温度不得超过 80 ℃;矿渣水泥与火山灰质水泥的加热温度可提高到 85 ℃～95 ℃,湿度必须保持 90%～95%。为了避免温差过大,防止混凝土产生裂缝,应严格控制混凝土的升温速度与降温速度:当表面系数 $M \geqslant 6$ 时,每小时升温不大于 $15\%$,降温不大于 $10$ ℃;当表面系数 $M < 6$ 时,每小时升温不大于 $10$ ℃,降温不大于 $5$ ℃。模板和保温层应在混凝土冷却到 5 ℃ 后方可拆除。当混凝土与外界的温差大于 $20$ ℃ 时,拆模后的混凝土表面还应用保温材料临时覆盖,使其缓慢冷却。未完全冷却的混凝土有较高的脆性,避免承受冲击或动荷载,以防开裂。

### 3. 电热法

电热法是利用电流通过不良导体混凝土或电阻丝所发出的热量来养护混凝土。电热法主要分为电极法和电热器法两类。

（1）电极法。电极法即在新浇筑的混凝土中，每隔一定间距（200～400 mm）插入电极（Φ6～Φ12短钢筋），接通电源，利用混凝土本身的电阻变电能为热能。电热时，要防止电极与钢筋接触而引起短路。对于较薄的构件，也可将薄钢板固定在模板内侧作为电极。

（2）电热器法。电热器法是利用电流通过电阻丝产生的热量进行加热养护。根据需要，将电热器制成板状，用以加热现浇楼板；也可将电热器制成针状，用以加热装配整体式的框架接点；对于用大模板施工的现浇墙板，则可用电热模板（大模板背面装电阻丝形成热夹具层，其外用薄钢板包矿渣棉封严）加热等。

电热应采用交流电（因直流电会使混凝土内水分分解），电压为50～110 V，以免产生强烈的局部过热和混凝土脱水现象。只有在无筋或少筋结构中，才允许采用电压为120～220 V的交流电加热。电热应在混凝土表面覆盖后进行。在电热过程中，应注意观察混凝土外露表面的温度。当表面开始干燥时，应先断电并浇温水湿润混凝土表面。电热法养护混凝土的温度应符合表4-20的规定，当混凝土强度达到50%时，即可停止电热。

表4-20　电热法养护混凝土的温度　　　　　　　　　　　　　　℃

| 水泥强度等级 | 结构表面系数 | | |
|---|---|---|---|
| | <10 | 10～15 | >15 |
| 32.5 | 70 | 50 | 45 |
| 42.5 | 40 | 40 | 35 |

电热法设备简单、施工方便有效，但耗电量大、费用高，应慎重选用并注意施工安全。

4. 暖棚法

暖棚法是在混凝土浇筑地点用保温材料搭设暖棚，在棚内采暖，使温度升高，可使混凝土养护如同在常温中一样。

采用暖棚法养护时，棚内温度不得低于5 ℃并应保持混凝土表面湿润。

5. 掺外加剂法

根据不同性能的外加剂，可以起到抗冻、早强、促凝、减水、降低冰点等作用，能使混凝土在负温下继续硬化，而无须采取任何加热保温措施，这是混凝土冬期施工的一种有效方法，可以简化施工、节约能源，还可改善混凝土的性能。

## 模块小结

本模块主要介绍了混凝土工程中的模板工程、钢筋工程和混凝土工程等内容。在模板工程中，以胶合板、木模板、组合钢模板为主学习模板的基础，掌握模板的构造组成及安装。在钢筋工程中，主要包括钢筋的分类及验收堆放，钢筋的加工、连接、配料、代换和安装方法等。其中，钢筋的冷拉控制方法及冷拔应重点掌握；钢筋的连接中对焊和电弧焊在工程中应用较广，也应作为学习的主要内容。在混凝土工程中，包括混凝土的配料、搅拌、运输、浇筑、振捣与养护，应根据各工地实际的粗、细集料含水率进行现场混凝土施工配料，了解自落式和强制式搅拌机的正确选择与搅拌机的使用。另外,控制好搅拌时间是搅拌好混凝土的关键,对提高混凝土质量和节约水泥很有意义。

## 思考与练习

### 一、填空题

1. 混凝土结构工程按施工方法,可分为_____和_____两类。

2. 混凝土结构工程由_____、_____和_____三部分组成。

3. 钢筋混凝土模板用的胶合板有_____和_____两类。

4. 柱模板底部开有清理孔,沿高度每隔_____开有浇筑孔。

5. 组合钢模板主要由_____、_____和_____三部分组成。

6. 冷拉钢筋的控制方法有_____和_____两种方法。

7. 钢筋调直分_____和_____两种。

8. 钢筋弯曲成型的方法有_____和_____两种。

9. _____是在试验室根据混凝土的配制强度经过试配和调整而确定的。

10. 目前普遍使用的搅拌机根据其搅拌机理,可分为_____和_____两大类。

11. _____是指利用平均气温高于 5 ℃的自然条件,用保水材料或草帘等对混凝土加以覆盖后适当浇水,使混凝土在一定的时间内在湿润状态下硬化。

### 二、选择题

1. 模板按施工方法分类不包括( )。

   A. 现场装拆式模板　　B. 固定式模板　　　　C. 移动式模板　　　　D. 装配式模板

2. 由固定单元形成的固定标准系列,多用于高层建筑的墙板体系的模板是( )。

   A. 现浇混凝土模板　　B. 大模板　　　　　　C. 预组装模板　　　　D. 跃升模板

3. 代换后的钢筋用量不宜大于原设计用量的百分比和不宜低于原设计用量的百分比为( )。

   A. 3%,2%　　　　　B. 5%,1%　　　　　　C. 3%,1%　　　　　　D. 5%,2%

4. 混凝土浇筑前,自由倾落高度不应超过( )m。

   A. 1.5　　　　　　　B. 2.0　　　　　　　　C. 2.5　　　　　　　　D. 3.0

5. 混凝土施工缝宜留置在( )。

   A. 结构受剪力较小且便于施工的位置　　　　B. 遇雨停工处

   C. 结构受弯矩较小且便于施工的位置　　　　D. 结构受力复杂处

6. 浇筑墙体混凝土前,其底部应先浇( )。

   A. 5～10 mm 厚水泥浆

   B. 5～10 mm 厚与混凝土内砂浆成分相同的水泥砂浆

   C. 5～100 mm 厚与混凝土内砂浆成分相同的水泥砂浆

   D. 100 mm 厚石子增加一倍的混凝土

7. 混凝土拌合物的出机温度不宜低于( )℃。

   A. 5　　　　　　　　B. 10　　　　　　　　C. 15　　　　　　　　D. 20

### 三、简答题

1. 简述模板的拆除顺序及注意事项。

2. 钢筋连接方式有哪几种?

3. 什么是钢筋电弧焊? 钢筋电弧焊的接头形式有哪些?

4. 钢筋套筒挤压连接有哪两种形式?

5. 钢筋制作前的准备工作有哪些?

6. 混凝土搅拌方法有哪两种?

7. 混凝土的运输可分为哪三种方式?

8. 蒸汽养护过程分为哪几个阶段?

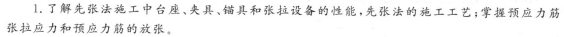

# 模块五　预应力混凝土工程

### 知识目标

1.了解先张法施工中台座、夹具、锚具和张拉设备的性能,先张法的施工工艺;掌握预应力筋张拉应力和预应力筋的放张。

2.了解后张法施工中锚具及张拉设备的性能,后张法的施工工艺;掌握后张法预应力筋的制作、后张法预留孔道及孔道灌浆。

3.了解无粘结预应力筋的制作;掌握无粘结预应力混凝土施工工艺。

### 能力目标

能根据实际情况合理地选择预应力混凝土的施工方法。

## 单元一　先张法施工

先张法是在浇筑混凝土前张拉预应力筋,并将张拉的预应力筋临时固定在台座或钢模上,然后再浇筑混凝土的施工方法。待混凝土达到一定强度(一般不低于设计强度等级的75%),保证预应力筋与混凝土有足够粘结力时,放张预应力筋,借助于混凝土与预应力筋的粘结,使混凝土产生预压应力。

先张法适用于生产小型预应力混凝土构件,其生产方式有台座法和机组流水法。台座法是构件在专门设计的台座上生产,即预应力筋的张拉与固定、混凝土的浇筑与养护及预应力筋的放张等工序均在台座上进行,如图 5-1 所示。机组流水法是利用特制的钢模板,构件连同钢模板通过固定的机组,按流水方式完成其生产过程。

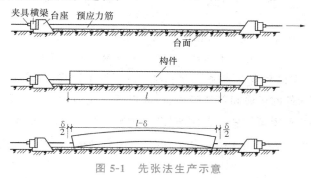

图 5-1　先张法生产示意

## 一、先张法施工设备

先张法的施工设备主要有台座、夹具和张拉设备等。

### (一)台座

台座是先张法生产的主要设备之一,它承受预应力筋的全部张拉力。因此,台座应有足够的强度、刚度和稳定性,以免因变形、倾覆、滑移而引起预应力值的损失。台座按构造形式不同可分为墩式台座和槽式台座两类。选用时应根据构件的种类、张拉力的大小和施工条件而定。

#### 1.墩式台座

墩式台座由承力台墩、台面和横梁组成,如图5-2所示。

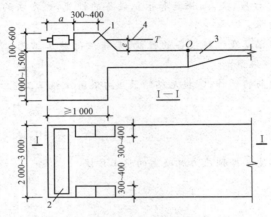

图 5-2 墩式台座

1—承力台墩;2—横梁;3—台面;4—预应力筋

墩式台座的长度和宽度由场地大小、构件类型和产量决定,一般长度宜为100~150 m,宽度宜为2~4 m,这样既可利用钢丝长的特点,张拉一次就可生产多根(块)构件,又可以减少因钢丝滑动或台座横梁变形而引起的预应力损失。

#### 2.槽式台座

槽式台座由钢筋混凝土压杆和上、下横梁以及砖墙等组成,如图5-3所示。

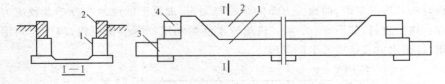

图 5-3 槽式台座

1—钢筋混凝土压杆;2—砖墙;3—下横梁;4—上横梁

钢筋混凝土压杆是槽式台座的主要受力结构。为了便于拆移,常采用装配式结构,每段长度为5~6 m。为了便于构件的运输和蒸汽养护,台面以低于地面为宜,采用砖墙来挡土和防水,同时,也作为蒸汽养护的保温侧墙。槽式台座的长度一般为45~76 m,适用于张拉力较高的大型构件,如起重机梁、屋架等。另外,由于槽式台座有上、下两个横梁,能进行双层预应力混凝土构件的张拉。

## (二)夹具

### 1.夹具的要求

(1)夹具的各部件质量必须合格,预应力筋夹具组装件的锚固性能必须满足结构要求。

(2)夹具的静载锚固性能,应由预应力筋夹具组装件静荷载试验测定的夹具效率系数确定。夹具效率系数 $\eta_s$ 按下式计算:

$$\eta_s = \frac{F_{spu}}{\eta_p F_{spu}^0}$$

式中　$F_{spu}$ ——预应力夹具组装件的实测极限拉力;

　　　$F_{spu}^0$ ——预应力夹具组装件中各根预应力钢材计算极限拉力之和;

　　　$\eta_p$ ——预应力筋的效率系数,预应力筋为消除应力钢丝、钢绞线或热处理钢筋时,$\eta_p$ 取 0.97。

夹具的静荷载锚固性能应满足:$\eta_s \geq 0.95$。

(3)当预应力夹具组装件达到实际极限拉力时,全部零件不应出现肉眼可见的裂缝和破坏。

(4)有良好的自锚性能。

(5)有良好的松锚性能。

(6)能多次重复使用。

### 2.张拉夹具

(1)偏心式夹具。偏心式夹具用作钢丝的张拉。张拉夹具是由一对带齿的有牙形偏心块组成的,如图 5-4 所示。偏心块可用工具钢制作,其刻齿部分的硬度较所夹钢丝的硬度大。这种夹具构造简单,使用方便。

(2)压销式夹具。压销式夹具是用于直径为 12～16 mm 的 HPB300、HRB400 级钢筋的张拉夹具,它是由销片和楔形压销组成的,如图 5-5 所示。销片 2、3 有与钢筋直径相适应的半圆槽,槽内有齿纹用以夹紧钢筋。当楔紧或放松楔形压销 4 时,便可夹紧或放松钢筋。

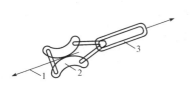

图 5-4　偏心式夹具

1—钢丝;2—偏心块;
3—环(与张拉机械连接)

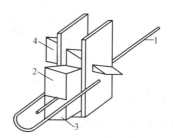

图 5-5　压销式夹具

1—钢筋;2—销片(楔形);
3—销片;4—楔形压销

### 3.锚固夹具

(1)钢质锥形夹具。钢质锥形夹具主要用来锚固直径为 3～5 mm 的单根钢丝夹具,如图 5-6 所示。

(2)墩头夹具。墩头夹具适用于预应力钢丝固定端的锚固,如图5-7所示。

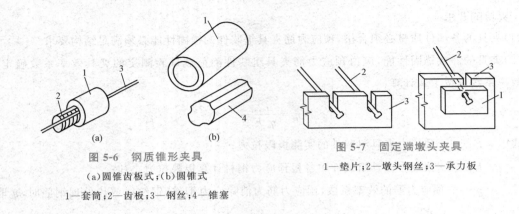

图 5-6　钢质锥形夹具

(a)圆锥齿板式;(b)圆锥式

1—套筒;2—齿板;3—钢丝;4—锥塞

图 5-7　固定端墩头夹具

1—垫片;2—墩头钢丝;3—承力板

### (三)张拉设备

张拉设备要求工作可靠,控制应力准确,能以稳定的速度加大拉力。常用的张拉设备有油压千斤顶、电动卷扬张拉机、电动螺杆张拉机等。

#### 1.油压千斤顶

油压千斤顶可用来张拉单根或多根成组的预应力筋,可直接从油压表的读数求得张拉应力值。图5-8所示为YC-20型穿心式千斤顶张拉过程。成组张拉时,由于拉力较大,一般用油压千斤顶张拉,如图5-9所示。

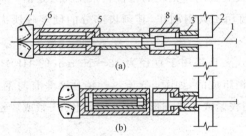

图 5-8　YC-20 型穿心式千斤顶张拉过程示意

(a)张拉;(b)暂时锚固,回油

1—钢筋;2—台座;3—穿心式夹具;4—弹性顶压头;

5、6—油嘴;7—偏心式夹具;8—弹簧

#### 2.电动卷扬张拉机

电动卷扬张拉机主要用在长线台座上张拉冷拔低碳钢丝,常用 LYZ-1 型电动卷扬张拉机最大张拉力为 10 kN,张拉行程为 5 m,张拉速度为 2.5 m/min,电动机功率为 0.75 kW。该机型号可分为 LYZ-1B 型(夹轨式)和 LYZ-1A 型(支撑式)两种。LYZ-1B 型适用于固定式大型预制场地,左右移动轻便、灵活、动作快,生产效率高;LYZ-1A 型适用于多处预制场地,移动变换场地方便。其构造如图5-10所示。

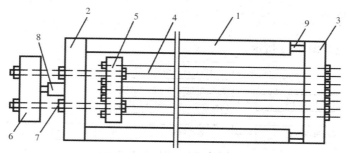

**图 5-9  油压千斤顶成组张拉**

1—台座;2、3—前后横梁;4—钢筋;5、6—拉力架横梁;

7—大螺丝杆;8—油压千斤顶;9—放松装置

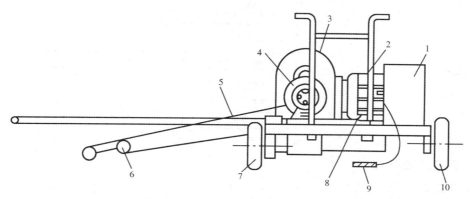

**图 5-10  LYZ-1A 型电动卷扬张拉机**

1—电气箱;2—电动机;3—减速箱;4—卷筒;5—撑杆;

6—夹钳;7—前轮;8—测力计;9—开关;10—后轮

### 3.电动螺杆张拉机

电动螺杆张拉机既可以张拉预应力钢筋也可以张拉预应力钢丝。它是由张拉螺杆、电动机、变速箱、测力装置、拉力架、承力架和张拉夹具等组成的,其最大张拉力为 600 kN,张拉行程为 800 mm,张拉速度为 2 m/min,自重为 400 kg。为了便于工作和转移,将其装置在带轮的小车上。电动螺杆张拉机的结构如图 5-11 所示。

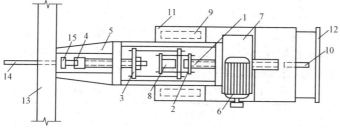

**图 5-11  电动螺杆张拉机的结构**

1—张拉螺杆;2、3—拉力架;4—张拉夹具;5—顶杆;6—电动机;

7—齿轮减速机;8—测力计;9、10—车轮;11—底盘;

12—手把;13—横梁;14—钢筋;15—锚固夹具

## 二、先张法施工工艺

先张法施工工艺如图 5-12 所示。

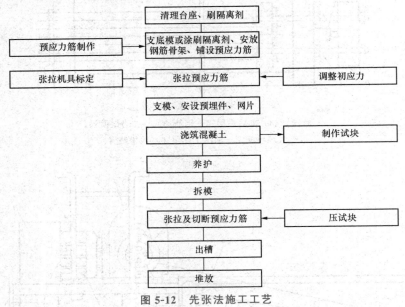

图 5-12 先张法施工工艺

### (一)预应力筋张拉

预应力筋张拉应根据设计要求,采用合适的张拉方法、张拉顺序、张拉设备及张拉程序进行,并应有可靠的质量保证措施和安全技术措施。

预应力筋可单根张拉也可多根同时张拉。当预应力筋数量不多,且张拉设备拉力有限时,常采用单根张拉;当预应力筋数量较多,且张拉设备拉力较大时,则可采用多根同时张拉。在确定预应力筋的张拉顺序时,应考虑尽可能减少倾覆力矩和偏心力,先张拉靠近台座截面重心处的预应力筋,再轮流对称张拉两侧的预应力筋。

**1.张拉控制应力**

预应力筋的张拉工作是预应力施工中的关键工序,应严格按设计要求进行。预应力筋张拉控制应力的大小直接影响预应力效果,影响到构件的抗裂度和刚度,因而控制应力不能过低;但是,控制应力也不能过高,不得超过其屈服强度,以使预应力筋处于弹性工作状态。否则会使构件出现裂缝的荷载接近破坏荷载,这很危险。过大的超张拉会造成反拱过大,在预拉区出现裂缝也是不利的。预应力筋的张拉控制应力应符合设计要求。当施工中预应力筋需要超张拉时,可比设计要求提高 5%,但其最大张拉控制应力不得超过表 5-1 的规定。

表 5-1 张拉控制应力值和最大张拉控制应力

| 钢筋种类 | 张拉控制应力限值 | | 超张拉最大张拉控制应力 |
| --- | --- | --- | --- |
| | 先张法 | 后张法 | |
| 消除应力钢丝、钢绞线 | $0.75f_{ptk}$ | $0.75f_{ptk}$ | $0.80f_{ptk}$ |
| 冷轧带肋钢筋 | $0.70f_{ptk}$ | — | $0.75f_{ptk}$ |
| 精轧带肋钢筋 | — | $0.85f_{pyk}$ | $0.95f_{pyk}$ |
| 注:$f_{ptk}$是指根据极限抗拉强度确定的强度标准值;$f_{pyk}$是指根据屈服强度确定的强度标准值。 | | | |

钢丝、钢绞线属于硬钢,冷拉热轧钢筋属于软钢。硬钢和软钢可根据它们是否存在屈服点划分,由于硬钢无明显屈服点,塑性较软钢差,所以,其控制应力系数较软钢低。

2.张拉程序

预应力筋张拉程序有以下两种:

$$0 \xrightarrow{\phantom{xxx}} 105\%\,\sigma_{con} \xrightarrow{\text{持载 2 min}} \sigma_{con}$$

$$0 \xrightarrow{\phantom{xxx}} 103\%\,\sigma_{con}$$

这两种张拉程序是等效的,施工中可根据构件设计标明的张拉力大小、预应力筋与锚具品种、施工速度等选用。

预应力筋进行超张拉(103%~105%控制应力)主要是为了减少应力松弛引起的应力损失值。所谓应力松弛,是指钢材在常温高应力作用下,由于塑性变形而使应力随时间延续而降低的现象。这种现象在张拉后的头几分钟内发展得较快,往后则趋于缓慢。例如,超张拉5%并持载2 min,再回到控制应力,松弛已完成50%以上。

3.张拉力

预应力筋的张拉力根据设计的张拉控制应力与钢筋截面面积及超张拉系数之积而定。

$$N = m\sigma_{con}A_y$$

式中　$N$——预应力筋张拉力(N);

　　　$m$——超张拉系数(1.03~1.05);

　　　$\sigma_{con}$——预应力筋张拉控制应力(N/mm²);

　　　$A_y$——预应力筋的截面面积(mm²)。

预应力筋张拉锚固后实际应力值与工程设计规定检验值的相对允许偏差为±5%。预应力钢丝的应力可利用2CN-1型钢丝测力计(图5-13)或半导体频率测力计测量。

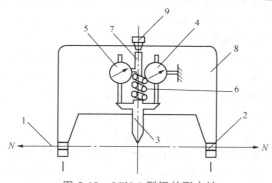

图 5-13　2CN-1 型钢丝测力计

1—钢丝;2—挂钩;3—测头;4—测挠度百分表;

5—测力百分表;6—弹簧;7—推架;8—表架;9—螺钉

2CN-1型钢丝测力计工作时,先用挂钩2勾住钢丝,旋转螺钉9使测头与钢丝接触,此时测挠度百分表4和测力百分表5读数均为零,继续旋转螺钉9,当测挠度百分表4的读数达到2 mm时,从测力百分表5的读数便可知钢丝的拉力值N。一根钢筋要反复测定4次,取后3次的平均值为钢丝的拉力值。2CN-1型钢丝测力计精度为2%。

半导体频率测力计是根据钢丝应力$\sigma$与钢丝振动频率$\omega$的关系制成的,$\sigma$与$\omega$的关系式如下:

$$\omega = \frac{1}{2l}\sqrt{\frac{\sigma}{\rho}}$$

式中　$l$——钢丝的自由振动长度(mm);

$\rho$——钢丝的密度($g/cm^3$)。

**4. 张拉伸长值校核**

采用应力控制方法张拉时,应校核预应力筋的伸长值,如实际伸长值比计算伸长值大 10% 或小 5%,应暂停张拉,在查明原因、采取措施予以调整后,方可继续张拉。

预应力筋的计算伸长值 $\Delta l(mm)$ 可按下式计算:

$$\Delta l = \frac{F_p l}{A_p E_s}$$

式中  $F_p$——预应力筋的平均张拉力(kN),直线筋取张拉端的拉力;两端张拉的曲线筋,取张拉端的拉力与跨中扣除孔道摩阻损失后拉力的平均值;

$A_p$——预应力筋的截面面积($mm^2$);

$l$——预应力筋的长度(mm);

$E_s$——预应力筋的弹性模量($kN/mm^2$)。

预应力筋的实际伸长值,宜在初应力为张拉控制应力10%左右时开始量测,但必须加上初应力以下的推算伸长值;对后张法,还应扣除混凝土构件在张拉过程中的弹性压缩值。

**(二)混凝土浇筑和养护**

钢筋张拉、绑扎及立模工作完毕后,即应浇筑混凝土,且应一次浇筑完毕。混凝土的强度等级不得小于 C30。构件应避开台面的温度缝,当不能避开时,在温度缝上可先铺薄钢板或垫油毡,然后再浇筑混凝土。为保证钢丝与混凝土有良好的粘结,浇筑时振动器不应碰撞钢丝,混凝土未达到一定强度前,也不允许碰撞或踩动钢丝。

混凝土的用水量和水泥用量必须严格控制,混凝土必须振捣密实,以减少混凝土由于收缩徐变而引起的预应力损失。

采用重叠法生产构件时,应待下层构件的混凝土强度达到 8～10 MPa 后,方可浇筑上层构件的混凝土。一般当平均温度高于 20 ℃ 时,每两天可叠捣一层。气温较低时,可采用早强措施,以缩短养护时间,加速台座周转,提高生产效率。

混凝土可采用自然养护或湿热养护。但需要注意的是,采用湿热养护时,温度升高后,预应力筋膨胀而台座的长度并无变化,因而引起预应力筋应力减小。如果在这种情况下,混凝土逐渐硬结,则在混凝土硬化前,预应力筋由于温度升高而引起的应力降低,将永远不能恢复,这就是温差引起的预应力损失(简称温差应力损失)。为了减少温差应力损失,必须保证在混凝土达到一定强度前,温差不能太大(一般不超过 20 ℃)。故采用湿热养护时,应先按设计允许的温差加热,待混凝土强度达 7.5 MPa(粗钢筋配筋)或 10 MPa(钢丝、钢绞线配筋)以上后,再按一般升温制度养护。这种养护制度又称为"二次升温养护"。在采用机组流水法用钢模制作、湿热养护时,由于钢模和预应力筋同时伸缩,所以不存在因温差而引起的预应力损失,因此,可采用一般加热养护制度。

**(三)预应力筋放张**

预应力筋放张过程是预应力的传递过程,是决定先张法构件能否获得良好质量的一个重要生产过程。应根据放张要求,确定合适的放张顺序、放张方法及相应的技术措施。

**1. 放张要求**

先张法施工的预应力放张时,预应力混凝土构件的强度必须符合设计要求。若设计无要求时,其强度不应低于设计的混凝土强度标准值的75%。过早放张会引起较大的预应力损失或预应力钢丝产生滑动。对于薄板等预应力较低的构件,预应力筋放张时混凝土的强度可适当降低。预应力混凝土构件在预应力筋放张前要对试块进行试压。

预应力混凝土构件的预应力筋为钢丝时，放张前，应根据预应力钢丝的应力传递长度，计算出预应力钢丝在混凝土内的回缩值，以检查预应力钢丝与混凝土粘结的效果。若实测的回缩值小于计算的回缩值，则预应力钢丝与混凝土的粘结效果满足要求，可进行预应力钢丝的放张。

预应力钢丝理论回缩值，可按下式进行计算：

$$a = \frac{1}{2} \cdot \frac{\sigma_{y1}}{E_s} l_a$$

式中　　$a$——预应力钢丝的理论回缩值（mm）；

$\sigma_{y1}$——第一批损失后，预应力钢丝建立起的有效预应力值（N/mm²）；

$E_s$——预应力钢丝的弹性模量（kN/mm²）；

$l_a$——预应力钢丝的传递长度（mm）。

预应力钢丝实测的回缩值，必须在预应力钢丝的应力接近 $\sigma_{y1}$ 时进行测定。

### 2. 放张方法

可采用千斤顶、楔块、螺杆张拉架或砂箱等工具进行放张，如图 5-14 所示。

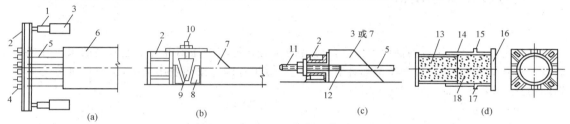

图 5-14　预应力筋（钢丝）的放张方法

(a)千斤顶放张；(b)楔块放张；(c)螺杆张拉架放张；(d)砂箱放张

1—千斤顶；2—横梁；3—承力支架；4—夹具；5—预应力筋（钢丝）；6—构件；
7—台座；8—钢块；9—钢楔块；10—螺杆；11—螺栓端杆；12—对焊接头；
13—活塞；14—钢箱套；15—进砂口；16—箱套底板；17—出砂口；18—砂子

对于预应力混凝土构件，为避免预应力筋一次放张时对构件产生过大的冲击力，可利用楔块或砂箱装置进行缓慢放张。

楔块装置放置在台座与横梁之间，放张预应力筋时，旋转螺母使螺杆向上运动，带动楔块向上移动，横梁向台座方向移动，预应力筋得到放松。

砂箱装置放置在台座与横梁之间。砂箱装置由钢制的套箱和活塞组成，内装石英砂或铁砂。预应力筋放张时，将出砂口打开，砂缓慢流出，从而使预应力筋慢慢放张。

## 单元二　后张法施工

后张法是先制作混凝土构件（或块体），并在预应力筋的位置预留出相应的孔道，待混凝土强度达到设计规定数值后，在孔道内穿入预应力筋（束），用张拉机具进行张拉，并用锚具将预应力筋（束）锚固在构件的两端，张拉力即由锚具传给混凝土构件，使之产生预压应力，张拉锚固后在孔道内灌浆。图 5-15 所示为预应力混凝土后张法示意。

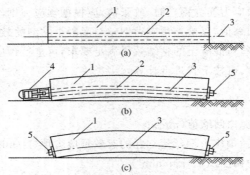

图 5-15　预应力混凝土后张法示意

(a)制作混凝土构件；(b)张拉钢筋；(c)锚固和孔道灌浆

1—混凝土构件；2—预留孔道；3—预应力筋；4—千斤顶；5—锚具

# 一、锚具及张拉设备

## (一)锚具

锚具是后张法结构或构件中为保持预应力筋拉力并将其传递到混凝土上所用的永久性锚固装置。锚具的类型很多，每种类型都各有其一定的适用范围。按照使用情况，常将锚具分为单根钢筋锚具、成束钢筋锚具和钢丝束锚具等。

### 1. 单根钢筋锚具

(1)螺栓端杆锚具。螺栓端杆锚具由螺栓端杆、垫板和螺母组成，适用于锚固直径不大于36 mm的热处理钢筋，如图5-16所示。螺栓端杆可用同类热处理钢筋或热处理45号钢制作。制作时，先粗加工至接近设计尺寸，再进行热处理，然后精加工至设计尺寸。热处理后不能有裂纹和划痕。螺母可用3号钢制作。螺栓端杆锚具与预应力筋对焊，用张拉设备张拉螺栓端杆，然后用螺母锚固。

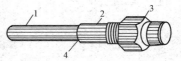

图 5-16　螺栓端杆锚具

1—钢筋；2—螺栓端杆；
3—螺母；4—焊接接头

(2)帮条锚具。帮条锚具由帮条和衬板组成，如图5-17所示。帮条采用与预应力筋同级别的钢筋，衬板采用普通低碳钢钢板，焊条采用结50×。帮条施焊时，严禁将地线搭在预应力筋上，并严禁在预应力筋上引弧。3根帮条与衬板相接触的截面应在一个垂直平面上，以免受力时产生扭曲。帮条的焊接可在预应力筋冷拉前或冷拉后进行。

### 2. 成束钢筋锚具

钢筋束用作预应力筋，张拉端常采用JM型锚具，固定端常采用镦头锚具。

(1)JM型锚具。JM型锚具由锚环与夹片组成，如图5-18所示。JM型锚具的夹片属于分体组合型，可以锚固多根预应力筋，因此锚环是单孔的。锚固时，用穿心式千斤顶张拉钢筋后随即顶进夹片。JM型锚具的特点是尺寸小、构造简单，但对吨位较大的锚固单元不能使用，故JM型锚具主要用于锚固3～6根直径

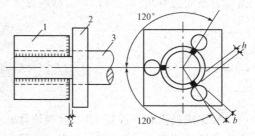

图 5-17　帮条锚具

1—帮条；2—衬板；3—预应力筋

为12 mm的钢筋束或4～6根直径为12～15 mm的钢绞线束，也可兼作工具锚具。

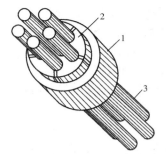

图 5-18　JM 型锚具

1—锚环；2—夹片；3—钢筋束

JM 型锚具根据所锚固的预应力筋的种类、强度及外形的不同，其尺寸、材料、齿形及硬度等有所差异，使用时应注意。

(2)镦头锚具。镦头锚具用于固定端，其由锚固板和带镦头的预应力筋组成，如图 5-19 所示。

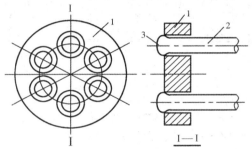

图 5-19　固定端用镦头锚具

1—锚固板；2—预应力筋；3—镦头

**3.钢丝束锚具**

(1)锥形螺杆锚具。锥形螺杆锚具由锥形螺杆、套筒、螺母组成，如图 5-20 所示，适用于锚固 14～28 根直径为 5 mm 的钢丝束。使用时，先将钢丝束均匀整齐地紧贴在螺杆锥体部分，然后套上套筒，用拉杆式千斤顶使端杆锥通过钢丝挤压套筒，从而锚紧钢丝。由于锥形螺杆锚具不能自锚，所以，必须事先加压力顶套筒才能锚固钢丝。锚具的预紧力取张拉力的 120%～130%。

(2)钢丝束镦头锚具。钢丝束镦头锚具用于锚固 12～54 根 Φ5 碳素钢丝束，分为 DM5A 型和 DM5B 型两种。DM5A 型用于张拉端，由锚环和螺母组成；DM5B 型用于固定端，仅有一块锚板，如图 5-21 所示。

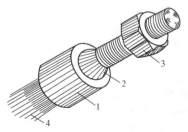

图 5-20　锥形螺杆锚具

1—套筒；2—锥形螺杆；3—螺母；4—钢丝

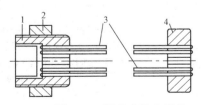

图 5-21　钢丝束镦头锚具

1—A 型锚环；2—螺母；3—钢丝束；4—锚板

锚环的内外壁均有丝扣,内丝扣用于连接张拉螺杆,外丝扣用于拧紧螺母锚固钢丝束。锚环和锚板四周钻孔,以固定镦头的钢丝。孔数和间距由钢丝根数确定。钢丝可用液压冷镦器进行镦头。钢丝束一端可在制束时将头镦好,另一端则待穿束后镦头,但构件孔道端部要设置扩孔。

张拉时,张拉螺丝杆一端与锚环内丝扣连接,另一端与拉杆式千斤顶的拉头连接,当张拉到控制应力时,锚环被拉出,则拧紧锚环外丝扣上的螺母加以锚固。

### (二)张拉设备

#### 1.拉杆式千斤顶

拉杆式千斤顶是单作用千斤顶,由缸体、活塞杆、撑脚和连接器组成。最大张拉力为 600 kN,张拉行程为 150 mm,适用于张拉以螺丝端杆锚具为张拉锚具的预应力钢筋。拉杆式千斤顶构造简单,操作方便,应用范围广。其工作原理如图 5-22 所示。

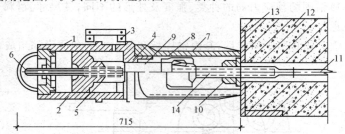

**图 5-22　拉杆式千斤顶工作原理示意**

1—主缸;2—主缸活塞;3—主缸油嘴;4—副缸;5—副缸活塞;
6—副缸油嘴;7—连接器;8—顶杆;9—拉杆;10—螺母;
11—预应力筋;12—混凝土构件;13—预埋钢板;14—螺丝端杆

#### 2.穿心式千斤顶

穿心式千斤顶适用于张拉各种形式的预应力筋,是目前我国预应力混凝土构件施工中应用最为广泛的张拉机械。YC-60 型穿心式千斤顶加装撑脚、张拉杆和连接器后,就可以张拉以螺丝端杆锚具为张拉锚具的单根粗钢筋,张拉以锥形螺杆锚具和 DM5A 型镦头锚具为张拉锚具的钢丝束。YC—60 型穿心式千斤顶增设顶压分束器,就可以张拉以 KT—Z 型锚具为张拉锚具的钢筋束和钢绞线束。

YC—60 型穿心式千斤顶的构造如图 5-23 所示。

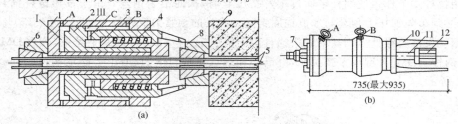

**图 5-23　YC-60 型穿心式千斤顶构造示意**

(a)剖面构造图;(b)正视图

1—张拉油缸;2—顶压油缸(即张拉活塞);3—顶压活塞;4—弹簧;5—预应力筋;6—工具式锚具;
7—螺帽;8—工作锚具;9—混凝土构件;10—顶杆;11—拉杆;12—连接器
Ⅰ—张拉工作油室;Ⅱ—顶压工作油室;Ⅲ—张拉回程油室
A—张拉缸油嘴;B—顶压缸油嘴;C—油孔

#### 3.锥锚式千斤顶

锥锚式千斤顶主要用于张拉 KT-Z 型锚具锚固的钢筋束或钢绞线束和使用锥形锚具的预应力钢丝束。其张拉油缸用以张拉预应力筋,顶压油缸用以顶压锥塞,因此又称为双作用千斤顶,如图 5-24 所示。

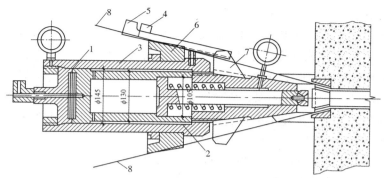

图 5-24　锥锚式千斤顶构造示意

1—主缸;2—副缸;3—退楔缸;4—楔块(张拉时位置);5—楔块(退出时位置);

6—锥形卡环;7—退楔翼片;8—预应力筋

张拉预应力筋时,主缸进油,主缸被压移,使固定在其上的钢筋被张拉。钢筋张拉后,改由副缸进油,随即由副缸活塞将锚塞顶入锚圈中。主缸、副缸的回油则是借助设置在主缸和副缸中弹簧的作用来进行的。

## 二、预应力筋的制作

### 1.单根粗预应力钢筋的制作

单根粗预应力钢筋的制作包括配料、对焊、冷拉等工序。预应力筋的下料长度应计算确定。应考虑预应力筋钢材品种、锚具形式、焊接接头、钢筋冷拉伸长率、弹性回缩率、张拉伸长值、构件孔道长度、张拉设备与施工方法等因素。

如图 5-25 所示,单根粗钢筋预应力筋下料长度 $L$ 按下式计算:

$$L=\frac{L_0}{1+r-\delta}+nl_0$$

其中:$L_0=L_1-2l_1$　　$L_1=l+2l_2$

式中　$L$——预应力筋钢筋部分的下料长度(mm);

$L_1$——预应力成品全长(mm);

$l_1$——锚具长度(如为螺栓端杆,一般为 320 mm);

$l_2$——锚具伸出构件外的长度(mm);

$L_0$——预应力筋钢筋部分的成品长度(mm);

$l$——构件孔道长度(mm);

$l_0$——每个对焊接头的压缩长度,一般 $l_0=d(d$ 为预应力钢筋直径);

$n$——对焊接头数量(钢筋与钢筋、钢筋与锚具的对焊接头总数);

$r$——钢筋冷拉伸长率(由试验确定);

$\delta$——钢筋冷拉弹性回缩率(由试验确定)。

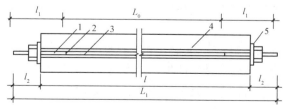

图 5-25　单根粗钢筋下料长度计算示意

1—螺栓端杆;2—对焊接头;3—粗钢筋;4—混凝土构件;5—垫板

**2. 钢筋束的制作**

钢筋束由直径为 12 mm 的细钢筋编束而成。钢绞线束由直径为 12 mm 或 15 mm 的钢绞线编束而成,每束 3～6 根,一般不需要对焊接长。预应力筋的制作工序一般包括开盘、冷拉、下料、编束。下料是在钢筋冷拉后进行,下料时宜采用切断机或砂轮锯切机,不得采用电弧切割。钢绞线下料前需在切割口两侧各 50 mm 处用钢丝绑扎,切割后对切割口应立即焊牢,以免松散。

为保证穿筋和张拉时不发生扭结,应对预应力筋进行编束,编束时一般将钢筋理顺后,用 18～22 号钢丝,每隔 1 m 左右绑扎一道,使其形成束状。

钢筋束或钢绞线束的下料长度,与构件的长度所选用的锚具和张拉机械有关。

钢绞线下料长度计算简图如图 5-26 所示。

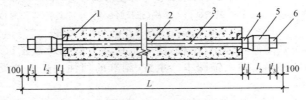

图 5-26　钢绞线下料长度计算简图

1—混凝土构件;2—孔道;3—钢绞线;4—夹片式工作锚;

5—穿心式千斤顶;6—夹片式工具锚

钢绞线下料长度按下式计算:

两端张拉时

$$L = l + 2(l_1 + l_2 + l_3 + 100)$$

一端张拉时

$$L = l + 2(l_1 + 100) + l_2 + l_3$$

式中　$l$——构件的孔道长度;

$l_1$——夹片式工作锚厚度;

$l_2$——穿心式千斤顶长度;

$l_3$——夹片式工具锚厚度。

**3. 钢丝束的制作**

钢丝束的制作,根据锚具形式的不同,制作方式也有差异,一般包括调直、下料、编束和安装锚具等工序。

(1)用镦头锚具锚固的钢丝束,其下料长度应力求精确,对直的或一般曲率的钢丝束,下料长度的相对误差要控制在 $L/5\,000$ 以内,并且不大于 5 mm。为此,要求钢丝在应力状态下切断下料,下料的控制应力为 3.0 MPa。钢丝下料长度,取决于是否是 DM5A 型或 DM5B 型锚具及一端张拉或两端张拉。

(2)用钢质锥形锚具锚固的钢丝束,其制作和下料长度计算基本上同钢筋束。

用锥形螺杆锚固的钢丝束,经过矫直的钢丝可以在非应力状态下料。

为防止钢丝扭结,必须进行编束。在平整场地上,需先把钢丝理顺平放,然后在其全长中每隔 1 m 左右用 22 号铅丝编成帘子状,如图 5-27 所示,再每隔 1 m 放一个按螺丝端杆直径制成的螺纹衬圈,并将编好的钢丝帘绕衬圈围成束绑扎牢固。

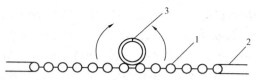

**图 5-27 钢丝束编束示意**

1—钢丝；2—铅丝；3—衬圈

锥形螺杆锚具的安装需经过预紧，即先把钢丝均匀地分布在锥形螺杆的周围，套上套筒，通过工具式筒将套筒压紧，再用千斤顶和工具预紧器以 110%～130% 的张拉控制预紧应力，将钢丝束牢固地锚固在锚具内。

## 三、后张法施工工艺

后张法施工工艺如图 5-28 所示。

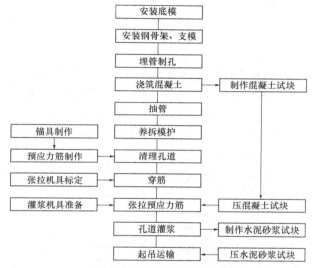

**图 5-28 后张法施工工艺**

### (一)预留孔道

构件预留孔道的直径、长度、形状由设计确定，如无规定，孔道直径应比预应力筋直径的对焊接头处外径或需穿过孔道的锚具或连接器的外径大 10～15 mm；钢丝或钢绞线孔道的直径应比预应力束外径或锚具外径大 5～10 mm，且孔道面积应大于预应力筋的 2 倍，以利于预应力筋穿入，孔道之间净距和孔道至构件边缘的净距均不应小于 25 mm。

管芯材料可采用钢管、胶管(帆布橡胶管或钢丝胶管)、镀锌双波纹金属软管(简称波纹管)、黑薄钢板管、薄钢管等。钢管管芯适用于直线孔道；胶管适用于直线、曲线或折线形孔道；波纹管(黑薄钢板管或薄钢管)埋入混凝土构件内，不用抽芯，其作为一种新工艺，适用于跨度大、配筋密的构件孔道。

预应力筋的孔道可采用钢管抽芯、胶管抽芯、预埋管等方法成型。

#### 1.钢管抽芯法

钢管抽芯法适用于留设直线孔道时，预先将钢管埋设在模板内的孔道位置，管芯的固定如图 5-29 所示。钢管要平直，表面要光滑，每根长度最好不超过 15 m，钢管两端应各伸出构件约

500 mm。较长的构件可采用两根钢管,中间用套管连接,套管连接方式如图 5-30 所示。在混凝土浇筑过程中和混凝土初凝后,每间隔一定时间需要慢慢转动钢管,不要让混凝土与钢管粘牢,直到混凝土终凝前抽出钢管。抽管过早会造成坍孔事故,太晚则混凝土与钢管粘结牢固,抽管困难。常温下抽管时间在混凝土浇灌后 3～6 h。抽管顺序宜先上后下,抽管可采用人工或用卷扬机,速度必须均匀,边抽边转,与孔道保持直线。抽管后应及时检查孔道情况,做好孔道清理工作。

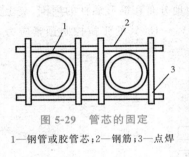

图 5-29　管芯的固定

1—钢管或胶管芯;2—钢筋;3—点焊

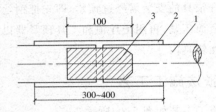

图 5-30　套管的连接方式

1—钢管;2—镀锌薄钢板套管;3—硬木塞

### 2. 胶管抽芯法

胶管抽芯法不仅可以留设直线孔道,也可留设曲线孔道。胶管的弹性好,便于弯曲,一般可分为五层帆布胶管、七层帆布胶管和钢丝网橡皮管三种。在工程实践中,通常将胶管的一端密封,另一端接阀门充水或充气,如图 5-31 所示。胶管具有一定的弹性,在拉力作用下,其断面能缩小,故在混凝土初凝后即可把胶管抽拔出来。夹布胶管质软,必须在管内充气或充水。在浇筑混凝土前,胶皮管中充入压力为 0.6～0.8 MPa 的压缩空气或压力水,此时胶皮管直径可增大 3 mm 左右,然后浇筑混凝土,待混凝土初凝后,放出压缩空气或压力水,胶管孔径变小,并与混凝土脱离,随即抽出胶管,形成孔道。抽管顺序一般应为先上后下,先曲后直。

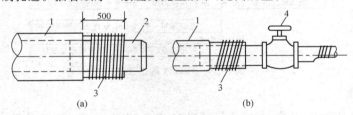

图 5-31　胶管封端与连接

(a)胶管封端;(b)胶管与阀门连接

1—胶管;2—钢管堵头;3—20 号钢丝密缠;4—阀门

一般采用钢筋井字形网架固定管子在模内的位置。井字网架间距:钢管为 1～2 mm;胶管直线段一般为 500 mm 左右,曲线段为 300～400 mm。

### 3. 预埋管法

预埋管是由镀锌薄钢带经波纹卷管机压波卷成的,具有质量轻、刚度好、弯折方便、连接简单、与混凝土粘结较好等优点。波纹管的内径为 50～100 mm,管壁厚度为 0.25～0.3 mm。除圆形管外,另有新研制的扁形波纹管可用于板式结构中,扁管长边边长为短边边长的 2.5～4.5 倍。这种孔道成型方法一般用于采用钢丝或钢绞线作为预应力筋的大型构件或结构中,可直接把下好料的钢丝、钢绞线在孔道成型前就穿入波纹管中,这样可以省掉穿束工序,也可待孔道成型后再进行穿束。对于连续结构中呈波浪状布置的曲线束,其高差较大时,应在孔道的每个峰顶处设置泌水孔;

对于起伏较大的曲线孔道,应在弯曲的低点处设置泌水孔;对于较长的直线孔道,应每隔12～15 m设置排气孔。泌水孔、排气孔必要时可考虑做灌浆孔用。波纹管的连接可采用大一号的同型波纹管,接头管的长度为200～250 mm,以密封胶带封口。

### (二)预应力筋张拉

#### 1.混凝土的强度

预应力筋的张拉是制作预应力构件的关键,必须按照相关规范的规定精心施工。张拉时结构或构件的混凝土强度应符合设计要求,当设计无具体要求时,不应低于设计强度标准值的75%,以确保在张拉过程中混凝土不至于受压而破坏。块体拼装的预应力构件,立缝处混凝土或砂浆强度如无设计规定时,不应低于块体混凝土设计强度等级的40%,且不得低于15 MPa,以防止在张拉预应力筋时压裂混凝土块体或使混凝土产生过大的弹性压缩。

#### 2.张拉控制应力及张拉程序

预应力张拉控制应力应符合设计要求,且最大张拉控制应力不能超过设计规定。其中后张法控制应力值低于先张法,这是因为后张法构件在张拉钢筋的同时,混凝土已受到弹性压缩,张拉力可以进一步补足;而先张法构件是在预应力筋放松后混凝土才受到弹性压缩,这时张拉力无法补足。另外,后张法施工时混凝土的收缩、徐变引起的预应力损失也较先张法小。为了减少预应力筋的松弛损失等,应张法可与先张法一样采用超张拉法。

#### 3.张拉方法

张拉方法可分为一端张拉和两端张拉两种。两端张拉宜先在一端张拉,再在另一端补足张拉力。如有多根可一端张拉的预应力筋,宜将这些预应力筋的张拉端分别设在结构构件的两端,长度不大的直线预应力筋可一端张拉,曲线预应力筋应两端张拉。抽芯成孔的直线预应力筋,长度大于24 m应两端张拉,不大于24 m可一端张拉;预埋波纹管成孔的直线预应力筋,长度大于30 m应两端张拉,不大于30 m可一端张拉。竖向预应力结构宜采用两端分别张拉,且以下端张拉为主。安装张拉设备时,应使直线预应力筋张拉力的作用线与孔道中心线重合,曲线预应力筋张拉力的作用线与孔道中心线末端的切线重合。

#### 4.张拉伸长值的校核

预应力筋张拉时,通过伸长值的校核,可以综合反映张拉力是否足够,孔道摩阻损失是否偏大,以及预应力筋是否有异常现象等。因此,对张拉伸长值的校核,要引起重视。

预应力筋张拉伸长值的量测,应在建立初应力之后进行。其实际伸长值 $\Delta L$ 应为

$$\Delta L = \Delta L_1 + \Delta L_2 - A - B - C$$

式中　$\Delta L_1$——从初应力至最大张拉力之间的实测伸长值;

$\Delta L_2$——初应力以下的推算伸长值;

$A$——张拉过程中锚具楔紧引起的预应力筋内缩值,包括工具锚、远端工作锚、远端补张拉工具锚等回缩值;

$B$——千斤顶体内预应力筋的张拉伸长值;

$C$——施加预应力时,后张法混凝土构件的弹性压缩值(其值微小时可略去不计)。

关于推算伸长值,初应力以下的推算伸长值 $\Delta L_2$ 可根据弹性范围内张拉力与伸长值成正比的关系用计算法或图解法确定。

采用图解法时,如图 5-32 所示,以伸长值为横坐标,张拉力为纵坐标,将各级张拉力的实测伸长值标在图上,绘成张拉力与伸长值关系线 $CAB$,然后延长此线与横坐标交于 $O'$ 点,则 $OO'$ 段即为推算伸长值。

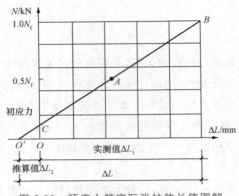

图 5-32 预应力筋实际张拉伸长值图解

另外,在锚固时应检查张拉端预应力筋的内缩值,以免由于锚固引起的预应力损失超过设计值,如实测的预应力筋内缩量大于规定值,则应改善操作工艺,更换限位板或采取超张拉的方法弥补。

### 5. 张拉顺序

选择合理的张拉顺序是保证施工质量的重要一环。当构件或结构有多根预应力筋(束)时,应采用分批张拉法。此时需按设计规定进行,如设计无规定或受设备限制必须改变时,则应核算确定。张拉时宜对称进行,避免引起偏心。在进行预应力筋张拉时,既可采用一端张拉法,也可采用两端同时张拉法。当采用一端张拉法时,为了克服孔道摩擦力的影响,使预应力筋的应力得以均匀传递,采用反复张拉 2～3 次的方法可以达到较好的效果。采用分批张拉法时,应考虑后批张拉预应力筋所产生的混凝土弹性压缩对先批预应力筋的影响,即应在先批张拉的预应力筋中增加张拉应力。

张拉平卧重叠浇筑的构件时,宜先上后下逐层进行张拉,为了减少上、下层构件之间的摩擦力引起的预应力损失,可采用逐层加大张拉力的方法。但底层张拉力值(对光面钢丝、钢绞线和热处理钢筋)不宜比顶层张拉力大 5%;对于冷拉 HRB400 级、RRB400 级钢筋,不宜比顶层张拉力大 9%,但也不得大于预应力筋的最大超张拉力的规定。若构件之间隔离层的隔离效果较好(如用塑料薄膜做隔离层或用砖做隔离层),用砖做隔离层时,大部分砖应在张拉预应力筋时取出,仅有局部的支承点,构件之间基本架空,也可自上而下采用同一张拉力值。

### 6. 张拉注意事项

(1)在任何情况下,作业人员不得站在预应力筋的两端,同时,在张拉千斤顶的后面应设立防护装置。

(2)操作千斤顶和测量伸长值的人员应站在千斤顶侧面操作,严格遵守操作规程。油泵开动过程中,不得擅自离开岗位,如需离开,须把油阀门全部松开或切断电路。

(3)张拉时应认真做到孔道、锚杯与千斤顶三对中,以便张拉工作顺利进行,不致增加孔道摩擦损失。

(4)采用锥锚式千斤顶张拉钢丝束时,先使千斤顶张拉缸进油,至压力计略有启动时暂停,检查每根钢丝的松紧并进行调整,然后再打紧楔块。

(5)工具锚的夹片应注意保持清洁和良好的润滑状态。新的工具锚夹片在第一次使用前,应在夹片背面涂上润滑剂。每使用 5～10 次,应将工具锚上的挡板连同夹片一同卸下,向锚板的锥形孔中重新涂上一层润滑剂,以防夹片在退楔时卡住。润滑剂可采用石墨、二硫化钼、石蜡或专用退锚灵等。

(6)钢丝束镦头锚固体系在张拉过程中应随时拧上螺母,以确保安全。锚固时如遇钢丝束偏长或偏短,应增加螺母或用连接器解决。

(7)多根钢绞线束夹片锚固体系如遇个别钢绞线滑移,可更换夹片,用小型千斤顶单根张拉。

(8)每根构件张拉完毕后,应检查端部和其他部位是否有裂缝,并填写张拉记录表。

(9)预应力筋锚固后的外露长度,不宜小于 30 mm。长期外露的锚具可进行防水处理或用混凝土封裹,以防腐蚀。

### (三)孔道灌浆

有粘结的预应力,其管道内必须灌浆,灌浆需要设置灌浆孔(或泌水孔),根据相关经验,得出设置泌水孔道的曲线预应力管道的灌浆效果好。一般以 1 根梁上设 3 个点为宜,灌浆孔宜设置在低处,泌水孔可相对高些,灌浆时可使孔道内的空气或水从泌水孔顺利排出。其位置如图 5-33 所示。

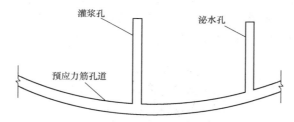

图 5-33  灌浆孔、泌水孔设置示意

在波纹管安装固定后,用钢锥在波纹管上凿孔,再在其上覆盖海绵垫片与带嘴的塑料弧形压板,用钢丝绑扎牢固,再用塑料管接在嘴上,并将其引出梁面 40～60 mm。

预应力筋张拉、锚固完成后,应立即进行孔道灌浆工作,以防钢筋锈蚀,并增加结构的耐久性和整体性。

灌浆用的水泥浆,除应满足强度和粘结力的要求外,还应具有较大的流动性和较小的干缩性、泌水性。应采用强度等级不低于 42.5 级普通硅酸盐水泥;水胶比宜为 0.4 左右。对于空隙大的孔道,可采用水泥砂浆灌浆,水泥浆及水泥砂浆的强度均不得小于 20 N/mm²。为增加灌浆密实度和强度,可使用一定比例的膨胀剂和减水剂,减水剂和膨胀剂均应事前检验,不得含有导致预应力钢材锈蚀的物质。建议拌和后的收缩率小于 2%,自由膨胀率不大于 5%。灌浆前孔道应湿润、洁净。对于水平孔道,灌浆顺序应先灌下层孔道,后灌上层孔道。对于竖直孔道,应自下而上分段灌注,每段高度视施工条件而定,下段顶部及上段底部应分别设置排气孔和灌浆孔。灌浆压力以0.5～0.6 MPa为宜。灌浆应缓慢均匀地进行,不得中断,并应排气通畅。不掺外加剂的水泥浆,可采用二次灌浆法,以提高密实度。孔道灌浆前,应检查灌浆孔和泌水孔是否通畅。灌浆前孔道应用高压水冲洗、湿润,并用高压风吹去积在低点的水,孔道应畅通、干净。灌浆应先灌下层孔道,一条孔道必须在一个灌浆口一次把整个孔道灌满。灌浆应缓慢进行,不得中断,并应排气通顺;在灌满孔道并封闭排气孔(泌水口)后,宜再继续加压至 0.5～0.6 MPa,稍后再封闭灌浆孔。如果遇到孔道堵塞,必须更换灌浆口,此时必须在第二灌浆口灌入整个孔道的水泥浆量,直至把第一灌浆口灌入的水泥浆排出,使两次灌入水泥浆之间的气体排出,以保证灌浆饱满密实。

<h1 style="text-align:center">单元三　无粘结预应力混凝土施工</h1>

后张无粘结预应力混凝土施工方法是将无粘结预应力筋像普通布筋一样先铺设在支好的模板内,然后浇筑混凝土,待混凝土达到设计规定强度后进行张拉锚固的施工方法。无粘结预应力筋施工无须预留孔道与灌浆,施工简单,预应力筋易完成所需的曲线形状。主要用于现浇混凝土结构,如双向连续平板、密肋板和多跨练习梁等,也可用于暴露或腐蚀环境中的体外索、拉索等。

### 一、无粘结预应力筋的制作

无粘结预应力筋由防腐润滑油脂涂敷在预应力钢材(高强度钢丝或钢绞线)表面上,并外包塑料护套制成,如图 5-34 所示。涂料层的作用是使预应力筋与混凝土隔离,减少张拉时的摩擦损失,防止预应力筋腐蚀等。防腐润滑油脂应具有良好的化学稳定性,对周围材料无侵蚀作用;不透水、不吸湿、抗腐蚀性能强、润滑性能好;在规定温度范围内高温不流淌、低温不变脆,并有一定韧性。成型后的整盘无粘结预应力筋可按工程所需长度、锚固形式下料,并进行组装。

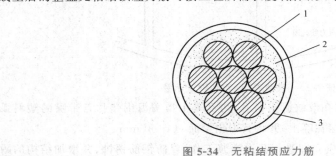

图 5-34　无粘结预应力筋
1—钢绞线或钢丝;2—油脂;3—塑料护管

无粘结预应力筋的包装、运输和保管应符合下列要求:

(1)对不同规格的无粘结预应力筋应有明确标记;

(2)当无粘结预应力筋带有墩头锚具时,应使用塑料袋包裹;

(3)无粘结预应力筋应堆放在通风干燥处,露天堆放应搁置在板架上,并加以覆盖,以免烈日暴晒造成涂料流淌。

### 二、无粘结预应力混凝土施工工艺

#### 1.无粘结预应力筋的铺设

(1)无粘结预应力筋铺设前应检查外包层完好程度,对有轻微破损者,用塑料带补包好,对破损严重者应予以报废。双向预应力筋铺设时,应先铺设下面应力筋,再铺设上面的预应力筋,以免预应力筋相互穿插。

(2)无粘结预应力筋应严格按照设计要求的曲线形状就位固定牢固。可用短钢筋或混凝土垫块等架起控制标高,再用钢丝绑扎在非预应力筋上。绑扎点间距不大于 1 m,钢丝束的曲率控制可用铁马凳控制,马凳间距不宜大于 2 m。

2.无粘结预应力筋的张拉

(1)无粘结预应力筋张拉时,混凝土强度应符合设计要求,当设计无要求时,混凝土的强度应达到设计强度的 75% 方可开始张拉。

(2)张拉程序一般采用 $0 \sim 103\%\sigma_{con}$ 以减少无粘结预应力筋的松弛应力消失。

(3)张拉顺序应根据预应力筋的铺设顺序进行,先铺设的先张拉,后铺设的后张拉。

(4)当无粘结强预应力筋的长度小于 25 m 时,宜采用一端张拉;若其长度大于 25 m 时,宜采用两端张拉;若其长度超过 50 m 时,宜采取分段张拉。

(5)在预应力平板结构中,无粘结预应力筋往往很长,应减少其摩阻损失值。因此,施工时,为降低摩阻损失值,宜采用多次重复张拉工艺。

(6)无粘结预应力筋的张拉伸长值应按设计要求进行控制。

3.无粘结预应力筋端部处理

(1)张拉端处理。

1)预应力筋端部处理取决于无粘结筋和锚具的种类。

2)锚具的位置通常从混凝土的端面缩进一定的距离,前面做成一个凹槽,待预应力筋张拉锚固后,将外伸在锚具外的钢绞线切割刀规定的长度,要求露出夹片锚具外长度不小于 30 mm,然后在槽内壁涂以环氧树脂类胶粘剂,以加强新老材料间的粘结,再用后浇膨胀混凝土或低收缩防水砂浆或环氧砂浆密封。

3)在对凹槽填砂浆或混凝土前,应预先对无粘结筋端部和锚具夹持部分进行防潮、防腐封闭处理。

4)无粘结预应力筋采用钢丝束镦头锚具时,其张拉端处理如图 5-35 所示,其中塑料套筒供钢丝束张拉时锚环从混凝土中拉出来用,软塑料管是用来保护无粘结钢丝末端因穿锚具而损坏的塑料管。无粘结钢丝的锚头防腐处理,应特别重视。当锚环被拉出后,塑料套筒内产生空隙,必须用油枪通过锚环的注油孔向套筒内注满防腐油脂,灌油后将外露锚具封闭好,避免长期与大气接触造成锈蚀。

5)采用无粘结钢绞线夹片式锚具时,张拉端头构造简单,无须另加设施。张拉端头钢绞线预留长度不得小于 150 mm,应将多余的钢绞线割掉,然后在锚具及承压板表面涂以防水涂料,再进行封闭。锚固区可以用后浇的钢筋混凝土圈梁封闭,将锚具外伸的钢绞线散开打弯,埋在圈梁内加强锚固,如图 5-36 所示。

(2)固定端处理。

1)无粘结筋的固定端可设置在构件内。

2)当采用无粘结钢丝束时,固定端可采用扩大的墩头锚板,并用螺旋钢筋加强。

3)施工中如端头无结构配筋时,需要配置构造钢筋,使固定端板与混凝土之间有可靠锚固性能。

4)当采用无粘结钢绞线时,锚固端可采用压花成型。

预应力混凝
土工程施工
质量验收标准

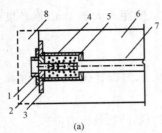

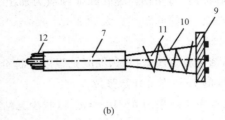

(a)　　　　　　　　　　　　　　　　(b)

图 5-35　无粘结钢丝束墩头锚具

(a)张拉端；(b)锚固端

1—锚环；2—螺母；3—预埋件；4—塑料套筒；5—建筑油脂；6—构件；7—软塑料管；

8—C30 混凝土封头；9—锚板；10—钢丝；11—螺旋钢筋；12—钢丝桌

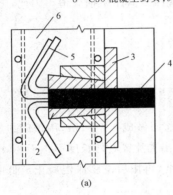

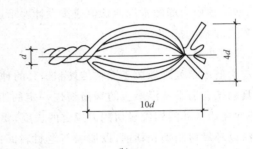

(a)　　　　　　　　　　　　　　　　(b)

图 5-36　无粘结钢绞线夹片锚具

(a)张拉端；(b)固定端

1—锚环；2—夹片；3—预埋件；

4—软塑料管；5—散开打弯钢丝；6—圈梁

## 模块小结

本模块包括先张法施工、后张法施工和无粘结预应力混凝土施工。

先张法施工中，应了解台座、夹具、锚具及张拉设备的正确选用，掌握先张法的工艺及特点。预应力筋张拉是预应施工中的关键工作，张拉控制应力应严格按设计规定取定。

后张法施工中，锚具是预应力筋张拉后建立预应力值和确保结构安全的关键，应了解常用锚具的类型和性能。掌握预应力筋的孔道成型方法，包括钢管抽芯、胶管抽芯、预埋管等方法，预应力张拉的顺序、方法及张拉伸长值的校核。另外，还应了解无粘结预应力筋的张拉的施工工艺流程，掌握张拉注意事项及质量要求。

**一、填空题**

1. 预应力混凝土施工按预加应力的方法不同可分为_____和_____。

2. 墩式台座由承力_____、_____和_____组成。

3. 槽式台座由_____和_____以及_____等组成。

4. _____的大小直接影响预应力效果,影响到构件的抗裂度和刚度。

5. _____是后张法结构或构件中为保持预应力筋拉力并将其传递到混凝土上所用的永久性锚固装置。

6. 按使用情况,锚具常分为_____、_____和_____等。

**二、选择题**

1. 墩式台座的主要承力结构为( )。

    A. 台面           B. 台墩           C. 钢横梁           D. 预制构件

2. 在先张法预应力筋放张时,构件混凝土强度不得低于强度标准值的( )。

    A. 25%           B. 50%           C. 75%           D. 100%

3. ( )锚具用于固定端由锚固板和带镦头的预应力筋组成。

    A. JM 型           B. 镦头           C. 锥形螺杆           D. 钢丝束镦头

4. 属于钢丝束锚具的是( )。

    A. 螺丝端杆锚具                        B. 帮条锚具

    C. 精轧螺纹钢筋锚具                   D. 镦头锚具

5. 后张法施工时,钢绞线的张拉控制应力值为( )$f_{ptk}$。

    A. 0.70           B. 0.75           C. 0.80           D. 0.85

6. 孔道灌浆所不具有的作用是( )。

    A. 保护预应力筋                     B. 控制裂缝开展

    C. 减轻梁端锚具负担                D. 提高预应力值

7. 关于无粘结预应力的说法,下列错误的是( )。

    A. 属于先张法                        B. 靠锚具传力

    C. 对锚具要求高                    D. 适用曲线配筋的结构

**三、简答题**

1. 什么是先张法? 其施工设备有哪些?

2. 什么是张拉设备? 常用的张拉设备有哪些?

3. 简述后张法施工的原理。

# 模块六 结构安装工程

## 知识目标

1. 了解起重机械及索具设备的类型、主要构造、技术性能和适用范围。

2. 了解单层工业厂房结构安装前的准备工作,掌握单层工业厂房构件柱、起重机梁、屋架和屋面板的吊装方法。

3. 了解装配式框架结构吊装方案,掌握装配式框架结构吊装安装方法。

## 能力目标

1. 能根据起重机械的特点和使用范围选择起重机的类型。

2. 能进行单层工业厂房结构安装方案设计。

3. 能进行装配式框架结构安装方案设计。

## 单元一 起重机械与设备

### 一、起重机械

结构安装工程常用的起重机械有桅杆式起重机、自行杆式起重机和塔式起重机。

#### (一)桅杆式起重机

桅杆式起重机按其构造不同,可分为独脚拔杆起重机、人字拔杆起重机、悬臂拔杆起重机和牵缆式桅杆起重机等。其适用于安装工程量比较集中的工程。

##### 1.独脚拔杆起重机

独脚拔杆起重机由拔杆、起重滑轮组、卷扬机、缆风绳和锚碇等组成,如图 6-1(a)所示。使用时,拔杆应保持不大于 10°的倾角,以防吊装时构件撞击拔杆。拔杆底部要设置拖子,以便移动。拔杆的稳定主要依靠缆风绳,缆风绳数量一般为 6~12 根,但不得少于 4 根。绳的一端固定在桅杆顶端,另一端固定在锚碇上,缆风绳与地面的夹角一般取 30°~45°,角度过大会对拔杆产生较大的压力。

##### 2.人字拔杆起重机

人字拔杆起重机一般是由两根圆木或两根钢管用钢丝绳绑扎或铁件铰接而成,两杆夹角一般为 20°～30°,底部设有拉杆或拉绳以平衡水平推力,拔杆下端两脚的距离为高度的 1/3～1/2,如图 6-1(b)所示。

### 3.悬臂拔杆起重机

悬臂拔杆起重机是在独脚拔杆的中部或 2/3 高度处装一根起重臂而成。其特点是起重高度和起重半径都较大,起重臂左右摆动的角度也较大,但起重量较小,多用于轻型构件的吊装,如图 6-1(c)所示。

### 4.牵缆式桅杆

牵缆式桅杆是在独脚拔杆下端装一根起重臂而成。这种起重机的起重臂可以起伏,机身可 360°回转,可以在起重机半径范围内把构件吊到任何位置。用角钢组成的格构式截面杆件的牵缆式起重机,桅杆高度可达 80 m,起重量可达 60 t。牵缆式桅杆要设较多的缆风绳,适用于构件多且集中的工程,如图 6-1(d)所示。

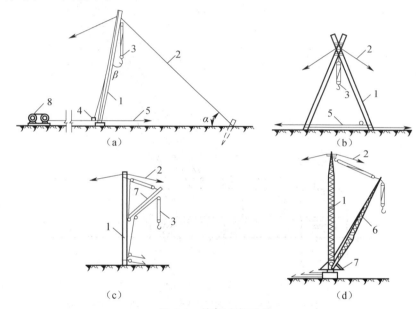

**图 6-1　桅杆式起重机**

(a)独脚拔杆;(b)人字拔杆;(c)悬臂拔杆;(d)牵缆式桅杆

1—拔杆;2—缆风绳;3—起重滑轮组;4—导向装置;5—拉索;6—起重臂;7—回轮盘;8—卷扬机

### (二)自行杆式起重机

自行杆式起重机可分为履带式起重机、汽车式起重机和轮胎式起重机。

### 1.履带式起重机

履带式起重机是一种通用的起重机械,它由行走装置、回转机构、机身及起重臂等部分组成,如图 6-2 所示。行走装置为链式履带,可减少对地面的压力;回转机构为安装在底盘上的转盘,可使机身回转 360°;机身内部有动力装置、卷扬机及操纵系统;起重臂用角钢组成的格构式杆件接长,其顶端设有两套滑轮组(起重滑轮组及变幅滑轮组),钢丝绳通过滑轮组连接到机身内部的卷扬机上。

履带式起重机具有较大的起重能力和工作速度,在平整坚实的道路上还可持荷行走;但其行走时速度较慢,且履带对路面的破坏性较大,故当进行长距离转移时,需用平板拖车运输。常用的履带式起重机起重量为 100～500 kN,目前最大的起重量达 3 000 kN,最大起重高度可达 135 m,广泛应用于单层工业厂房、陆地桥梁等结构安装工程及其他吊装工程。

履带式起重机的主要技术性能参数是起重量 $Q$、起重半径 $R$ 和起重高度 $H$。起重量 $Q$ 是指起重机安全工作所允许的最大起重物的质量,一般不包括吊钩的重量;起重半径 $R$ 是指起重机回转中心至吊钩的水平距离;起重高度 $H$ 是指起重吊钩中心至停机面的距离。

起重量 $Q$、起重半径 $R$ 和起重高度 $H$ 这三个参数之间存在相互制约的关系,且与起重臂的长度 $L$ 和仰角 $\alpha$ 有关。当臂长一定时,随着起重臂仰角 $\alpha$ 的增大,起重量 $Q$ 增大,起重半径 $R$ 减小,起重高度 $H$ 增大;当起重臂仰角一定时,随着起重臂臂长的增加,起重量 $Q$ 减小,起重半径 $R$ 增大,起重高度 $H$ 增大。

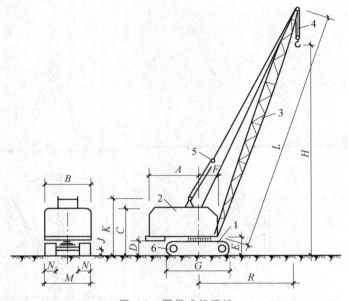

图 6-2　履带式起重机

1—底盘;2—机棚;3—起重臂;4—起重滑轮组;5—变幅滑轮组;6—履带

### 2.汽车式起重机

汽车式起重机是将起重机构安装在通用或专用汽车底盘上的一种自行式全回转起重机,起重机动力由汽车发动机供给,其负责行驶的驾驶室与起重操纵室分开设置,如图 6-3 所示。这种起重机的优点是运行速度快,能迅速转移,对路面破坏性较小。但其吊装作业时必须支腿,不能负荷行驶,也不适合在松软或泥泞的地面上工作。一般来说,汽车式起重机适用于构件运输、装卸作业和结构吊装作业。

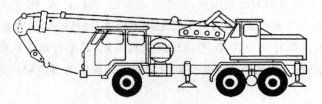

图 6-3　汽车式起重机外貌

国产汽车式起重机有 $Q_2$-8 型、$Q_2$-12 型、$Q_2$-16 型等,最大起重量分别为 80 kN、120 kN、160 kN。其适用于构件装卸作业或用于安装标高较低的构件。国产重型汽车式起重机有 $Q_2$-32 型,起重臂长为 30 m,最大起重量为 320 kN,可用于一般厂房构件的安装;$Q_3$-100 型,起重臂长 12~60 m,最大起重量 1 000 kN,可用于大型构件的安装。

### 3. 轮胎式起重机

轮胎式起重机是把起重机构安装在加重型轮胎和轮轴组成的特制底盘上的一种自行式全回转起重机,如图 6-4 所示。根据起重量的大小不同,底盘下装有若干根轮轴,配备 4~10 个或更多轮胎。吊装时,轮胎式起重机一般用 4 个支腿支撑,以保证机身的稳定性,构件重力在不用支腿允许荷载范围内,也可不放支腿起吊。轮胎式起重机的优缺点与汽车式起重机基本相同。

### (三)塔式起重机

塔式起重机是一种塔身直立、起重臂安装在塔身顶部且可作 360° 回转的起重机。其具有较大的工作空间,起重高度大,广泛应用于多层及高层装配式结构安装工程,一般可按行走机构、变幅方式、回转机构的位置及爬升方式的不同而分成若干类型。常用的类型有轨道式塔式起重机、爬升式塔式起重机、附着式塔式起重机等。

### 1. 轨道式塔式起重机

轨道式塔式起重机是一种能在轨道上行驶的起重机,又称自行式塔式起重机。该机种种类繁多,能同时完成垂直和水平运输,使用安全,生产效率高,可负荷行走。常用的轨道式塔式起重机型号有 QT$_1$-6 型、QT-60/80 型、QT-20 型、QT-15 型、TD-25 型等。QT$_1$-6 型塔式起重机如图 6-5 所示。

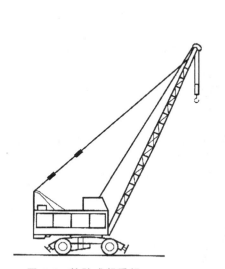

图 6-4  轮胎式起重机

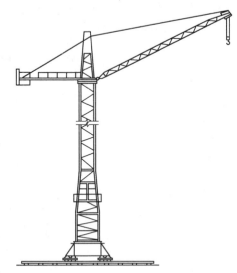

图 6-5  QT$_1$-6 型塔式起重机

### 2. 爬升式塔式起重机

爬升式塔式起重机是自升式塔式起重机的一种,它由底座、套架、塔身、塔顶、行车式起重臂、平衡臂等部分组成,安装在高层装配式结构的框架梁或电梯间结构上。每安装 1~2 层楼的构件,它便靠一套爬升设备使塔身沿建筑物向上爬升一次。这类起重机主要用于高层框架结构安装及高层建筑施工,其优点是机身小、质量轻、安装简单、不占用建筑物外围空间,适用于现场狭窄的高层建筑结构安装;其不足之处是增加了建筑物的造价、司机的操纵视野不良、需要一套辅助设备用于起重机拆卸。

目前,常用的爬升式塔式起重机型号主要有 $QT_5$-4/40 型、$QT_3$-4 型,也可用 $QT_1$-6 型轨道式塔式起重机改装成为爬升式起重机。爬升式塔式起重机性能见表 6-1。

表 6-1 爬升式塔式起重机性能

| 型号 | 起重量/t | 幅度/m | 起重高度/m | 一次爬升高度/m |
|---|---|---|---|---|
| $QT_5$-4/40 | 4 | 2~11 | 110 | 8.6 |
| | 2~4 | 11~20 | | |
| $QT_3$-4 | 4 | 2.2~15 | 80 | 8.87 |
| | 3 | 15~20 | | |

### 3.附着式塔式起重机

附着式塔式起重机是固定在建筑物近旁的钢筋混凝土基础上的自升式塔式起重机。随着建筑物的升高,利用液压自升系统逐步将塔顶顶升、塔身接高。为了保证塔身的稳定,附着式塔式起重机每隔一定高度,将塔身与建筑物用锚固装置水平连接起来,使起重机依附在建筑物上。锚固装置由套装在塔身上的锚固环、附着杆及固定在建筑结构上的锚固支座构成。这种塔身起重机适用于高层建筑施工。

附着式塔式起重机的型号有 $QT_4$-10 型(起重量为 3~10 t)、ZT-1200(起重量为 4~8 t)、ZT-10 型(起重量为 3~6 t)、$QT_1$-4 型(起重量为 1.6~4 t)、QT(B)-3~5 型(起重量为 3~5 t)。图 6-6 所示为 $QT_4$-10 型附着式塔式起重机。

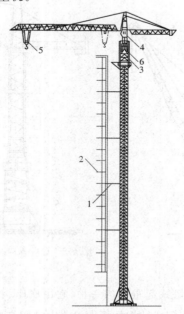

图 6-6 QT₄-10 型附着式塔式起重机
1—撑杆;2—建筑物;3—标准节;4—操纵室;5—起重小车;6—顶升套架

## 二、索具设备

### 1.钢丝绳

钢丝绳是吊装工艺中的主要绳索,具有强度高、韧性好、耐磨等特点。同时,钢丝绳被磨损后,外表面产生许多毛刺,易被发现,及时更换可避免事故的发生。

常用的钢丝绳是用直径相同的光面钢丝捻成股,再由6股芯捻成绳。在吊装结构中所用的钢丝绳一般有$6 \times 19 + 1$、$6 \times 37 + 1$、$6 \times 61 + 1$三种。前面的6表示6股,后边的数字表示每股分别由19根、37根或61根钢丝捻成。

### 2.卷扬机

结构安装中的卷扬机包括手动和电动两类。其中,电动卷扬机又可分为慢速和快速两种。慢速卷扬机(JJM型)主要用于吊装结构、冷拉钢筋和张拉预应力筋;快速卷扬机(JJK型)主要用于垂直运输和水平运输以及打桩。

### 3.滑轮组

所谓滑轮组,即由一定数量的定滑轮和动滑轮组成,并通过绕过它们的绳索联系,成为整体,从而达到省力和改变力的方向的目的,如图6-7所示。

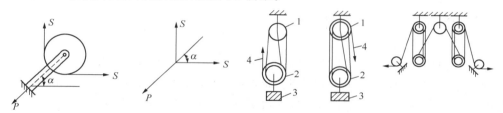

图 6-7　滑轮组及受力示意

1—定滑轮;2—动滑轮;3—重物;4—绳索引出

# 单元二　单层工业厂房结构安装

单层工业厂房一般采用装配式钢筋混凝土结构,主要承重构件除基础现浇外,柱、起重机梁、屋架、屋面板等均为预制构件。预制构件中较大型构件一般在现场就地制作,中、小型构件一般集中在工厂制作。结构安装工程是单层工业厂房施工的主导工种工程。

## 一、结构安装前的准备

结构安装前准备工作的内容包括场地清理与道路修筑,构件的运输与堆放,基础准备,构件的检查与清理,构件的弹线与编号等。

### 1.场地清理与道路修筑

结构吊装之前,按照现场施工平面布置图,标出起重机的开行路线,清理场地上

单层工业厂房结构安装工程质量验收标准

的杂物,将道路平整压实,并做好排水工作。如遇到松软土或回填土,应铺设枕木或厚钢板。

### 2.构件的运输与堆放

构件的运输要保证构件不变形、不损坏。构件的混凝土强度达到设计强度的 75% 时方可运输。构件的支垫位置要正确,要符合受力情况,上、下垫木要在同一垂直线上。构件的运输顺序及卸车位置应按施工组织设计的规定进行,以免造成构件二次搬运。

构件的堆放场地应平整压实,并按设计的受力情况搁置在垫木或支架上。重叠堆放时,一般梁可堆叠 2~3 层,大型屋面板不宜超过 6 块,空心板不宜超过 8 块;构件吊环要向上,标志要向外。

### 3.基础准备

装配式混凝土柱一般为杯形基础,基础准备工作内容主要包括以下几项:

(1)杯口弹线。在杯口顶面弹出纵、横定位轴线,作为柱对位、校正的依据。

(2)杯底抄平。为了保证柱牛腿标高的准确,在吊装前需对杯底标高进行调整(抄平)。调整前,先测量出杯底原有标高、小柱测中点和大柱测四个角点,再测量出柱脚底面至牛腿面的实际距离,计算出杯底标高的调整值,然后用细石混凝土或水泥砂浆填抹至需要的标高。

### 4.构件的检查与清理

为保证工程质量,应对现场所有的构件进行全面检查,检查构件的型号、数量、外形、截面尺寸、混凝土强度、预埋件位置、吊环位置等。

### 5.构件的弹线与编号

构件在吊装前经过全面质量检查合格后,即可在构件表面弹出安装用的定位、校正墨线,作为构件安装、对位、校正的依据。在对构件弹线的同时,应按图纸对构件进行编号,编号应写在明显的部位。不易辨别上下左右的构件,应在构件上用记号标明,以免安装时将方向弄错。

## 二、构件的吊装工艺

单层工业厂房结构需安装的构件有柱、起重机梁、屋面板、屋架、天窗架等。其吊装过程主要包括绑扎、起吊、对位、临时固定、校正和最后固定等工序。

### (一)柱的吊装

#### 1.柱的绑扎

柱一般在施工现场就地预制,用砖或土作底模,平卧生产,侧模可用木模或组合钢模,在制作底模和浇筑混凝土前,就要确定绑扎方法,并在绑扎点预埋吊环或预留孔洞,以便在绑扎时穿钢丝绳。

(1)一点绑扎斜吊法。这种方法不需要翻动柱子,但当柱子平放起吊时,其抗弯强度要符合要求。柱吊起后呈倾斜状态,由于吊索歪在柱的一边,起重钩低于柱顶,因此,起重臂可以短些,如图 6-8 所示。

(2)一点绑扎直吊法。当柱子的宽度方向抗弯不足时,可在吊装前先将柱子翻身后再起吊,如图 6-9 所示。起吊后,铁扁担跨在柱顶上,柱身呈直立状态,便于插入杯口,但需要较大的起吊高度。

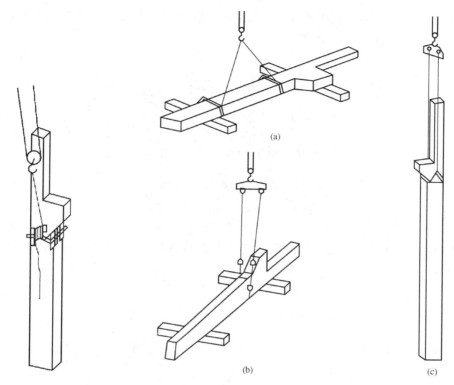

图6-8  一点绑扎斜吊法

图6-9  一点绑扎直吊法

(a)柱翻身时的绑扎方法;(b)柱直吊时的绑扎方法;(c)柱的吊升

(3)两点绑扎法。当柱身较长、采用一点绑扎柱的抗弯能力不足时,可采用两点绑扎起吊,如图6-10所示。

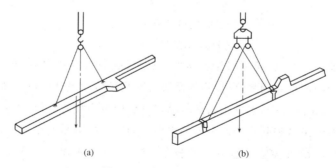

图6-10  柱的两点绑扎法

(a)斜吊;(b)直吊

### 2.柱的起吊

柱的起吊方法主要有旋转法和滑行法。

(1)旋转法。使用旋转法吊升柱时,起重机边收钩边回转,使柱子绕着柱脚旋转成直立状态,然后吊离地面,略转起重臂,将柱放入基础杯口,如图6-11(a)所示。

采用旋转法时,柱在堆放时的平面布置应做到柱脚靠近基础,柱的绑扎点、柱脚中心和基础中心三点同在以起重机回转中心为圆心,以回转中心到绑扎点的距离(起重半径)为半径的圆弧上,即三点同弧,如图 6-11(b)所示,柱在吊升过程受振动小,吊装效率高;但须同时完成收钩和回转的操作,对起重机的机动性能要求较高。

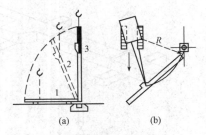

图 6-11 单机吊装旋转法

(a)柱绕柱脚旋转,后入杯口;(b)三点同弧

1、2、3—柱

(2)滑行法。滑行法是在起吊柱过程中,起重机起升吊钩,使柱脚滑行而吊起柱子的方法,如图 6-12 所示。

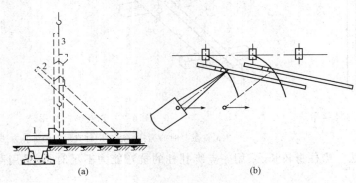

图 6-12 滑行法吊装柱

(a)滑行过程;(b)平面布置

1—柱平放时;2—起吊中途;3—直立

使用滑行法吊装柱时,应将起吊绑扎点(两点以上绑扎时为绑扎中点)布置在杯口附近,并使绑扎点和基础杯口中心两点共圆弧,以便将柱吊离地面后稍转动吊杆即可就位。采用滑行法吊装柱具有以下特点:在起吊过程中,起重机只需转动起重臂即可吊柱就位,比较安全。但柱在滑行过程中受到振动,使构件、吊具和起重机产生附加内力。为减少柱脚与地面的摩擦阻力,可在柱脚下设置托板、滚筒或铺设滑行轨道。此法用于柱较重、较长或起重机在安全荷载下的回转半径不够、现场狭窄、柱无法按旋转法布置时;也可用于采用桅杆式起重机吊装等情况。

### 3.柱的对位与临时固定

如果采用直吊法,柱脚插入杯口后,应于悬离杯底 30~50 mm 处进行对位。如采用斜吊法,则需将柱脚基本送到杯底,然后在吊索一侧的杯口中插入两个楔子,再通过起重机回转使其对位。对位时,应先从柱子四周向杯口放入 8 个楔块,并用撬棍拨动柱脚,使柱的吊装准线对准杯口上的吊装准线,并使柱基本保持垂直。

柱对位后,应先把楔块略为打紧,再放松吊钩,检查柱沉至杯底后的对中情况,若符合要求,即可将楔块打紧,然后起重钩便可脱钩。吊装重型柱或细长柱时,除需按上述进行临时固定外,在必要时还应增设缆风绳拉锚。

4.柱的校正

柱的校正包括平面位置、标高和垂直度三个方面。由于柱的标高校正在基础抄平时已进行，平面位置在对位过程中也已完成，因此，柱的校正主要是指垂直度的校正。

柱垂直度的校正是用两台经纬仪从柱相邻两边检查柱吊装准线的垂直度。柱垂直度的校正方法：当柱较轻时，可用打紧或放松楔块的方法或用钢钎来纠正；当柱较重时，可用螺旋千斤顶斜顶或平顶、钢管支撑斜顶等方法纠正，如图6-13所示。

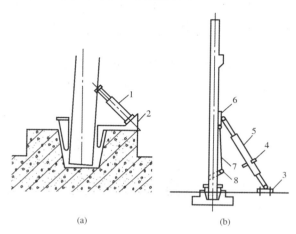

图6-13　柱垂直度的校正方法

（a）千斤顶斜顶；（b）钢管支撑斜顶

1—螺旋千斤顶；2—千斤顶支座；3—底板；4—转动手柄；

5—钢管；6—头部摩擦板；7—钢丝绳；8—卡环

柱最后固定的方法是在柱与基础杯口的空隙内浇筑细石混凝土。灌缝工作应在校正后立即进行。其方法是在柱脚与杯口的空隙中浇筑比柱混凝土强度等级高一级的细石混凝土，混凝土的浇筑分两次进行。第一次浇至楔子底面，待混凝土强度达到设计强度的25％后，拔出楔子，全部浇满。振捣混凝土时，注意不要碰动楔子。待第二次浇筑的混凝土强度达到75％的设计强度后，方能安装上部构件。

（二）起重机梁的吊装

起重机梁吊装时应两点绑扎、对称起吊，吊钩应对准起重机梁重心，使其起吊后保持水平状态。对位时不宜用撬棍顺纵轴线方向撬动起重机梁，吊装后需校正标高、平面位置和垂直度。起重机梁的标高主要取决于柱子牛腿的标高，只要牛腿标高准确，其误差就不会太大，如存在误差，可待安装轨道时加以调整。平面位置的校正主要是检查起重机梁纵轴线及两列起重机梁之间的跨距是否符合要求。

起重机梁的校正工作可在屋盖系统吊装前进行，也可在吊装后进行，但要考虑安装屋架、支承等构件时可能引起的柱子偏差，从而影响起重机梁的位置准确。对于质量重的起重机梁，脱钩后撬动比较困难，应采取边吊边校正的方法。

起重机梁平面位置的校正通常采用通线法和平移轴线法。通线法是根据柱的定位轴线，在车间两端地面用木桩定出起重机梁定位轴线的位置,并设置经纬仪。先用经纬仪将车间两端的 4 根起重机梁位置校正准确,用钢尺检查两列起重机梁之间的跨距是否符合要求,再根据校正好的端部起重机梁沿其轴线拉上钢丝通线,逐根拨正,如图 6-14 所示。平移轴线法是根据柱和起重机梁的定位轴线间的距离(一般为 750 mm),逐根拨正起重机梁的安装中心线,如图 6-15 所示。

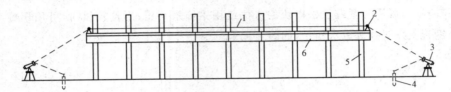

图 6-14　通线法校正起重机梁示意

1—通线;2—支架;3—经纬仪;4—木桩;5—柱;6—起重机梁

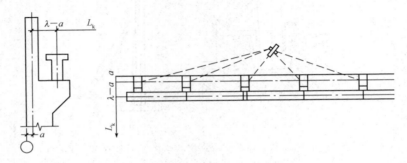

图 6-15　平移轴线法校正起重机梁示意

起重机梁校正后,应立即焊接牢固,用连接钢板与柱侧面、起重机梁顶端的预设铁件相焊接,并在接头处支模,浇灌细石混凝土。钢结构单层工业厂房起重机梁校正后,应将梁与牛腿的螺栓和梁与制动架之间的高强度螺栓连接牢固。

### (三)屋架的吊装

#### 1.屋架的绑扎

屋架的绑扎点应选在上弦节点处,左右对称,绑扎吊索的合力作用点(绑扎中心)应高于屋架重心,绑扎吊索与构件的水平夹角在扶直时不宜小于 60°,吊升时不宜小于 45°,以免屋架承受较大的横向压力。如图 6-16 所示,当屋架跨度小于 18 m 时,两点绑扎;当屋架跨度大于 18 m 时,用两根吊索四点绑扎;当跨度大于 30 m 时,应考虑采用横吊梁,以降低起重高度;对三角组合屋架等刚性较差的屋架,由于下弦不能承受压力,绑扎时也应采用横吊梁。

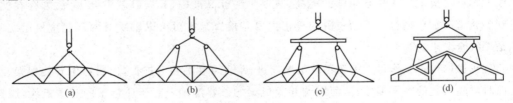

图 6-16　屋架绑扎

(a)跨度≤18 m;(b)跨度>18 m;(c)跨度≥30 m;(d)三角形组合屋架

**2. 屋架的扶直与就位**

钢筋混凝土屋架均是平卧、重叠预制,运输或吊装前均应翻身、扶直。由于屋架是平面受力构件,扶直时在自重作用下屋架承受平面外力,部分改变了构件的受力性质,特别是上弦杆易挠曲开裂,因此吊装、扶直操作时应注意:必须在屋架两端用方木搭井字架(井字架的高度与下一榀屋架面等高),以便屋架由平卧翻转、立直后搁置其上,以防屋架在翻转中由高处滑到地面而损坏。屋架翻身扶直时,争取一次将屋架扶直。在扶直过程中,如无特殊情况,不得猛启动或猛刹车。

**3. 屋架的吊升、对位与临时固定**

屋架的吊升是先将屋架吊离地面约 300 mm,然后将屋架转至吊装位置下方,再将屋架吊升超过柱顶约 300 mm,随即将屋架缓缓放至柱顶,进行对位。

屋架对位后应立即进行临时固定。第一榀屋架的临时固定必须得到重视,因为它是单片结构,侧向稳定性较差,而且也是第二榀屋架的支承。第一榀屋架的临时固定,可用 4 根缆风绳从两边拉牢;当先吊装抗风柱时,可将屋架与抗风柱连接。第二榀屋架及以后各榀屋架可用工具式支承,临时固定在前一榀屋架上。

**4. 屋架的校正与最后固定**

屋架校正是用经纬仪或垂球检查屋架垂直度。施工规范规定,屋架上弦中部对通过两支座中心的垂直面偏差不得大于 $h/250$($h$ 为屋架高度)。如超过偏差允许值,应用工具式支承加以纠正,并在屋架端部支承面垫入薄钢片。校正无误后,立即用电焊焊牢作为最后固定。

**(四)屋面板的吊装**

如图 6-17 所示,屋面板四角一般预埋有吊环,用带钩的吊索钩住吊环即可进行安装。1.5 m×6 m 的屋面板有 4 个吊环,起吊时,应使 4 根吊索长度相等,屋面板保持水平。

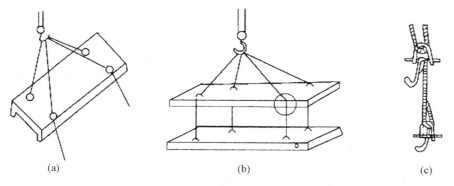

(a)         (b)         (c)

图 6-17 屋面板钩挂示意

(a)单块吊;(b)多块吊;(c)节点示意

屋面板的安装次序,应自两边檐口左右对称地逐块铺向屋脊,避免屋架承受半边荷载。屋面板对位后,立即进行电焊固定,每块屋面板可焊三点,最后一块只焊两点。

## 三、结构安装方案

结构安装工程施工方案应着重解决结构吊装方法、起重机的选择、开行路线、停机位置及构件的平面布置等。

## (一)结构吊装方法

结构吊装方法主要有分件吊装法和综合吊装法两种。

### 1.分件吊装法

分件吊装法是指起重机开行一次,只吊装一种或几种构件。通常分三次开行安装构件:第一次吊装柱,并逐一进行校正和最后固定;第二次吊装起重机梁、连续梁及柱间支撑等;第三次以节间为单位吊装屋架、天窗架和屋面板等构件。

分件吊装法的优点是每次吊装同类构件,索具不需经常更换,且操作程序相同,吊装速度快;有充分时间进行校正;构件可分批进场,供应单一,平面布置比较容易,现场不致拥挤;可根据不同构件选用不同性能的起重机或同一类型起重机选用不同的起重臂,以充分发挥机械效能。其缺点是不能为后续工程及早提供工作面,起重机开行路线较长。

### 2.综合吊装法

综合吊装法是指起重机在车间内的一次开行中,分节间安装各种类型的构件。其具体做法是:先安装 4~6 根柱子,立即加以校正和固定,接着安装起重机梁、连系梁、屋架、屋面板等构件。安装完一个节间所有构件后,转入安装下一个节间。

综合吊装法的优点是起重机开行路线短,停机点位置少,可为后续工作创造工作面,有利于组织立体交叉、平行流水作业,以加快工程进度;其缺点是要同时吊装各种类型构件,不能充分发挥起重机的效能、造成构件供应紧张,平面布置复杂,校正困难。

## (二)起重机的选择

起重机的选择包括起重机类型的选择、起重机型号的选择和起重机数量的计算。

### 1.起重机类型的选择

起重机类型的选择应根据结构形式,构件的尺寸、质量、安装高度、吊装方法及现有起重设备条件来确定。中、小型厂房一般采用自行杆式起重机;重型厂房跨度大、构件重、安装高度大,厂房内设备安装往往要同结构吊装同时进行,因此,一般选用大型自行杆式起重机和重型塔式起重机与其他起重机械配合使用;多层装配式结构可采用轨道式塔式起重机;高层装配式结构可采用爬升式、附着式塔式起重机。

### 2.起重机型号的选择

起重机型号的选择原则是:所选起重机的三个参数,即起重量 $Q$、起重高度 $H$ 和工作幅度(回转半径)$R$ 均须满足结构吊装要求。

(1)起重量。起重机的起重量必须满足下式要求:

$$Q \geqslant Q_1 + Q_2$$

式中　$Q$——起重机的起重量(t);

　　　$Q_1$——构件的重量(t);

　　　$Q_2$——索具的重量(t)。

(2)起重高度。起重机的起重高度必须满足所吊构件的高度要求(图 6-18),即:

$$H \geqslant h_1 + h_2 + h_3 + h_4$$

式中　$H$——起重机的起重高度(m),即从停机面至吊钩的垂直距离;

$h_1$——安装支座表面高度(m),从停机面算起;

$h_2$——安装间隙,应不小于 0.3 m;

$h_3$——绑扎点至构件吊起后底面的距离(m);

$h_4$——索具高度(m),自绑扎点至吊钩面,应不小于 1 m。

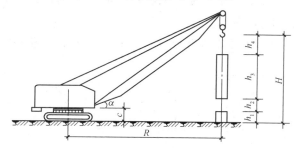

图 6-18　起重机起重高度计算简图

(3)起重回转半径。起重回转半径的确定可从以下两种情况考虑:

1)当起重机可以不受限制地开到构件安装位置附近安装时,在计算起重量和起重高度后,便可查阅起重机起重性能表或性能曲线来选择起重机型号及起重臂长,从而查得在起重量和起重高度下相应的起重半径。

2)当起重机不能直接开到构件安装位置附近安装构件时,应根据起重量、起重高度和起重半径三个参数,查阅起重机性能表或性能曲线来选择起重机型号及起重臂长。

3.起重机数量的选择

起重机数量可按下式计算:

$$N=\frac{1}{TCK}\sum\frac{Q_i}{P_i}$$

式中　$N$——起重机台数;

$T$——工期(d);

$C$——每天工作班数;

$K$——时间利用系数,一般情况下取 0.8~0.9;

$Q_i$——每种构件的安装工程量(件或 t);

$P_i$——起重机相应的产量定额(件/台班或 t/台班)。

另外,在确定起重机数量时还应考虑构件装卸和就位工作的需要。

(三)起重机的开行路线及停机位置

起重机的开行路线和停机位置与起重机的性能、构件尺寸及质量、构件的平面布置、构件的供应方式和安装方法等因素有关。

采用分件吊装时,起重机开行路线有以下两种:

(1)柱吊装时,起重机开行路线有跨边开行和跨中开行两种,如图 6-19 所示。

如果柱子布置在跨内:

当起重半径 $R>L/2$($L$ 为厂房跨度)时,起重机在跨中开行,每个停机点可吊 2 根柱,如图 6-19(a)所示。

当起重半径 $R \geqslant \sqrt{(L/2)^2 + (b/2)^2}$（$b$ 为柱距）时，起重机在跨中开行，每个停机点可吊 4 根柱，如图 6-19(b)所示。

当起重半径 $R < L/2$ 时，起重机在跨内靠边开行，每个停机点只吊 1 根柱，如图 6-19(c)所示。

当起重半径 $R \geqslant \sqrt{a^2 + (b/2)^2}$ 时（$a$ 为开行路线到跨边的距离），起重机在跨内靠边开行，每个停机点可吊 2 根柱，如图 6-19(d)所示。

若柱子布置在跨外时，起重机在跨外开行，每个停机点可吊 1～2 根柱。

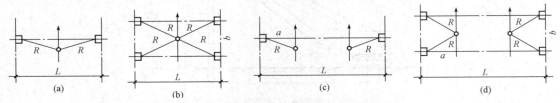

图 6-19　吊装柱时起重机的开行路线及停机位置

(a)、(b)跨中开行；(c)、(d)跨边开行

（2）屋架扶直就位及屋盖系统吊装时，起重机在跨中开行。如图 6-20 所示为单跨厂房采用分件吊装法时起重机的开行路线及停机位置图。起重机从Ⓐ轴线进场，沿跨外开行吊装Ⓐ列柱，再沿Ⓑ轴线跨内开行吊装Ⓑ轴列柱，然后转到Ⓐ轴线扶直屋架并将其就位，再转到Ⓑ轴线吊装Ⓑ列起重机梁、连系梁，随后转到Ⓐ轴线吊装Ⓐ列起重机梁、连系梁，最后转到跨中吊装屋盖系统。

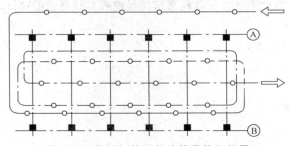

图 6-20　起重机的开行路线及停机位置

当单层厂房面积大或具有多跨结构时，为加快进度，可将建筑物划分为若干段，选用多台起重机同时作业。每台起重机可以独立作业，完成一个区段的全部吊装工作，也可选用不同性能的起重机协同作业，有的专门吊柱，有的专门吊屋盖系统结构，组织大流水施工。

### （四）构件的平面布置

当起重机型号及结构吊装方案确定之后，即可根据起重机性能、构件制作及吊装方法，结合施工现场情况确定构件的平面布置。

1.构件平面布置的要求

（1）每跨的构件宜布置在本跨内，如场地狭窄、布置有困难时，也可布置在跨外便于安装的地方。

（2）构件的布置应便于支模和浇筑混凝土。对预应力构件应留有抽管，以及穿筋的操作场地。

（3）构件的布置要满足安装工艺的要求，尽可能在起重机的工作半径内，以减少起重机"跑吊"的距离及起重杆的起伏次数。

(4)构件的布置应保证起重机、运输车辆的道路畅通。起重机回转时,机身不得与构件相碰。

(5)构件的布置要注意安装时的朝向,避免在空中调向,影响进度和安全。

(6)构件应布置在坚实地基上。在新填土上布置时,土要夯实,并采取一定措施,防止因下沉而影响构件质量。

**2.柱的预制布置**

柱的预制布置分为斜向布置和纵向布置两种。

(1)柱的斜向布置。柱如以旋转法起吊,应按三点共弧斜向布置,如图6-21所示。

(2)柱的纵向布置。当柱采用滑行法吊装时,可以纵向布置。预制柱的位置与厂房纵轴线相平行。若柱长小于12 m,为节约模板与场地,两柱可叠浇,排成一行;若柱长大于12 m,则可叠浇,排成两行。在柱吊装时,起重机宜停在两柱基的中间,每停机一次可吊装2根柱,如图6-22所示。

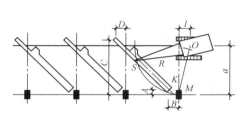

图6-21 柱子斜向布置示意

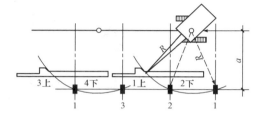

图6-22 柱子纵向布置示意

**3.屋架的预制布置**

屋架一般在跨内平卧叠浇预制,每叠2～3榀。布置方式包括正面斜向、正反斜向及正反纵向布置三种,如图6-23所示。其中应优先采用正面斜向布置,以便于屋架扶直就位;只有当场地受到限制时,才可以采用其他方式。

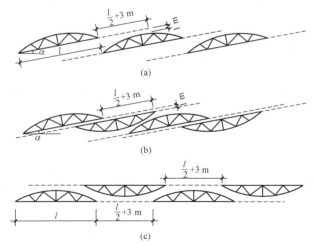

图6-23 屋架预制布置示意

(a)正面斜向布置;(b)正反斜向布置;(c)正反纵向布置

屋架正面斜向布置时,下弦与厂房纵轴线的夹角 $\alpha$ 为10°～20°;预应力屋架的两端应留出 $l/2+3$ m的距离($l$ 为屋架跨度)作为抽管、穿筋的操作场地;如一端抽管时,应留出 $l+3$ m的距离。用胶皮管作预留孔时,可适当缩短。每两垛屋架间要留1 m左右的空隙,以便支模和浇筑混凝土。

屋架平卧预制时,还应考虑屋架扶直就位的要求和扶直的先后次序,先扶直的放在上层并按轴编号。对屋架两端朝向及预埋件位置,也要作出标记。

**4.起重机梁的预制布置**

当起重机梁安排在现场预制时,可靠近柱基顺纵向轴线或略作倾斜布置,也可插在柱子的空当中预制。如具有运输条件,也可在场外集中预制。

**5.屋架的扶直就位**

屋架扶直后应立即进行就位。按就位的位置不同,可分为同侧就位和异侧就位两种,如图 6-24 所示。同侧就位时,屋架的预制位置与就位位置均在起重机开行路线的同一边;异侧就位时,需将屋架由预制的一边转至起重机开行路线的另一边,此时,屋架两端的朝向已有变动。因此,在预制屋架时,对屋架的就位位置应事先加以考虑,以便确定屋架两端的朝向及预埋件的位置。

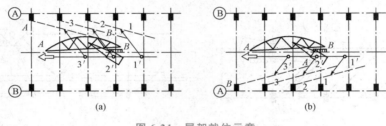

图 6-24　屋架就位示意
(a)同侧就位;(b)异侧就位

**6.起重机梁、连系梁、屋面板的就位**

单层工业厂房除柱和屋架等大构件在现场预制外,其他如起重机梁、连系梁、屋面板等均在构件厂或附近露天预制场制作,运到现场吊装施工。

构件运到现场后,应按施工组织设计所规定的位置,按编号及构件吊装顺序进行就位或集中堆放。梁式构件的叠放不宜超过 2 层,大型屋面板的叠放不宜超过 8 层。

起重机梁、连系梁的就位位置,一般在其吊装位置的柱列附近,跨内跨外均可,从运输车上直接吊至设计位置。

根据起重机吊屋面板时所需的起重半径,当屋面板在跨内排放时,应后退 3～4 节间开始排放;若在跨外排放,应向后退 1～2 个节间开始排放。另外,也可根据具体条件采取随吊随运的方法。

# 单元三　装配式框架结构吊装

## 一、吊装方案

多层装配式框架结构吊装的特点是房屋高度大而占地面积较小,构件类型多、数量大、接头复杂、技术要求较高等。因此,在考虑结构吊装方案时,应着重解决吊装机械的选择和布置、吊装顺序和吊装方法等问题。其中,吊装机械的选择是主导的环节,所采用的吊装机械不同,施工方案也各异。现就采用自行式塔式超重机、履带式起重机和自升式塔式起重机的吊装方案,分别简述如下。

### 1.采用自行式塔式起重机吊装方案

（1）起重机的选择。自行式塔式起重机在低层装配式框架结构吊装中使用较广。其型号的选择主要是根据房屋的高度与平面尺寸、构件重量和安装位置，以及现有机械设备而定。选择起重机时，首先应分析结构情况，绘制出剖面图，并在图上注明各种主要构件的重量 $Q$ 及吊装时所需的起重半径 $R$；然后根据起重机械性能，验算其起重量、起重高度和起重半径是否满足要求，如图 6-25 所示。

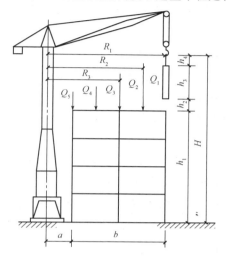

图 6-25　塔式起重机工作参数计算简图

当塔式起重机的起重能力用起重力矩表示时，应分别计算出吊主要构件所需的起重力矩，即 $M_i = Q_i R_i (\mathrm{kN \cdot m})$，取其最大值作为选择依据。

（2）起重机的布置。起重机的布置，一般有以下四种方案，如图 6-26 所示。

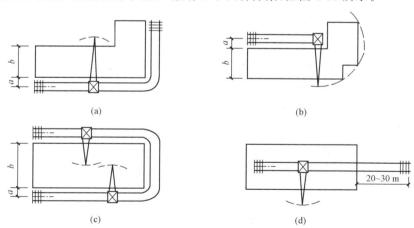

图 6-26　塔式起重机布置方案

（a）、（b）单侧布置；（c）双侧布置；（d）跨内单行布置

1）单侧布置。如图 6-26（a）、（b）所示，当房屋宽度小，构件重量较轻时采用单侧布置。此时，其半径 $R$ 应满足：

$$R \geqslant b + a$$

式中　$b$——房屋宽度（m）。

$a$——房屋外侧至塔轨中心线距离（$a=3\sim5$ m）。

此种布置的优点是轨道长度较短，并在起重机的外侧有较宽的构件堆放场地。

2）双侧布置。如图 6-26(c)所示，适用于房屋宽度较大或构件较重的情况下。起重半径应满足：

$$R=\frac{b}{2}+a$$

若吊装工程量大，且工期紧迫时，可在房屋两侧各布置一台起重机；反之，则可用一台起重机环形吊装。

3）跨内单行布置。如图 6-26(d)所示，这种方案往往是因场地狭窄，在房屋外侧不可能布置起重机，或由于房屋宽度较大、构件较重时才采用。其优点是可减少轨道长度，并节约施工用地。其缺点是只能采用竖向综合安装，结构稳定性差；构件多布置在起重半径之外，需增加二次搬运；对房屋外侧围护结构吊装也较困难；同时，房屋的一端还应有 20~30 m 的场地，作为塔式起重机装拆之用。

4）跨内环形布置。当房屋较宽、构件较重、起重机跨内单行布置不能起吊全部构件，而受场地限制又不可能跨外环形布置时，则宜采用跨内环形布置。

（3）预制构件现场布置。构件的现场布置是否合理，对提高吊装效率、保证吊装质量及减少二次搬运都有密切关系。因此，构件的布置也是多层框架吊装的重要环节之一。其原则如下：

1）尽可能布置在起重半径的范围内，以免二次搬运；

2）重型构件靠近起重机布置，中、小型构件则布置在重型构件外侧；

3）构件布置地点应与吊装就位的布置相配合，尽量减少吊装时起重机的移动和变幅；

4）构件叠层预制时，应满足安装顺序要求，先吊装的底层构件在上，后吊装的上层构件在下。

**2. 采用履带式起重机吊装方案**

履带式起重机起重量大、移动灵活，故在装配式框架吊装中经常采用，尤其是当建筑平面外形不规则时，更能显示其优点。但它的起重高度和起重半径均较小，起重臂易碰到已吊装的构件，只能吊装四层以下的房屋。也可采用履带式起重机吊装底层柱，用塔式起重机吊装梁板及上层柱，这样可充分发挥这两种机械的性能，提高吊装效率。

履带式起重机的开行路线，有跨内开行和跨外开行两种。当构件重量较大时常采用跨内开行，采用竖向综合吊装方案，将各层构件一次吊装到顶，起重机由房屋一端向另一端开行。如采用跨外开行，则将框架分层吊装，起重机沿房屋两侧开行。

由于框架的柱距较小，一般起重机在一个停点可吊 2 根柱，柱的布置则可平行纵轴线或斜向纵轴线。

图 6-27 所示是履带式起重机跨内开行吊装一幢两层三跨框架结构的构件布置图，柱斜向布置在中跨基础旁，两层叠浇。起重机在两个边跨开行。梁板布置在房屋两外侧，位于起重机有效工作范围内。

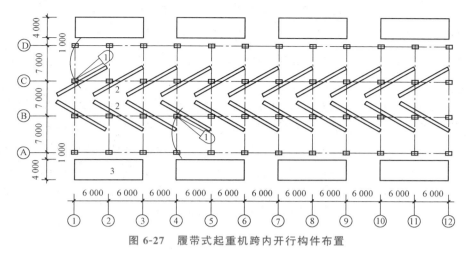

**图 6-27 履带式起重机跨内开行构件布置**

1—履带式起重机;2—柱的预测场地;3—梁、板堆场

### 3.采用自杆升式塔式起重机吊装方案

对于高层装配式建筑,由于高度较大,只有采用自升杆式塔式起重机才能满足起重高度的要求。自升杆式塔式起重机既可布置在房屋内,随着房屋的升高往上爬升,也可附着在房屋外侧。布置时,应尽量使建筑平面和构件堆场位于起重半径范围内。图 6-28 所示为某 10 层公寓采用自升式塔式起重机的施工平面布置。考虑到构件堆放位于房屋南侧,故该机的安装位置稍偏南。由于在起重半径内的堆场不大,因此除壁板、楼板考虑一次就位外,其他构件均需二次搬运,可在附近设中间转运站,现场有一台履带式起重机卸车。也可采用随运随吊的方案,以免二次搬运。

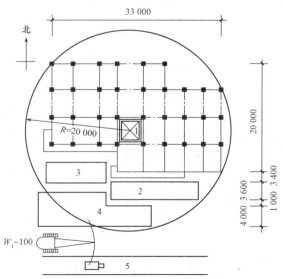

**图 6-28 自升塔式起重机装框架结构**

1—自升式塔式起重机;2—墙板堆放区;3—楼板堆放区;

4—柱、梁堆放区;5—运输道路

## 二、安装方法

多层框架结构的安装方法可分为分件安装法与综合安装法两种。

### 1. 分件安装法

根据分件安装法的流水方式不同，又可分为分层分段流水安装法和分层大流水安装法。

(1) 分层分段流水安装法（图6-29），就是将多层房屋划分为若干施工层，并将每一施工层再划分若干安装段。起重机在每一段内按柱、梁、板的顺序分次进行安装，直至该段的构件全部安装完毕，再转移到另一段去。待一层构件全部安装完毕，并最后固定后，再安装上一层构件。这种安装法的优点是构件供应与布置较方便；每次吊同类型的构件，安装效率高；吊装、校正、焊接等工序之间易于配合。其缺点是起重机开行路线较长，临时固定设备较多。

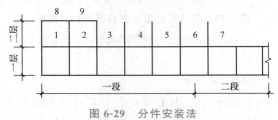

图 6-29　分件安装法

（图中1、2、3……为安装顺序）

(2) 分层大流水安装法与上述方法的不同之处主要在于每一施工层上无须分段，因此，其所需临时固定支撑较多，只适用于在面积不大的房屋中采用。

分件安装法是框架结构安装最常采用的方法。其优点是容易组织吊装、校正、焊接、灌浆等工序的流水作业；易于安排构件的供应和现场布置工作；每次均吊装同类型构件，可提高安装速度和效率；各工序操作较方便安全。

### 2. 综合安装法

综合安装法根据所采用吊装机械的性能及流水方式不同，又可分为分层综合安装法与竖向综合安装法。

(1) 分层综合安装法如图6-30（a）所示，就是将多层房屋划分为若干施工层，起重机在每一施工层中只开行一次，首先安装一个节间的全部构件，再依次安装单元二间、单元三间等。待一层构件全部安装完毕并最后固定后，再依次按节间安装上一层构件。

(2) 竖向综合安装法，是从底层直到顶层把单元一间的构件全部安装完毕后，再依次安装单元二间、单元三间等各层的构件，如图6-30（b）所示。

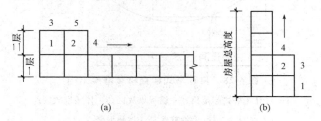

(a)　　　　　　　　　(b)

图 6-30　综合安装法

（a）分层综合安装；（b）竖向综合安装（图中1、2、3……为安装顺序）

### 三、柱的吊装与校正

各层柱的截面应尽量保持不变,以便于预制和吊装。柱的长度一般以 1～2 层楼高为一节,也可以 3～4 层为一节。当采用塔式起重机进行吊装时,柱长以 1～2 层楼高为宜;对 4～5 层框架结构,若采用履带式起重机吊装,柱长则采用一节到顶的方案。柱与柱的接头宜设在弯矩较小的地方或梁、柱的节点处,每层楼的柱接头应设在同一标高上,以便统一构件的规格,减少构件型号。

框架柱由于长细比过大,吊装时必须合理选择吊点位置和吊装方法,以避免产生吊装断裂现象。一般情况下,当柱长在 10 m 以内时,可采用一点绑扎和旋转法起吊;对于 14～20 m 的长柱,则应采用两点绑扎起吊,并应进行吊装验算。

柱的校正应按 2～3 次进行,首先在脱钩后电焊前进行初校;在柱接头电焊后进行第二次校正,观测焊接应力变形所引起的偏差。另外,在梁和楼板安装后还需检查一次,以消除焊接应力和荷载产生的偏差。柱在校正时,力求下节柱准确,以免导致上层柱的积累偏差。但当下节柱经最后校正仍存在偏差,若在允许范围内可以不再进行调整。在这种情况下吊装上节柱时,一般可使上节柱底部中心线对准下节柱顶部中心线和标准中心线的中点,如图 6-31 所示,即 $a/2$ 处,而上节柱的顶部,在校正时仍以标准中心线为准,以此类推。在柱的校正过程中,当垂直度和水平位移有偏差时,若垂直度偏差较大,则应先校正垂直度,后校正水平位移,以减少柱顶倾覆的可能性。柱的垂直度允许偏差值 $\leqslant H/1\,000$($H$ 为柱高),且不大于 10 mm,水平位移允许在 5 mm 以内。

对于细而长的框架柱,在阳光的照射下,温差对垂直度的影响较大,在校正时,必须考虑温差的影响,其措施有以下几点:

(1)在无阳光影响的时候(如阴天、早晨、晚间)进行校正。

(2)在同一轴线上的柱,可选择第 1 根柱(称标准柱)在无温差影响下精确校正,其余柱均以此柱作为校正标准。

(3)预留偏差如图 6-32 所示。其方法是在无温差条件下弹出柱的中心线,在有温差条件下校正 $l/2$ 处的中心线,使其与杯口中心线垂直如图 6-32(a)所示,测得柱顶偏移值为 $\Delta$;再在同方向将柱顶增加偏移值 $\Delta$,如图 6-32(b)所示,当温差消失后该柱回到垂直状,如图 6-32(c)所示。

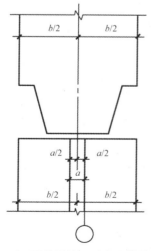

图 6-31　上、下节柱校正时中心线偏差调整

$a$—下节柱顶部中心线偏差;$b$—柱宽

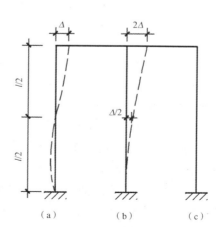

图 6-32　柱校正预留偏差简图

本模块包括起重机械和设备、单层工业厂房结构安装、装配式框架结构吊装等内容,主要讲解了结构安装施工前的准备工作,常见构件的吊装工艺及平面布置,结构安装方案的制订,重点讲解了起重机的选择,起重机的开行路线及构建平面布置的关系。

## 思考与练习

### 一、填空题

1. 结构安装工程常用的起重机械有_____、_____和_____。

2. 桅杆式起重机按其构造不同,可分为_____、_____、_____和_____起重机等。

3. 自行式起重机可分为_____、_____和_____。

4. 履带式起重机的主要技术性能参数是_____、_____和_____。

5. 所谓滑轮组,即由一定数量的_____和_____组成,并通过绕过它们的绳索联系,成为整体。

6. 单层工业厂房构件的吊装过程主要包括绑扎_____、_____、_____、_____和最后固定等工序。

7. 在单层工业厂房吊装施工中,柱的绑扎方法有_____、_____、_____。

8. 屋架校正是用_____或_____检查屋架垂直度。

9. 起重机的选择包括_____、_____和_____。

10. 柱的预制布置,有_____和_____两种。

### 二、选择题

1. 缆风绳用的钢丝绳一般不宜选用( )。

   A.6×19+1　　　　B.6×37+1　　　　C.6×61+1　　　　D.6×91+1

2. 若设计无要求,预制构件在运输时其混凝土强度至少应达到设计强度的( )。

   A.30%　　　　　B.45%　　　　　C.60%　　　　　D.75%

3. 单层工业厂房吊装柱时,其校正工作的主要内容不包括( )。

   A.平面位置　　　B.垂直度　　　C.柱顶标高　　　D.牛腿标高

4. 单层工业厂房屋架的吊装工艺顺序是( )。

   A.绑扎、起吊、对位、临时固定、校正、最后固定

   B.绑扎、扶直就位、起吊、对位与临时固定、校正、最后固定

   C.绑扎、对位、起吊、校正、临时固定、最后固定

   D.绑扎、对位、校正、起吊、临时固定、最后固定

5. 单层工业厂房结构吊装中关于分件吊装法的特点,下列叙述正确的是( )。

   A.起重机开行路线长　　　　　　B.索具更换频繁

   C.现场构件平面布置拥挤　　　　D.起重机停机次数少

6.已安装大型设备的单层工业厂房,其结构吊装方法应采用( )。

    A.综合式吊装法

                                 B.分件吊装法

    C.分层分流水安装法

                                 D.旋转吊装法

7.单层工业厂房柱子的吊装工业顺序是( )。

    A.绑扎、起吊、就位、临时固定、校正、最后固定

    B.绑扎、就位、起吊、临时固定、校正、最后固定

    C.就位、绑扎、起吊、校正、临时固定、最后固定

    D.就位、绑扎、校正、起吊、临时固定、最后固定

8.对平面呈板式的六层钢筋混凝土预制结构吊装时,宜使用( )。

    A.人字拔杆式起重机

                                 B.履带式起重机

    C.附着式塔式起重机

                                 D.轨道式起重机

9.吊装中、小型单层工业厂房的结构构件时,宜使用( )。

    A.履带式起重机

                                 B.附着式起重机

    C.人字拔杆式起重机

                                 D.轨道式起重机

三、简答题

1.结构吊装方法有哪两种?

2.装配式框架结构吊装方案有哪几种?

3.多层框架结构的安装方法有哪些?

4.单层工业厂房结构安装前,应进行哪些准备工作?

# 模块七　建筑防水工程

1. 了解卷材防水屋面各种原材料的特性,掌握各种卷材防水屋面的施工工艺。
2. 了解涂膜防水屋面各种原材料的特性,掌握涂膜防水屋面的施工工艺。
3. 了解刚性防水屋面各种原材料的特性,掌握刚性防水屋面的施工工艺。
4. 了解防水混凝土施工、沥青防水卷材施工、聚氨酯涂料防水施工的施工工艺。
5. 了解厨房、卫生间地面防水构造与施工要求,掌握厨房、卫生间地面防水的施工方法。

1. 能根据实际情况合理地选择防水材料。
2. 能合理地进行卷材防水屋面的施工。
3. 能合理地进行刚性防水屋面的施工。
4. 能合理地组织地下防水工程施工。
5. 能合理地进行厨房、卫生间防水工程施工。

　　防水工程施工是建设工程中重要的组成部分。通过防水材料的合理选择与施工,能预防建设工程施工中浸水和渗漏的发生,确保建设工程能够充分发挥使用功能,延长使用寿命。因此,防水工程的施工必须严格遵守相关操作规定,切实保证工程质量。

## 单元一　建筑屋面防水工程施工

　　屋面防水工程按其构造可分为柔性防水屋面、刚性防水屋面、上人屋面、架空隔热屋面、蓄水屋面、种植屋面和金属板材屋面等。屋面防水可多道设防,将卷材、涂膜、细石防水混凝土复合使用,也可将卷材叠层施工。国家标准《屋面工程质量验收规范》(GB 50207—2012)根据建筑物的性质、重要程度、使用功能要求以及防水层耐用年限等,将屋面防水分为四个等级,不同的防水等级有不同的设防要求,见表 7-1。屋面工程应根据工程特点、地区自然条件等,按照屋面防水等级设防要求,进行防水构造设计。

表 7-1 屋面防水等级和设防要求

| 项目 | 屋面防水等级 | | | |
|---|---|---|---|---|
| | Ⅰ | Ⅱ | Ⅲ | Ⅳ |
| 建筑物类别 | 特别重要或对防水有特殊要求的建筑 | 重要的建筑和高层建筑 | 一般的建筑 | 非永久的建筑 |
| 防水层合理使用年限 | 25 年 | 15 年 | 10 年 | 5 年 |
| 防水层选用材料 | 宜选用合成高分子防水卷材、高聚物改性沥青防水卷材、金属板材,合成高分子防水涂料、细石混凝土等材料 | 宜选用合成高分子防水卷材、高聚物改性沥青防水卷材、金属板材,合成高分子防水涂料、高聚物改性沥青防水涂料、细石混凝土、平瓦、油毡瓦等材料 | 宜选用三毡四油沥青防水卷材、高聚物改性沥青防水卷材、合成高分子防水卷材、金属板材、高聚物改性沥青防水涂料、合成高分子防水涂料、细石混凝土、平瓦、油毡瓦等材料 | 可选用二毡三油沥青防水卷材、高聚物改性沥青防水涂料等 |
| 设防要求 | 三道或三道以上防水设防 | 两道防水设防 | 一道防水设防 | 一道防水设防 |

# 一、卷材防水屋面

卷材防水屋面属柔性防水屋面,其优点是:质量轻,防水性能较好,尤其是防水层,具有良好的柔韧性,能适应一定程度的结构振动和胀缩变形;其缺点是:造价高,特别是沥青卷材易老化、起鼓,耐久性差,施工工序多,工效低,维修工作量大,产生渗漏时修补、找漏困难等。

卷材防水屋面质量验收标准

卷材防水屋面一般由结构层、隔汽层、保温层、找平层、防水层和保护层组成,如图 7-1 所示。其中,隔汽层和保温层在一定的气温条件和使用条件下可不设。

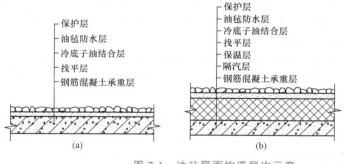

图 7-1 油毡屋面构造层次示意

(a)不保温油毡屋面;(b)保温油毡屋面

## (一)材料要求

### 1. 卷材防水屋面的材料

(1)沥青。沥青是一种有机胶凝材料。在土木工程中,目前常用的汤膏是石油沥青。石油沥青按其用途,可分为建筑石油沥青、道路石油沥青和普通石油沥青三种。建筑石油沥青黏性较高,多用于建筑物的屋面及地下工程防水;道路石油沥青则用于拌制沥青混凝土和沥青砂浆或道路工程;普通石油沥青因其温度稳定性差,黏性较低,在建筑工程中一般不单独使用,而是与建筑石油沥青掺配经氧化处理后使用。

(2)卷材。

1)沥青卷材。沥青防水卷材按照制造方法不同,可分为浸渍(有胎)和辊压(无胎)两种。石油沥青卷材又称油毡和油纸。油毡是用高软化点的石油沥青涂盖油纸的两面,再撒上一层滑石粉或云母片而成;油纸是用低软化点的石油沥青浸渍原纸而成。建筑工程中常用的有石油沥青油毡和石油沥青油纸两种。油毡和油纸在运输、堆放时应竖直搁置,高度不宜超过两层;应储存在阴凉通风的室内,避免日晒雨淋及高温、高热。

2)高聚物改性沥青卷材。高聚物改性沥青防水卷材是以合成高分子聚合物改性沥青为涂盖层,纤维织物或纤维毡为胎体,粉状、粒状、片状或薄膜材料为覆盖材料制成可卷曲的片状材料。

3)合成高分子卷材。合成高分子防水卷材是以合成橡胶、合成树脂或两者的共混体为基料,加入适量的化学助剂和填充料等,经不同工序加工而成的可卷曲的片状防水材料;或把上述材料与合成纤维等复合,形成两层或两层以上的可卷曲的片状防水材料。

(3)冷底子油。冷底子油是用 10 号或 30 号石油沥青加入挥发性溶剂配制而成的溶液。石油沥青与轻柴油或煤油以 4∶6 的配合比调制而成的冷底子油为慢挥发性冷底子油,涂喷后 12~48 h 干燥;石油沥青与汽油或苯以 3∶7 的配合比调制而成的冷底子油为快挥发性冷底子油,涂喷后 5~10 h 干燥。调制时先将熬好的沥青倒入料桶中,再加入溶剂,并不停地搅拌至沥青全部溶化为止。冷底子油具有较强的渗透性和憎水性,并使沥青胶结材料与找平层之间的粘结力增强。

(4)沥青胶结材料。沥青胶结材料是用石油沥青按一定配合比掺入填充料(粉状和纤维状矿物质)混合熬制而成的,用于粘贴油毡作防水层或作为沥青防水涂层以及接头填缝。

在沥青胶结材料中加入填充料提高耐热度、增加韧性、增加抗老化能力,填充料可采用滑石粉、板岩粉、云母粉、石棉粉等。粒径大于 0.85 mm 的颗粒不应超过 15%,含水率应在 3% 以内。

2.进场卷材的抽样复验

(1)同一品种、型号和规格的卷材,抽样数量:大于 1 000 卷抽取 5 卷;500~1 000 卷抽取 4 卷;100~499 卷抽取 3 卷;小于 100 卷抽取 2 卷。

(2)将受检的卷材进行规格、尺寸和外观质量检验,全部指标达到标准规定时即为合格。其中若有一项指标达不到要求,允许在受检产品中另取相同数量卷材进行复检,全部达到标准规定为合格。复检时仍有一项指标不合格,则判定该产品外观质量为不合格。

(3)在外观质量检验合格的卷材中,任取一卷做物理性能检验,若物理性能有一项指标不符合标准规定,应在受检产品中加倍取样进行该项复检;如复检结果仍不合格,则判定该产品为不合格。

3.卷材胶粘剂、胶粘带

(1)改性沥青胶粘剂的剥离强度不应小于 8 N/10 mm。

(2)合成高分子胶粘剂的剥离强度不应小于 15 N/10 mm,浸水 168 h 后的保持率不应小于 70%。

(3)双面胶粘带的剥离强度不应小于 6 N/10 mm,浸水 168 h 后的保持率不应小于 70%。

(4)卷材胶粘剂和胶粘带的储运、保管。

1)不同品种、规格的卷材胶粘剂和胶粘带,应分别用密封桶或纸箱包装。

2)卷材胶粘剂和胶粘带应储存在阴凉、通风的室内,严禁靠近火源和热源。

### (二)卷材防水屋面的施工

#### 1.卷材防水的一般规定

(1)卷材的铺贴方向。当屋面坡度小于3%时,卷材宜平行屋脊铺贴;当屋面坡度在3%～16%时,卷材可平行或垂直屋脊铺贴;当屋面坡度大于16%或屋面受振动时,沥青防水卷材应垂直屋脊铺贴。高聚物改性沥青防水卷材和合成高分子防水卷材可平行或垂直屋脊铺贴,上、下层卷材不得相互垂直铺贴。

(2)卷材的铺贴方法。卷材防水层上有重物覆盖或基层变形较大时,应优先采用空铺法、点粘法、条粘法或机械固定法,但距离屋面周边800 mm内及叠层铺贴的各层卷材之间应满粘;防水层采取满粘法施工时,找平层的分格缝处宜空铺,空铺的宽度宜为100 mm;卷材屋面的坡度不宜超过26%,当坡度超过26%时应采取防止卷材下滑的措施。

(3)卷材铺贴的施工顺序。屋面防水层施工时,应先做好节点、附加层和屋面排水比较集中等部位的处理,然后由屋面最低处向上进行。铺贴天沟、檐沟卷材时,宜顺天沟、檐沟方向,减少卷材的搭接。铺贴多跨和有高低跨的屋面时,应按先高后低、先远后近的顺序进行。等高的大面积屋面,先铺贴离上料地点较远的部位,后铺贴较近的部位。划分施工时,其界限宜设置在屋脊、天沟、变形缝处。

(4)搭接方法和宽度要求。卷材铺贴应采用搭接法。相邻两幅卷材的接头还应相互错开300 mm以上,以免接头处多层卷材因重叠而粘结不实。叠层铺贴,上、下层两幅卷材的搭接缝也应错开1/3幅宽,如图7-2所示。当采用高聚物改性沥青防水卷材点粘或空铺时,两头部分必须全粘500 mm以上。平行于屋脊的搭接缝,应顺水流方向搭接;垂直于屋脊的搭接缝,应顺年最大频率风向搭接。叠层铺设的各层卷材,在天沟与屋面的连接处应采用交叉接法搭接,搭接缝应错开,接缝宜留设在屋面或天沟侧面,不宜留设在沟底。

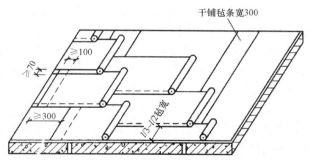

**图 7-2　卷材水平铺贴搭接要求**

各种卷材的搭接宽度应符合表7-2的要求。

表 7-2　卷材搭接宽度

| 搭接方向 | 短边搭接宽度/mm | | 长边的搭接宽度/mm | |
|---|---|---|---|---|
| 卷材种类 | 满粘法 | 空铺法<br>点粘法<br>条粘法 | 满粘法 | 空铺法<br>点粘法<br>条粘法 |
| 沥青防水卷材 | 100 | 150 | 70 | 100 |

| 搭接方向 | | 短边搭接宽度/mm | | 长边的搭接宽度/mm | |
|---|---|---|---|---|---|
| 高聚物改性沥青防水卷材 | | 80 | 100 | 80 | 100 |
| 合成高分子<br>防水卷材 | 胶粘剂 | 80 | 100 | 80 | 100 |
| | 胶粘带 | 50 | 60 | 50 | 60 |
| | 单焊缝 | 60,有效焊接宽度不小于25 | | | |
| | 双焊缝 | 80,有效焊接宽度10×2+空腔宽 | | | |

### 2.沥青防水卷材施工工艺

(1)基层清理。施工前清理干净基层表面的杂物和尘土,并保证基层干燥。干燥程度的建议检查方法是将 1 m² 卷材平坦地干铺在找平层上,静置 3~4 h 后掀开检查,找平层覆盖部位与卷材上未见水印,即可认为基层干燥。

(2)喷涂冷底子油。先将沥青加热熔化,使其脱水至不起泡为止,然后将热沥青倒入桶内,冷却至 110 ℃,缓慢注入汽油,边注入边搅拌均匀。一般采用的冷底子油配合比(质量比)为 60 号道路石油沥青:汽油=30:70;10 号(30 号)建筑石油沥青:轻柴油=50:50。

冷底子油采用长柄棕刷进行涂刷,一般 1~2 遍成活,要求均匀一致,不得漏刷和出现麻点、气泡等缺陷;第二遍应在第一遍冷底子油干燥后再涂刷。冷底子油也可采用机械喷涂。

(3)油毡铺贴。油毡铺贴之前首先应拌制玛蹄脂,常用的为热玛蹄脂,其拌制方法为:按配合比将定量沥青破碎成 80~100 mm 的碎块,放在沥青锅里均匀加热,随时搅拌,并用漏勺及时捞清杂物,熬至脱水无泡沫时,缓慢加入预热干燥的填充料,同时不停地搅拌至规定温度,其加热温度不高于 240 ℃,实用温度不低于 190 ℃,制作好的热玛蹄脂应在 8 h 之内用完。

油毡在铺贴前应保持干燥,其表面的撒布料应预先清扫干净,避免损伤油毡。在女儿墙、立墙、天沟、檐口、落水口、屋檐等屋面的转角处,均应加铺 1~2 层油毡附加层。

(4)细部处理。细部处理主要包括以下几点:

1)天沟、檐沟部位。天沟、檐沟部位铺贴卷材应从沟底开始,纵向铺贴;如沟底过宽,纵向搭接缝宜留设在屋面或沟的两侧。卷材应由沟底翻上至沟外檐顶部,卷材收头应用水泥钉固定,并用密封材料封严。沟内卷材附加层在天沟、檐口与屋面交接处宜空铺,空铺的宽度不应小于 200 mm。

2)女儿墙泛水部位。当泛水墙体为砖墙时,卷材收头可直接铺压在女儿墙压顶下,压顶应做防水处理。也可在砖墙上预留凹槽,卷材收头端部应截齐压入凹槽内,用压条或垫片钉牢固定,最大钉距不应大于 900 mm,然后用密封材料将凹槽嵌填封严,凹槽上部的墙体也应抹水泥砂浆层做防水处理。

3)变形缝部位。变形缝的泛水高度不应小于 250 mm,其卷材应铺贴到变形缝两侧砌体上面,并且缝内应填放泡沫塑料,上部填放衬垫材料,并用卷材封盖,变形缝顶部应加扣混凝土盖板或金属盖板,盖板的接缝处要用油膏嵌封严密。

4)落水口部位。落水口杯上口的标高应设置在沟底的最低处。铺贴时,卷材贴入落水口杯内不应小于 50 mm,并涂刷防水涂料 1 遍或 2 遍,且使落水口周围 500 mm 的范围坡度不小于 5%,并在基层与落水口接触处应留 20 mm 宽、20 mm 深的凹槽,用密封材料嵌填密实。

5)伸出屋面的管道。将管道根部周围做成圆锥台,管道与找平层相接处留 20 mm×20 mm 的凹槽,嵌填密封材料,并将卷材收头处用金属箍箍紧,用密封材料封严。

6）无组织排水。排水檐口 800 mm 范围内卷材应采取满粘法，卷材收头压入预留的凹槽内，采用压条或带垫片钉子固定，最大钉距不应大于 900 mm，凹槽内用密封材料嵌填封严，并应注意在檐口下端抹出鹰嘴和滴水槽。

### 3. 高聚物改性沥青防水卷材施工工艺

（1）清理基层。基层要保证平整，无空鼓、起砂，阴阳角应呈圆弧形，坡度符合设计要求，尘土、杂物要清理干净，保持干燥。

（2）涂刷基层处理剂。基层处理剂是利用汽油等溶液稀释胶粘剂制成，应搅拌均匀，用长把滚刷均匀涂刷在基层表面上，涂刷时要均匀一致。

（3）高聚物改性沥青防水卷材施工。高聚物改性沥青防水卷材、施工，有冷粘法铺贴卷材、热熔法铺贴卷材和自粘法铺贴卷材三种方法。

1）冷粘法铺贴卷材。

①胶粘剂涂刷应均匀，不露底、不堆积。卷材空铺、点粘、条粘时，应按规定的位置及面积涂刷胶粘剂。

②根据胶粘剂的性能，应控制胶粘剂涂刷与卷材铺贴的间隔时间。

③铺贴卷材时应排除卷材下面的空气，并辊压粘贴牢固。

④铺贴卷材时应平整、顺直，搭接尺寸准确，不得扭曲、折皱。搭接部位的接缝应满涂胶粘剂，辊压粘贴牢固。

⑤搭接缝口应用材性相容的密封材料封严。

2）热熔法铺贴卷材。

①火焰加热器的喷嘴至卷材面的距离应适中，幅宽内加热应均匀，以卷材表面熔融至光亮黑色为度，不得过分加热卷材。厚度小于 3 mm 的高聚物改性沥青防水卷材，严禁采用热熔法施工。

②卷材表面热熔后应立即滚铺卷材，滚铺时应排除卷材下面的空气，使之平展并粘贴牢固。

③搭接缝部位宜以溢出热熔的改性沥青为度，溢出的改性沥青宽度以 2 mm 左右并均匀顺直为宜。当接缝处的卷材有铝箔或矿物粒（片）料时，应清除干净后再进行热熔和接缝处理。

④铺贴卷材时应平整顺直，搭接尺寸准确，不得扭曲。

⑤采用条粘法时，每幅卷材与基层粘结面不应少于两条，每条宽度不应小于 150 mm。

3）自粘法铺贴卷材。

①铺贴卷材前，基层表面应均匀涂刷基层处理剂，干燥后及时铺贴卷材。

②铺贴卷材时应将自黏胶底面的隔离纸完全撕净。

③铺贴卷材时应排除卷材下面的空气，并辊压粘贴牢固。

④铺贴的卷材应平整顺直，搭接尺寸准确，不得扭曲、皱褶。低温施工时，立面、大坡面及搭接部位宜采用热风机加热，加热后随即粘贴牢固。

⑤搭接缝口应采用材性相容的密封材料封严。

### 4. 合成高分子防水卷材施工工艺

（1）基层处理。基层表面为水泥浆找平层，找平层要求表面平整。当基层面有凹坑或不平时，可用 108 胶水水泥砂浆嵌平或抹层缓坡。基层在铺贴前需做到洁净、干燥。

（2）高分子防水卷材的铺贴。高分子防水卷材的铺贴为冷粘法和热焊法两种施工方法，使用最多的是冷粘法。冷粘法施工是以合成高分子卷材为主体材料，配以与卷材同类型的胶粘剂及其他辅助材料，用胶粘剂贴在基层形成防水层的施工方法。

冷粘法施工工序如下：

1）刷底胶。将高分子防水材料胶粘剂配制成的基层处理剂或胶粘带，均匀地涂刷在基层的表面,在干燥 4～12 h 后再进行后道工序。胶粘剂涂刷应均匀,不露底、不堆积。

2)卷材上胶。先将卷材在干净、平整的面层上展开,用长滚刷蘸满搅拌均匀的胶粘剂,涂刷在卷材的表面,涂胶的厚度要均匀且无漏涂,但在沿搭接部位留出 100 mm 宽的无胶带。静置 10～20 min,当胶膜干燥且手指触摸基本不粘手时,用纸筒芯重新卷好带胶的卷材。

3)滚铺。卷材的铺贴应从流水口下坡开始。先弹出基准线,然后将已涂刷胶粘剂的卷材一端先粘贴固定在预定部位,再逐渐沿基线滚动展开卷材,将卷材粘贴在基层上。

卷材滚铺施工中应注意:铺设同一跨屋面的防水层时,应先铺设排水口、天沟、檐口等处排水比较集中的部位,按标高由低向高的顺序铺设;在铺多跨或高低跨屋面防水卷材时,应按先高后低、先远后近的顺序进行;应将卷材顺长方向铺,并使卷材长面与流水坡度垂直,卷材的搭接要顺流水方向,不应成逆向。

4)上胶。在铺贴完成的卷材表面再均匀地涂刷一层胶粘剂。

5)复层卷材。根据设计要求可再重复上述施工方法,再铺贴一层或数层的高分子防水卷材,达到屋面防水的效果。

6)着色剂。在高分子防水卷材铺贴完成、质量验收合格后,可在卷材表面涂刷着色剂,起到保护卷材和美化环境的作用。

## 二、涂膜防水屋面

涂膜防水屋面是在屋面基层上涂刷防水涂料,经固化后形成一层有一定厚度和弹性的整体涂膜,从而达到防水目的的一种防水屋面形式。防水涂料的特点:防水性能好,固化后无接缝;施工操作简便,可适应各种复杂的防水基面;与基面粘结强度高;温度适应性强;施工速度快,易于修补等。

涂膜防水屋面构造如图 7-3 所示。

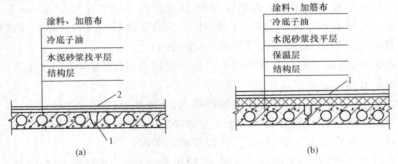

图 7-3 涂膜防水屋面构造图
(a)无保温层涂膜屋面;(b)有保温层涂膜屋面
1—细石混凝土;2—油膏嵌缝

### (一)材料要求

1.进场防水涂料和胎体增强材料的抽样复验

(1)同一规格、品种的防水涂料,每 10 t 为一批,不足 10 t 者按一批进行抽样。胎体增强材料,每 3 000 m² 为一批,不足 3 000 m² 者按一批进行抽样。

(2)防水涂料和胎体增强材料的物理性能检验,全部指标达到标准规定时,即为合格。若有一项指标达不到要求,允许在受检产品中加倍取样进行该项复检;如复检结果仍不合格,则判定该产品为不合格。

**2.防水涂料和胎体增强材料的储运、保管**

（1）防水涂料包装容器必须密封,容器表面应标明涂料名称、生产厂名、执行标准号、生产日期和产品有效期,并分类存放。

（2）反应型和水乳型涂料储运和保管的环境温度不宜低于 5 ℃。

（3）溶剂型涂料储运和保管的环境温度不宜低于 0 ℃,并不得日晒、碰撞和渗漏;保管环境应干燥、通风,并远离火源;仓库内应设有消防设施。

（4）胎体增强材料储运、保管的环境应干燥、通风,并远离火源。

### （二）涂膜防水屋面的施工

涂膜防水屋面的施工工艺流程如图 7-4 所示。

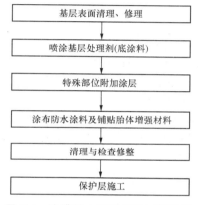

图 7-4　涂膜防水屋面施工工艺流程

**1.基层清理**

涂膜防水层施工前,先将基层表面的杂物、砂浆硬块等清扫干净,基层表面平整,无起砂、起壳、龟裂等现象。

**2.涂刷基层处理剂**

基层处理剂常采用稀释后的涂膜防水材料,其配合比应根据不同防水材料按要求配制。涂刷时应涂刷均匀,覆盖完全。

**3.附加涂膜层施工**

涂膜防水层施工前,在管根部、落水口、阴阳角等部位必须先做附加涂层,附加涂层的做法是:在附加层涂膜中铺设玻璃纤维布,用板刷涂刮驱除气泡,将玻璃纤维布紧密地贴在基层上,不得出现空鼓或折皱,可以多次涂刷涂膜。

**4.涂膜防水层施工**

涂膜防水应根据防水涂料的品种分层分遍涂布,不得一次涂成;应待先涂的涂层干燥成膜后,方可涂后一遍涂料;需铺设胎体增强材料时,屋面坡度小于 15% 时可平行屋脊铺设,屋面坡度大于 15% 时应垂直屋脊铺设;胎体增强材料长边搭接宽度不应小于 50 mm,短边搭接宽度不应小于 70 mm;采用两层胎体增强材料时,上、下层不得相互垂直铺设,搭接缝应错开,其间距不应小于幅宽的 1/3。

涂膜防水层的厚度:高聚物改性沥青防水涂料,在屋面防水等级为 Ⅱ 级时,不应小于 3 mm;合成高分子防水涂料,在屋面防水等级为 Ⅲ 级时,不应小于 1.5 mm。

施工要点:防水涂膜应分层分遍涂布,第一层一般不需要刷冷底子油,待先涂的涂层干燥成膜后,方可涂布下一遍涂料。在板端、板缝、檐口与屋面板交接处,先干铺一层宽度为 150～300 mm 的塑料薄膜缓冲层。铺贴玻璃丝布或毡片应采用搭接法。

铺加衬布前,应先浇胶料并刮刷均匀,然后立即铺加衬布,再在上面浇胶料刮刷均匀,纤维不露白,用辊子滚压实,排尽布下空气。必须待上道涂层干燥后,方可进行后道涂料施工,干燥时间视当地温度和湿度而定,一般为 4~24 h。

5.保护层施工

涂膜防水屋面应设置保护层。保护层材料可采用绿豆砂、云母、蛭石、浅色涂料、水泥砂浆、细石混凝土或块材等。当采用水泥砂浆、细石混凝土或块材保护层时,应在防水涂膜与保护层之间设置隔离层,以防止因保护层的伸缩变形,将涂膜防水层破坏而造成渗漏。当用绿豆砂、云母、蛭石时,应在最后一遍涂料涂刷后随即撒上,并用扫帚轻扫均匀、轻拍粘牢;当用浅色涂料作保护层时,应在涂膜固化后进行。

## 三、刚性防水屋面

刚性防水屋面用细石混凝土、块体材料或补偿收缩混凝土等材料作屋面防水层,依靠混凝土密实并采取一定的构造措施,以达到防水的目的。

刚性防水屋面所用材料虽然容易取得,价格低廉、耐久性好、维修方便,但是对地基不均匀沉降、温度变化、结构振动等因素都非常敏感,容易产生变形开裂,且防水层与大气直接接触,表面容易碳化和风化。如果处理不当,极易发生渗漏水现象,所以,刚性防水屋面适用于Ⅰ~Ⅲ级的屋面防水,不适用于设有松散材料保温层及受较大振动或冲击的和坡度大于15%的建筑屋面。

刚性防水屋面质量要求

刚性防水屋面构造如图 7-5 所示。

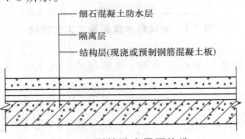

— 细石混凝土防水层
— 隔离层
— 结构层(现浇或预制钢筋混凝土板)

图 7-5 刚性防水屋面构造

### (一)材料要求

(1)防水层的细石混凝土宜用普通硅酸盐水泥或硅酸盐水泥,不得使用火山灰质硅酸盐水泥;当采用矿渣硅酸盐水泥时,应采取减少泌水性的措施。

(2)防水层内配置的钢筋宜采用冷拔低碳钢丝。

(3)防水层的细石混凝土中,粗集料的最大粒径不宜大于 15 mm,含泥量不应大于 1%;细集料应采用中砂或粗砂,含泥量不应大于 2%。

(4)防水层细石混凝土使用的外加剂,应根据不同品种的适用范围、技术要求选择。

(5)水泥储存时应防止受潮,存放期不得超过三个月。当超过存放限时,应重新检验确定水泥强度等级。受潮结块的水泥不得使用。

(6)外加剂应分类保管,不得混杂,并应存放于阴凉、通风、干燥处。运输时应避免日晒、雨淋和受潮。

### (二)刚性防水屋面施工

1.基层要求

刚性防水屋面的结构层宜为整体现浇的钢筋混凝土。当屋面结构层采用装配式钢筋混凝土板时,应用强度等级不小于 C20 的细石混凝土灌缝,灌缝的细石混凝土宜掺加膨胀剂。当屋面板板缝宽度大于 40 mm 或上窄下宽时,板缝内必须设置构造钢筋,灌缝高度与板面平齐,板端缝应用密封材料进行嵌缝密封处理。

### 2.隔离层施工

为了消除结构变形对防水层的不利影响,可将防水层和结构层完全脱离,在结构层和防水层之间增加一层厚度为 10~20 mm 的黏土砂浆,或者铺贴卷材隔离层。

(1)黏土砂浆隔离层施工。将石灰膏∶砂∶黏土=1∶2.4∶3.6 的材料均匀拌和,铺抹 10~20 mm 厚,压平抹光,待砂浆基本干燥后进行防水层施工。

(2)卷材隔离层施工。用 1∶3 的水泥砂浆找平结构层,在干燥的找平层上铺一层干细砂后,再在其上铺一层卷材隔离层,搭接缝用热沥青玛琋脂。

### 3.细石混凝土防水层施工

(1)混凝土水胶比不应大于 0.55,每立方米混凝土的水泥和掺合料用量不应小于 330 kg,砂率宜为 35%~40%,灰砂比宜为 1∶2~1∶2.5。

(2)细石混凝土防水层中的钢筋网片,施工时应放置在混凝土的上部。

(3)分格条安装位置应准确,起条时不得损坏分格缝处的混凝土;当采用切割法施工时,分格缝的切割深度宜为防水层厚度的 3/4。

(4)普通细石混凝土中掺入减水剂、防水剂时,应计量准确、投料顺序得当、搅拌均匀。

(5)混凝土搅拌时间不应少于 2 min,混凝土运输过程中应防止漏浆和离析;每个分格板块的混凝土应一次浇筑完成,不得留设施工缝;抹压时不得在表面洒水、加水泥浆或撒干水泥,混凝土收水后应进行二次压光。

(6)防水层的节点施工应符合设计要求;预留孔洞和预埋件位置应准确;安装管件后,其周围应按设计要求嵌填密实。

(7)混凝土浇筑后应及时养护,养护时间不宜少于 14 d;养护初期屋面不得上人。

## 单元二　地下建筑防水工程施工

地下工程常年受到各种地表水、地下水的作用,所以,地下工程的防渗漏处理比屋面防水工程要求更高,技术难度更大。地下工程的防水方案,应根据使用要求,全面考虑地质、地貌、水文地质、工程地质、地震烈度、冻结深度、环境条件、结构形式、施工工艺及材料来源等因素合理确定。

### 一、地下工程防水混凝土施工

#### (一)地下工程防水混凝土的设计要求

防水混凝土又称抗渗混凝土,是以改进混凝土配合比、掺加外加剂或采用特种水泥等手段提高混凝土密实性、憎水性和抗渗性,使其满足抗渗等级大于或等于 P6(抗渗压力为 0.6 MPa)要求的不透水性混凝土。

防水混凝土
质量验收
标准

##### 1.防水混凝土抗渗等级的选择

防水混凝土的设计抗渗等级应符合表 7-3 的规定。

表 7-3　防水混凝土的设计抗渗等级

| 工程埋置深度/m | <10 | 10~20 | 20~30 | 30~40 |
|---|---|---|---|---|
| 设计抗渗等级 | P6 | P8 | P10 | P12 |

注：1. 本表适用于Ⅳ、Ⅴ级围岩（土层及软弱围岩）。
　　2. 山岭隧道防水混凝土的抗渗等级可按铁道部门的相关规范执行。

由于建筑地下防水工程配筋较多,不允许渗漏,其防水要求一般高于水工混凝土,故防水混凝土抗渗等级最低定为 P6,一般多采用 P8,水池的防水混凝土抗渗等级不应低于 P6,重要工程的防水混凝土的抗渗等级宜定为 P8~P20。

**2.防水混凝土的最小抗压强度和结构厚度**

(1)地下工程防水混凝土结构的混凝土垫层,其抗压强度等级不应低于 C20,厚度不应小于 100 mm。

(2)在满足抗渗等级要求的同时,其抗压强度等级一般可控制在 C20~C30 范围内。

(3)防水混凝土结构厚度须根据计算确定,但其最小厚度应根据部位、配筋情况及施工是否方便等因素,按表 7-4 选定。

表 7-4　防水混凝土的结构厚度

| 结构类型 | 最小厚度/mm | 结构类型 | 最小厚度/mm |
|---|---|---|---|
| 无筋混凝土结构 | >150 | 钢筋混凝土立墙:单排配筋 | >200 |
| 钢筋混凝土底板 | >150 | 双排配筋 | >250 |

**3.防水混凝土的配筋及其保护层**

(1)设计防水混凝土结构时,应优先采用变形钢筋,配置应细而密,直径宜用 $\phi 8$~$\phi 25$,中距≤ 200 mm,分布应尽可能均匀。

(2)钢筋保护层厚度,处在迎水面应不小于 35 mm;当直接处于侵蚀性介质中时,保护层厚度不应小于 50 mm。

(3)在防水混凝土结构设计中,应按照裂缝展开进行验算。一般处于地下水及淡水中的混凝土裂缝的允许厚度,其上限可定为 0.2 mm;在特殊重要工程、薄壁构件或处于侵蚀性水中,裂缝允许宽度应控制在 0.1~0.15 mm;当混凝土在海水中并经受反复冻融循环时,控制应更严,可参照有关规定执行。

**(二)防水混凝土的搅拌**

(1)准确计算、称量用料量。严格按选定的施工配合比,准确计算并称量每种用料。外加剂的掺加方法应遵从所选外加剂的使用要求。水泥、水、外加剂掺合料计量允许偏差不应大于±1%;砂、石计量允许偏差不应大于 2%。

(2)控制搅拌时间。防水混凝土应采用机械搅拌,搅拌时间一般不少于 2 min,掺入引气型外加剂,则搅拌时间为 2~3 min,掺入其他外加剂应根据相应的技术要求确定搅拌时间。掺入 UEA膨胀剂防水混凝土搅拌的最短时间,按表 7-5 采用。

**表 7-5  防水混凝土搅拌的最短时间**

| 混凝土坍落度 /mm | 搅拌机机型 | 搅拌机出料量/L | | |
|---|---|---|---|---|
| | | <250 | 250~500 | >500 |
| ≤30 | 强制式 | 90 | 120 | 150 |
| | 自落式 | 150 | 180 | 210 |
| >30 | 强制式 | 90 | 90 | 120 |
| | 自落式 | 150 | 150 | 180 |

注:1. 混凝土搅拌的最短时间是指自全部材料装入搅拌筒中起,到开始卸料止的时间。

2. 当掺有外加剂时,搅拌时间应适当延长(表中的搅拌时间为已延长的搅拌时间)。

3. 全轻混凝土宜采用强制式搅拌机搅拌,砂轻混凝土可采用自落式搅拌机搅拌,但搅拌时间应延长 60~90 s。

4. 采用强制式搅拌机搅拌轻集料混凝土的加料顺序是:当轻集料在搅拌前预湿时,先加粗集料、细集料和水泥搅拌 30 s,再加水继续搅拌;当轻集料在搅拌前未预湿时,先加 1/2 的总用水量和粗集料、细集料搅拌 60 s,再加水泥和剩余用水量继续搅拌。

5. 当采用其他形式的搅拌设备时,搅拌的最短时间应按设备说明书的规定或经试验确定。

### (三)防水混凝土的浇筑

浇筑前,应将模板内部清理干净,木模用水湿润模板。浇筑时,若入模自由高度超过 1.5 m,则必须用串筒、溜槽或溜管等辅助工具将混凝土送入,以防离析和造成石子滚落堆积,影响质量。

在防水混凝土结构中有密集管群穿过处、预埋件或钢筋稠密处,浇筑混凝土有困难时,应采用相同抗渗等级的细石混凝土浇筑;预埋大管径的套管或面积较大的金属板时,应在其底部开设浇筑振捣孔,以利于排气、浇筑和振捣,如图 7-6 所示。

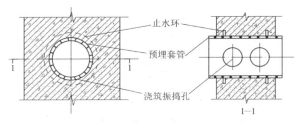

止水环
预埋套管
浇筑振捣孔
1—1

**图 7-6  浇筑振捣孔示意**

随着混凝土龄期的延长,水泥继续水化,内部可冻结水大量减少,同时水中溶解盐的浓度增加,因而冰点也会随龄期的增加而降低,使抗渗性能逐渐提高。为了保证早期免遭冻害,不宜在冬期施工,而应选择在气温为 15 ℃以上的环境中施工。因为气温在 4 ℃时,强度增长速度仅为 15 ℃时的 50%;而混凝土表面温度降到—4 ℃时,水泥水化作用停止,强度也停止增长。如果此时混凝土强度低于设计强度的 50%,冻胀使内部结构遭到破坏,造成强度、抗渗性急剧下降。为防止混凝土早期受冻,北方地区对于施工季节的选择安排十分重要。

### (四)防水混凝土的振捣

防水混凝土应采用混凝土振动器进行振捣。当用插入式混凝土振动器时,插点间距不宜大于振动棒作用半径的 1.5 倍,振动棒与模板的距离不应大于其作用半径的 0.5 倍。振动棒插入下层混凝土内的深度不应小于 50 mm,每一振点均应快插慢拔,将振动棒拔出后,混凝土会自然地填满插孔。当采用表面式混凝土振动器时,其移动间距应保证振动器的平板能覆盖已振实部分的边缘。混凝土必须振捣密实,每一振点的振捣延续时间应使混凝土表面呈现浮浆和不再沉落。

施工时的振捣是保证混凝土密实性的关键,浇筑时必须分层进行,按顺序振捣。采用插入式振动器时,分层厚度不宜超过 30 cm;用平板振动器时,分层厚度不宜超过 20 cm。一般应在下层混凝土初凝前接着浇筑上一层混凝土。通常,分层浇筑的时间间隔不超过 2 h;气温在 30 ℃以上时不超过 1 h。防水混凝土浇筑高度一般不超过 1.5 m,否则应用串筒和溜槽或侧壁开孔的办法浇捣。振捣时,不允许用人工振捣,必须采用机械振捣,做到不漏振、不欠振,又不重振、多振。防水混凝土密实度要求较高,振捣时间宜为 10~30 s,直到混凝土开始泛浆和不冒气泡为止。掺引气剂、减水剂时应采用高频插入式振动器振捣。振动器的插入间距不得大于 500 mm,贯入下层不得小于 50 mm。这对保证防水混凝土的抗渗性和抗冻性更有利。

### (五)防水混凝土施工缝的处理

#### 1.施工缝留置要求

防水混凝土应连续浇筑,宜少留设施工缝。顶板、底板不宜留设施工缝,顶拱、底拱不宜留设纵向施工缝。当留设施工缝时,应遵守下列规定:

(1)墙体水平施工缝不宜留在剪力与弯矩最大处或底板与侧墙的交接处,应留在高出底板表面不小于 300 mm 的墙体上。拱(板)墙结合的水平施工缝,宜留没在拱(板)墙接缝线以下 150~300 mm 处。墙体有预留孔洞时,施工缝距离孔洞边缘不宜小于 300 mm。

(2)垂直施工缝应避开地下水和裂隙水较多的地段,并宜与变形缝相结合。

#### 2.施工缝防水的构造形式

施工缝防水的构造形式如图 7-7 所示。

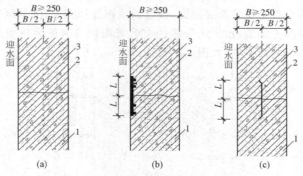

**图 7-7　施工缝防水的基本构造形式**

(a)埋设止水条

1—先浇混凝土;2—遇水膨胀止水条;3—后浇混凝土

(b)外贴止水带

外贴止水带 $L \geqslant 150$　外涂防水涂料 $L=200$　外抹防水砂浆 $L=200$

1—先浇混凝土;2—外贴防水层;3—后浇混凝土

(c)中埋止水带

钢板止水带 $L \geqslant 100$　橡胶止水带 $L \geqslant 125$　钢边橡胶止水带 $L \geqslant 120$

1—先浇混凝土;2—中埋止水带;3—后浇混凝土

#### 3.施工缝的施工要求

(1)水平施工缝浇筑混凝土前,应将其表面浮浆和杂物清除,先铺净浆,再铺 30~50 mm 厚的 1:1 水泥砂浆或涂刷混凝土界面处理剂,同时要及时浇筑混凝土。

(2)垂直施工缝浇筑混凝土前,应将表面清理干净,并涂刷水泥净浆或混凝土界面处理剂,并及时浇筑混凝土。

(3)选用的遇水膨胀止水条应具有缓胀性能,其 7 d 的膨胀率不应大于最终膨胀率的 60%。

（4）遇水膨胀止水条应牢固地安装在缝表面或预留槽内。

（5）采用中埋止水带时，应确保位置准确、固定牢靠。

### （六）防水混凝土的养护

防水混凝土的养护比普通混凝土更为严格，必须充分重视，因为混凝土早期脱水或养护过程缺水，抗渗性将大幅度降低。特别是前 7 d 的养护更为重要，养护期不少于 14 d，火山灰质硅酸盐水泥养护期不少于 21 d。浇水养护次数应能保持混凝土充分湿润，每天浇水 3～4 次或更多次数，并用湿草袋或薄膜覆盖混凝土的表面，应避免暴晒。冬期施工应有保暖、保温措施。因为防水混凝土的水泥用量较大，相应混凝土的收缩性也大，养护不好极易开裂，降低抗渗能力。因此，当混凝土进入终凝（浇筑后 4～6 h）即应覆盖并浇水养护。防水混凝土不宜采用电热法养护。

浇筑成型的混凝土表面覆盖养护不及时，尤其在北方地区夏季炎热干燥的情况下，内部水分将迅速蒸发，使水化不能充分进行。而水分蒸发造成毛细管网相互连通，形成渗水通道；同时，混凝土收缩量加快，就会出现龟裂使抗渗性能下降，丧失抗渗透能力。养护及时则会使混凝土在潮湿环境中水化，能使内部游离水分蒸发缓慢，水泥水化充分，堵塞毛细孔隙，形成互不连通的细孔，大大提高防水抗渗性。

当环境温度达到 10 ℃ 时可少浇水，因为在此温度下养护抗渗性能最差。当养护温度从 10 ℃ 提高到 25 ℃ 时，混凝土抗渗压力从 0.1 MPa 提高到 1.5 MPa 以上。但养护温度过高，也会使抗渗性能降低。当冬期采用蒸汽养护时，最高温度不超过 50 ℃，养护时间必须达到 14 d。

采用蒸汽养护时，不宜直接向混凝土喷射蒸汽，但应保持混凝土结构有一定的湿度，防止混凝土早期脱水，并应采取措施排除冷凝水和防止结冰。蒸汽养护应按下列规定控制升温与降温速度。

（1）升温速度。对表面系数［指结构的冷却表面积（$m^2$）与结构全部体积（$m^3$）的比值］小于 6 的结构，不宜超过 6 ℃/h；对表面系数为 6 和大于 6 的结构，不宜超过 8 ℃/h；恒温温度不得高于 50 ℃。

（2）降温速度不宜超过 5 ℃/h。

## 二、地下工程沥青防水卷材施工

#### 1.材料要求

（1）宜采用耐腐蚀油毡。油毡选用要求与防水屋面工程施工相同。

（2）沥青胶粘材料和冷底子油的选用、配制方法与石油沥青油毡防水屋面工程施工基本相同。沥青的软化点，应较基层及防水层周围介质可能达到的最高温度高出 20 ℃～25 ℃，且不低于 40 ℃。

#### 2.平面铺贴卷材

（1）铺贴卷材前，宜使基层表面干燥，先喷冷底子油结合层两道，然后根据卷材规格及搭接要求弹线，按线分层铺设。

（2）粘贴卷材的沥青胶粘材料的厚度一般为 1.5～2.5 mm。

（3）卷材搭接长度，长边不应小于 100 mm，短边不应小于 150 mm。上、下两层和相邻两幅卷材的接缝应错开，上、下层卷材不得相互垂直铺贴。

（4）在平面与立面的转角处，卷材的接缝应留设在平面上距离立面不小于 600 mm 处。

(5)在所有转角处均应铺贴附加层。附加层应按加固处的形状仔细粘贴紧密。

(6)粘贴卷材时应展平压实。卷材与基层和各层卷材间必须粘结紧密,多余的沥青胶粘材料应挤出,搭接缝必须用沥青胶粘材料仔细封严。最后一层卷材贴好后,应在其表面上均匀地涂刷一层厚度为1～1.5 mm的热沥青胶粘材料,同时撒拍粗砂,以形成防水保护层的结合层。

(7)平面与立面结构施工缝处,防水卷材接槎的处理如图7-8所示。

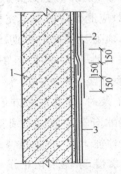

图7-8　防水卷材的错槎接缝

1—需防水结构;2—油毡防水层;3—找平层

**3.立面铺贴卷材**

(1)铺贴前宜使基层表面干燥,满喷冷底子油两道,干燥后即可铺贴。

(2)应先铺贴平面,后铺贴立面,平面、立面交接处应加铺附加层。

(3)在结构施工前,应将永久性保护墙砌筑在与需防水结构同一垫层上。保护墙贴防水卷材面应先抹1:3水泥砂浆找平层,干燥后喷涂冷底子油,干燥后即可铺贴油毡卷材。卷材铺贴必须分层,先铺贴立面,后铺贴平面,铺贴立面时应先铺转角,后铺大面;卷材防水层铺完后,应按规范或设计要求做水泥砂浆或混凝土保护层,一般在立面上应在涂刷防水层最后一层沥青胶粘材料时,粘上干净的粗砂,待冷却后,抹一层10～20 mm厚的1:3水泥砂浆保护层;在平面上可铺设一层30～50 mm厚的细石混凝土保护层。采用外防内贴法保护墙铺设转折处卷材的方法如图7-9所示。

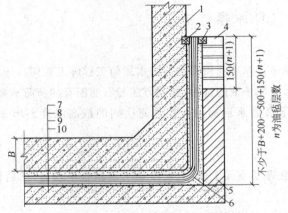

图7-9　保护墙铺设转折处油毡的方法

1—需防水结构;2—永久性木条;3—临时性木条;4—临时保护墙;

5—永久性保护墙;6—附加油毡层;7—保护层;8—油毡防水层;9—找平层;10—钢筋混凝土垫层

(4)防水卷材与管道埋设件连接处的做法如图7-10所示。

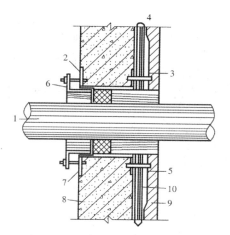

**图 7-10 油毡防水层与管道埋设件连接处的做法示意**

1—管子;2—预埋件(带法兰盘的套管);3—夹板;4—油毡防水层;5—压紧螺栓;

6—填缝材料的压紧环;7—填缝材料;8—需防水结构;9—保护墙;10—附加油毡层

（5）采用埋入式橡胶或塑料止水带的变形缝做法,如图 7-11 所示。

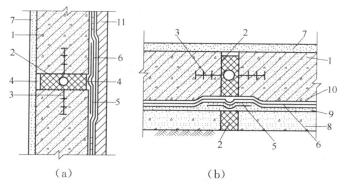

（a）　　　　　　　　　　　（b）

**图 7-11 采用埋入式橡胶或塑料止水带的变形缝做法示意**

（a）墙体变形缝;（b）底板变形缝

1—需防水结构;2—填缝材料;3—止水带;4—填缝油膏;5—油毡附加层;6—油毡防水层;

7—水泥砂浆面层;8—混凝土垫层;9—水泥砂浆找平层;10—水泥砂浆保护层;11—保护墙

### 4.采用外防外贴法铺贴卷材

(1)铺贴卷材应先铺平面、后铺立面,交接处应交叉搭接。

(2)临时性保护墙应用石灰砂浆砌筑,内表面应用石灰砂浆做找平层,并刷石灰浆。如用模板代替临时性保护墙时,应在其上涂刷隔离剂。

(3)从底面折向立面的卷材与永久性保护墙的接触部位,应采用空铺法施工。与临时性保护墙或围护结构模板接触的部位,应临时黏附在该墙上或模板上。卷材铺设好后,其顶端应临时固定。

（4）当不设保护墙时,从底面折向立面的卷材的接槎部位应采取可靠的保护措施。

（5）主体结构完成后,铺贴立面卷材时,应先将接槎部位的各层卷材揭开,并将其表面清理干净。如卷材有局部损伤,应及时修补。卷材接槎的搭接长度,高聚物改性沥青卷材为 150 mm,合成高分子卷材为 100 mm。当使用两层卷材时,卷材应错槎接缝,上层卷材应盖过下层卷材。

卷材防水层甩槎、接槎的做法如图 7-12 所示。

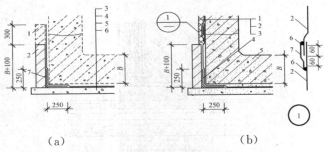

**图 7-12 卷材防水层甩槎、接槎做法示意**

（a）甩槎

1—临时保护墙；2—永久保护墙；3—细石混凝土保护层；4—卷材防水层；

5—水泥砂浆找平层；6—混凝土垫层；7—卷材加强层

（b）接槎

1—结构墙体；2—卷材防水层；3—卷材保护层；4—卷材加强层；5—结构底板；6—密封材料；7—盖缝条

5.采用外防内贴法铺贴卷材

（1）主体结构的保护墙内表面应抹 1∶3 水泥砂浆找平层，然后铺贴卷材，并根据卷材特性选用保护层。

（2）卷材宜先铺立面，后铺平面。铺贴立面时，应先铺转角，后铺大面。

6.保护层

卷材防水层经检查合格后，应及时做保护层。保护层应符合以下规定：

（1）顶板卷材防水层上的细石混凝土保护层厚度不应小于 70 mm，防水层为单层卷材时，在防水层与保护层之间应设置隔离层。

（2）底板卷材防水层上的细石混凝土保护层厚度不应小于 50 mm。

（3）侧墙卷材防水层宜采用软保护或铺抹 20 mm 厚的 1∶3 水泥砂浆。

## 三、水泥砂浆防水施工

水泥砂浆防水施工属刚性防水附加层的施工。如地下室工程虽然以混凝土结构自防水为主，可并不意味着其他防水做法不重要。因为大面积的防水混凝土难免会存在一些缺陷。另外，防水混凝土虽然不渗水，但透湿量还是相当大的，故对防水、防湿要求较高的地下室，还必须在混凝土的迎水面或背水面抹防水砂浆附加层。

水泥砂浆防水层所用的材料及配合比应符合规范规定。水泥砂浆防水层是由水泥砂浆层和水泥浆层交替铺抹而成，一般需做 4～5 层，其总厚度为 15～20 mm。施工时分层铺抹或喷射，水泥砂浆每层厚度宜为 5～10 mm，铺抹后应压实，表面提浆压光；水泥浆每层厚度宜为 2 mm。防水层各层间应紧密结合，并宜连续施工。如必须留设施工缝时，平面留槎采用阶梯坡形槎，接槎位置一般宜留设在地面上，也可留设在墙面上，但须离开阴阳角处 200 mm。

## 单元三　厨房、卫生间防水工程施工

住宅和公共建筑中穿过楼地面或墙体的上下水管道，供热、燃气管道一般都集中明敷在厨房间或卫生间，使本来就面积较小、空间狭窄的厕浴间和厨房间形状更加复杂。在这种条件下，如仍用卷材做防水层,则很难取得良好的效果。因为卷材在细部构造处需要剪口,形成大量搭接缝,很难封闭严密和粘结牢固,防水层难以连成整体,比较容易发生渗漏事故。因此,根据卫生间和厨房的特点,应用柔性涂膜防水层和刚性防水砂浆防水层,或两者复合的防水层,方能取得理想的防水效果。

## 一、厨房、卫生间地面防水构造与施工要求

厨房、卫生间地面防水构造的一般做法如图 7-13 所示。

卫生间的防水构造如图 7-14 所示。

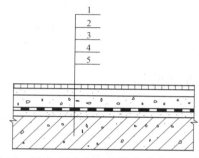

图 7-13　厨房、卫生间地面防水构造的一般做法

1—地面面层;2—防水层;3—水泥砂浆找平层;

4—找坡层;5—结构层

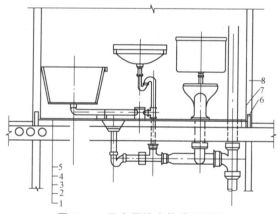

图 7-14　卫生间防水构造剖面图

1—结构层;2—垫层;3—找平层;4—防水层;

5—面层;6—混凝土防水台高出地面 100 mm;

7—防水层(与混凝土防水台同高);8—轻质隔墙板

1.结构层

卫生间地面结构层宜采用整体现浇钢筋混凝土板或预制整块开间钢筋混凝土板。如设计,则板缝应用防水砂浆堵严,表面 20 mm 深处宜嵌填放沥青基密封材料,也可在板缝嵌填放水砂浆并抹平表面后附加涂膜防水层,即铺贴 100 mm 宽玻璃纤维布一层,涂刷两道沥青基涂膜防水层,其厚度不小于 2 mm。

2.找坡层

地面坡度应严格按照设计要求施工,做到坡度准确、排水通畅。当找坡层厚度小于 30 mm 时,可用水泥混合砂浆(水泥∶石灰∶砂＝1∶1.5∶8);当找坡层厚度大于 30 mm 时,宜用 1∶6 水泥炉渣材料,此时炉渣粒径宜为 5～20 mm,要求严格过筛。

**3.找平层**

要求采用1:2.5～1:3水泥砂浆,找平前清理基层并浇水湿润,但不得有积水,找平时边扫水泥浆边抹水泥砂浆,做到压实、找平、抹光,水泥砂浆宜掺防水剂,以形成一道防水层。

**4.防水层**

由于厨房、卫生间管道多,工作面小,基层结构复杂,故一般采用涂膜防水材料较为适宜。常用的涂膜防水材料有聚氨酯防水涂料、氯丁胶乳沥青防水涂料、SBS橡胶改性沥青防水涂料等,应根据工程性质和使用标准选用。

**5.面层**

地面装饰层按设计要求施工,一般采用1:2水泥砂浆、陶瓷马赛克和防滑地砖等。墙面防水层一般需做到1.8 m高,然后甩砂抹水泥砂浆或贴面砖(或贴面砖到顶)装饰层。

## 二、厨房、卫生间地面防水层施工

### (一)施工准备

**1.材料准备**

(1)进场材料复验。供货时必须有生产厂家提供的材料质量检验合格证。材料进场后,使用单位应对进场材料的外观进行检查,并做好记录。材料进场一批,应抽样复验一批。复验项目包括:拉伸强度、断裂伸长率、不透水性、低温柔性、耐热度。各地也可根据本地区主管部门的有关规定,适当增减复验项目。各项材料指标复验合格后,该材料方可用于工程施工。

(2)防水材料储存。材料进场后,设专人保管和发放。材料不能露天放置,必须分类存放在干燥、通风的室内,并远离火源,严禁烟火。水溶性涂料在0 ℃以上储存,受冻后的材料不能用于工程。

**2.机具准备**

一般应备有配料用的电动搅拌器、拌料桶、磅秤,涂刷涂料用的短把棕刷、油漆毛刷、滚动刷,油漆小桶、油漆嵌刀、塑料或橡皮刮板,铺贴胎体增强材料用的剪刀、压碾辊等。

**3.基层要求**

(1)对卫生间现浇混凝土楼面必须振捣密实,随抹压光,形成一道自身防水层,这是十分重要的。

(2)穿楼板的管道孔洞、套管周围缝隙用掺膨胀剂的绿豆砂细石混凝土浇灌严实抹平,孔洞较大的,应吊底模浇灌。禁用碎砖、石块堵填。一般单面临墙的管道,距离墙体应不小于50 mm;双面临墙的管道,一边距离墙体不小于50 mm,另一边距离墙体不小于80 mm。

(3)为保证管道穿楼板孔洞位置准确和灌缝质量,可采用手持金刚石薄壁钻机钻孔。经应用测算,这种方法的成孔和灌缝工效比芯模留孔方法的工效高1.5倍。

(4)在结构层上做厚20 mm的1:3水泥砂浆找平层,作为防水层基层。

(5)基层必须平整、坚实,表面平整度用2 m长直尺检查,基层与直尺间最大间隙不应大于3 mm。基层有裂缝或凹坑,用1:3水泥砂浆或水泥胶腻子修补平滑。

(6)基层所有转角做成半径为10 mm均匀一致的平滑小圆角。

(7)所有管件、地漏或排水口等部位,必须就位正确,安装牢固。

(8)基层含水率应符合各种防水材料对含水率的要求。

**4.劳动组织**

为保证质量,应由专业防水施工队伍施工,一般民用住宅厕浴间的防水施工以2～3人为一组较合适。操作工人要穿工作服、戴手套、穿软底鞋操作。

### (二)聚氨酯防水涂料施工

**1.施工程序**

清理基层→涂刷基层处理剂→涂刷附加增强层防水涂料→涂刮第一遍涂料→涂刮第二遍涂料→涂刮第三遍涂料→第一次蓄水试验→稀撒砂粒→质量验收→饰面层施工→第二次蓄水试验。

**2.操作要点**

(1)清理基层。将基层清扫干净;基层应做到找坡正确,排水顺畅,表面平整、坚实,无起灰、起砂、起壳及开裂等现象。涂刷基层处理剂前,基层表面应达到干燥状态。

(2)涂刷基层处理剂。将聚氨酯与二甲苯按规定的比例配合搅拌均匀即可使用。先在阴阳角、管道根部用滚动刷或油漆刷均匀涂刷一遍,然后大面积涂刷,材料用量为 $0.15\sim0.2$ kg/m$^2$。涂刷后干燥 4 h 以上,才能进行下一道工序施工。

(3)涂刷附加增强层防水涂料。在地漏、管道根、阴阳角和出入口等容易漏水的薄弱部位,应先用聚氨酯防水涂料按规定的比例配合,均匀涂刮一次做附加增强层处理。按设计要求,细部构造也可按带胎体增强材料的附加增强层处理。胎体增强材料宽度为 $300\sim500$ mm,搭接缝为 100 mm,施工时需边铺贴平整,边涂刮聚氨酯防水涂料。

(4)涂刮第一遍涂料。将聚氨酯防水涂料按规定的比例混合,开动电动搅拌器,搅拌 $3\sim5$ min,用胶皮刮板均匀涂刮一遍。操作时要厚薄一致,用料量为 $0.8\sim1.0$ kg/m$^2$,立面涂刮高度不应小于 100 mm。

(5)涂刮第二遍涂料。待第一遍涂料固化干燥后,要按相同方法涂刮第二遍涂料。涂刮方向应与第一遍相垂直,用料量与第一遍相同。

(6)涂刮第三遍涂料。待第二遍涂料涂膜固化后,再按上述方法涂刮第三遍涂料,用料量为 $0.4\sim0.5$ kg/m$^2$。

涂刮聚氨酯涂料三遍后,用料量总计为 2.5 kg/m$^2$,防水层厚度不小于 1.5 mm。

(7)第一次蓄水试验。待涂膜防水层完全固化干燥后即可进行蓄水试验。蓄水试验 24 h 后观察,无渗漏为合格。

(8)饰面层施工。涂膜防水层蓄水试验不渗漏,质量检查合格后,即可进行抹水泥砂浆或粘贴陶瓷马赛克、防滑地砖等饰面层。施工时应注意成品保护,不得破坏防水层。

(9)第二次蓄水试验。卫生间装饰工程全部完成后,工程竣工前还要进行第二次蓄水试验,以检验防水层完工后是否被水电或其他装饰工程损坏。蓄水试验合格后,厕浴间的防水施工才算圆满完成。

### (三)氯丁胶乳沥青防水涂料施工

氯丁胶乳沥青防水涂料,根据工程需要,防水层可采用一布四涂、二布六涂或只涂三遍防水涂料三种做法。其用量参考见表 7-6。

表 7-6  氯丁胶乳沥青涂膜防水层用料参考

| 材料 | 三遍涂料 | 一布四涂 | 二布六涂 |
|---|---|---|---|
| 氯丁胶乳沥青防水涂料/(kg·m$^{-2}$) | $1.2\sim1.5$ | $1.5\sim2.2$ | $2.2\sim2.8$ |
| 玻璃纤维布/(m$^2$·m$^{-2}$) | — | 1.13 | 2.25 |

1. 施工程序

以一布四涂为例，其施工程序如下：

清理基层→满刮一遍氯丁胶乳沥青水泥腻子→涂刷第一遍涂料→做细部构造增强层→铺贴玻璃纤维布同时涂刷第二遍涂料→涂刷第三遍涂料→涂刷第四遍涂料→蓄水试验→饰面层施工→质量验收→第二次蓄水试验。

2. 操作要点

(1)清理基层。将基层上的浮灰、杂物清理干净。

(2)满刮一遍氯丁胶乳沥青水泥腻子。在清理干净的基层上，满刮一遍氯丁胶乳沥青水泥腻子。管道根部和转角处要厚刮，并抹平整。腻子的配制方法是，将氯丁胶乳沥青防水涂料倒入水泥中，边倒边搅拌至稠浆状，即可刮涂于基层表面，腻子厚度为 2～3 mm。

(3)涂刷第一遍涂料。待上述腻子干燥后，再在基层上满刷一遍氯丁胶乳沥青防水涂料(在大桶中搅拌均匀后再倒入小桶中使用)。操作时涂刷不得过厚，但也不能漏刷，以表面均匀、不流淌、不堆积为宜。立面需刷至设计高度。

(4)做附加增强层。在阴阳角、管道根、地漏、大便器等细部构造处分别做一布二涂附加增强层，即将玻璃纤维布(或无纺布)剪成相应部位的形状，铺贴于上述部位；同时，刷氯丁胶乳沥青防水涂料，要贴实、刷平，不得有折皱、翘边现象。

(5)铺贴玻璃纤维布同时涂刷第二遍涂料。待附加增强层干燥后，首先将玻璃纤维布剪成相应尺寸，铺贴于第一道涂膜上；然后，在上面涂刷防水涂料，使涂料浸透布纹网眼并牢固地粘贴于第一道涂膜上。玻璃纤维布搭接宽度不宜小于 100 mm，并顺流水接槎，从里面往门口铺贴，先做平面后做立面，立面应贴至设计高度，平面与立面的搭接缝留没在平面上，距离立面边宜大于 200 mm，收口处要压实贴牢。

(6)涂刷第三遍涂料。待上一遍涂料实干后(一般宜在 24 h 以上)，再满刷第三遍防水涂料，涂刷要均匀。

(7)涂刷第四遍涂料。上一遍涂料干燥后，可满刷第四遍防水涂料，一布四涂防水层施工即告完成。

(8)蓄水试验。防水层实干后，可进行第一次蓄水试验。蓄水 24 h 无渗漏水为合格。

(9)饰面层施工。蓄水试验合格后，可按设计要求及时粉刷水泥砂浆或铺贴面砖等饰面层。

(10)第二次蓄水试验。方法与目的同聚氨酯防水涂料。

**(四)地面刚性防水层施工**

厨房、卫生间用刚性材料做防水层的理想材料是具有微膨胀性能的补偿收缩混凝土和补偿收缩水泥砂浆。

补偿收缩水泥砂浆用于厨房、卫生间的地面防水。对于同一种微膨胀剂，应根据不同的防水部位，选择不同的加入量，可基本上起到不裂、不渗的防水效果。

下面以 U 形混凝土膨胀剂(UEA)为例，介绍其砂浆配制和施工方法。

1. 材料及其要求

(1)水泥：42.5 级普通硅酸盐水泥、32.5 级或 42.5 级矿渣硅酸盐水泥。

(2)UEA：符合《混凝土膨胀剂》(GB/T 23439—2017)的规定。

(3)砂子：中砂，含泥量小于 2%。

(4)水：饮用自来水或洁净非污染水。

2. UEA 砂浆的配制

在楼板表面铺抹 UEA 防水砂浆，应按不同的部位，配制含量不同的 UEA 防水砂浆。不同部位 UEA 防水砂浆的配合比参见表7-7。

表 7-7　不同防水部位 UEA 防水砂浆的配合比

| 防水部位 | 厚度/mm | C＋UEA /kg | $\dfrac{UEA}{C＋UEA}$/% | 配合比 | | | 水胶比 | 稠度/cm |
| --- | --- | --- | --- | --- | --- | --- | --- | --- |
| | | | | C | UEA | 砂 | | |
| 垫层 | 20～30 | 550 | 10 | 0.90 | 0.10 | 3.0 | 0.45～0.50 | 5～6 |
| 防水层(保护层) | 15～20 | 700 | 10 | 0.90 | 0.10 | 2.0 | 0.40～0.45 | 5～6 |
| 管件接缝 | — | 700 | 15 | 0.85 | 0.15 | 2.0 | 0.30～0.35 | 2～3 |
| 注:C指水泥。 | | | | | | | | |

### 3.防水层施工

(1)基层处理。施工前,应对楼面板基层进行清理,除净浮灰杂物,对凹凸不平处用10%～12%UEA(灰砂比为1∶3)砂浆补平,并应在基层表面浇水,使基层保持湿润,但不能积水。

(2)铺抹垫层。按1∶3水泥砂浆垫层配合比,配制灰砂比为1∶3的UEA垫层砂浆,将其铺抹在干净、湿润的楼板基层上。铺抹前,按照坐便器的位置,准确地将地脚螺栓预埋在相应的位置上。垫层的厚度为20～30 mm,必须分2～3层铺抹,每层应揉浆、拍打密实,垫层厚度应根据标高而定。在抹压的同时应完成找坡工作,地面向地漏口找坡为2%,地漏口周围50 mm范围内向地漏中心找坡为5%,穿楼板管道根部位向地面找坡为5%,转角墙部位的穿楼板管道向地面找坡为5%。分层抹压结束后,在垫层表面用钢丝刷拉毛。

(3)铺抹防水层。待垫层强度达到上人标准时,把地面和墙面清扫干净,并浇水充分湿润,然后铺抹四层防水层,第一层、第三层为10%UEA水泥素浆,第二层、第四层为10%～12%UEA(水泥∶砂=1∶2)水泥砂浆层。铺抹方法如下:

1)第一层,先将UEA和水泥按1∶9的配合比准确称量后,充分干拌均匀,再按水胶比加水拌和成稠浆状,然后可用滚刷或毛刷涂抹,厚度为2～3 mm。

2)第二层,灰砂比为1∶2,UEA掺量为水泥重量的10%～12%,一般可取10%。待第一层素灰初凝后即可铺抹,厚度为5～6 mm,凝固20～24 h后适当浇水湿润。

3)第三层,掺10%UEA的水泥素浆层,其拌制要求、涂抹厚度与第一层相同,待其初凝后,即可铺抹第四层。

4)第四层,UEA水泥砂浆的配合比、拌制方法、铺抹厚度均与第二层相同。铺抹时应分次用铁抹子压5～6遍,使防水层坚固、密实,最后再用力抹压光滑,经硬化12～24 h,即可浇水养护3 d。

以上四层防水层的施工,应按照垫层的坡度要求找坡,铺抹的操作方法与地下工程防水砂浆施工方法相同。

(4)管道接缝防水处理。待防水层达到强度要求后,拆除捆绑在穿楼板部位的模板条,清理干净缝壁的浮渣、碎物,并按节点防水做法的要求涂布素灰浆和填充管件接缝防水砂浆,最后灌水养护7 d。蓄水期间,如不发生渗漏现象,可视为合格;如发生渗漏,找出渗漏部位,及时修复。

(5)铺抹UEA砂浆保护层。保护层UEA的掺量为10%～12%,灰砂比为1∶(2～2.5),水胶比为0.4。铺抹前,对要求用膨胀橡胶止水条做防水处理的管道、预埋螺栓的根部及需用密封材料嵌填的部位要及时做防水处理。然后,就可分层铺抹厚度为15～25 mm的UEA水泥砂浆保护层,并按坡度要求找坡,待硬化12～24 h后,浇水养护3 d。最后,根据设计要求铺设装饰面层。

(五)施工注意事项

(1)厨房、卫生间施工一定要严格按规范操作,因为一旦发生漏水,维修会很困难。

(2)在厨房、卫生间施工不得抽烟,并要注意通风。

（3）到养护期后一定要做厕浴间闭水试验，如发现渗漏应及时修补。

（4）操作人员应穿软底鞋，严禁踩踏尚未固化的防水层。铺抹水泥砂浆保护层时，脚下应铺设无纺布走道。

（5）防水层施工完毕，应设专人看管保护，并不准在尚未完全固化的涂膜防水层上进行其他工序的施工。

（6）防水层施工完毕，应及时进行验收和保护层的施工，以减少不必要的损坏返修。

（7）在对穿楼板管道和地漏管道进行施工时，应用棉纱或纸团暂时封口，防止杂物落入，堵塞管道，留下排水不畅或泛水的后患。

（8）进行刚性保护层施工时，严禁在涂膜表面拖动施工机具、灰槽，施工人员应穿软底鞋在铺有无纺布的隔离层上行走。铲运砂浆时应精心操作，防止铁锹铲伤涂膜；抹压砂浆时，铁抹子不得下意识地在涂膜防水层上磕碰。

（9）厨房、卫生间大面积防水层也可采用 JS 复合防水涂料、确保时、防水宝、堵漏灵、防水剂等刚性防水材料做防水层，其施工方法必须严格按照生产厂家的说明书及施工指南进行施工。

## 三、厨房、卫生间渗漏及堵漏措施

厨房、卫生间用水频繁，只要防水处理不当就会发生渗漏。渗漏主要表现在楼板管道滴漏水、地面积水、墙壁潮湿渗水，甚至下层顶板和墙壁也出现滴水等现象。治理卫生间的渗漏，必须先查找渗漏的部位和原因，然后采取有效的针对性措施。

1. 板面及墙面渗水

（1）渗水原因。板面及墙面渗水的主要原因是由于混凝土、砂浆施工的质量不良，在其表面存在微孔渗漏；板面、隔墙出现轻微裂缝；防水涂层施工质量不好或损坏，都可以造成渗水现象。

（2）处理方法。首先，将厨房、卫生间渗漏部位的饰面材料拆除，在渗漏部位涂刷防水涂料进行处理。但拆除厨房、卫生间后，发现防水层存在开裂现象时，则应对裂缝先进行增强防水处理，再涂刷防水涂料。其增强处理一般可采用贴缝法、填缝法和填缝加贴缝法。贴缝法主要适用于微小的裂缝，可刷防水涂料并加贴纤维材料或布条，做防水处理。填缝法主要用于较显著的裂缝，施工时要先进行扩缝处理，将缝扩成 15 mm×15 mm 左右的 V 形槽，清理干净后刮填缝材料。填缝加贴缝法除采用填缝处理外，还应在缝的表面再涂刷防水涂料，并粘纤维材料处理。当渗漏不严重时，饰面板拆除困难，也可直接在其表面刮涂透明或彩色聚氨酯防水涂料。

2. 卫生洁具及穿楼板管道、排水管口等部位渗漏

（1）渗漏原因。卫生洁具及穿楼板管道、排水管口等部位发生渗漏的原因主要是细部处理方法不当，卫生洁具及管口周围填塞不严；管口连接件老化；由于振动及砂浆、混凝土收缩等原因，出现裂缝；卫生洁具及管口周边未用弹性材料处理，或施工时嵌缝材料及防水涂料粘结不牢；嵌缝材料及防水涂层被拉裂或拉离粘结面。

（2）处理方法。先将漏水部位及周围清理干净，再填塞弹性嵌缝材料，或在渗漏部位涂刷防水涂料并粘贴纤维材料进行增强处理。如渗漏部位在管口连接部位，管口连接件老化现象比较严重，则可直接更换老化管口的连接件。

模块小结

本模块主要包括屋面防水工程、地下防水工程及厨房、卫生间防水工程。

建筑屋面防水工程按照采用防水材料和施工方法不同,可分为卷材防水屋面、涂膜防水屋面和刚性防水屋面。卷材防水屋面和涂膜防水屋面是用各种防水卷材和防水涂料,经施工将其铺贴或涂布在防水工程的迎水面,达到防水目的。刚性防水采用的材料主要是细石混凝土,依靠混凝土自身的密实性并配合一定的构造措施,达到防水目的。

地下建筑工程一般采用防水混凝土、沥青防水卷材、水泥砂浆等进行防水施工。厨房、卫生间采用聚氨酯防水涂料或氯丁胶乳沥青防水涂料施工。各种防水工程的质量应在施工过程中严格控制,每一道工序经检查合格后,方可进行下一道工序的施工,这样才能达到工程的各部位不漏水、不积水的要求。

## 思考与练习

### 一、填空题

1. 屋面防水工程按其构造,可分为_____、_____上人屋面、架空隔热屋面、蓄水屋面、种植屋面和金属板材屋面等。

2. 屋面工程应根据建筑物的性质重要程度、_____以及_____等,将屋面防水分为_____等级。

3. 卷材防水屋面一般由_____、_____、_____、_____、_____和_____组成。

4. 在外观质量检验合格的卷材中,任取一卷做_____,若检验中有一项指标不符合标准规定,应在受检产品中加倍取样进行该项复检。

5. 涂膜防水层的厚度:高聚物改性沥青防水涂料,在屋面防水等级为Ⅱ级时不应小于_____;合成高分子防水涂料,在屋面防水等级为Ⅲ级时不应小于_____。

6. 地下工程防水混凝土结构的混凝土垫层,其抗压强度等级不应低于_____,厚度不应小于_____。

### 二、选择题

1. 相邻两幅卷材的接头还应相互错开( )mm 以上,以免接头处多层卷材因重叠而粘结不实。

    A. 100        B. 200        C. 300        D. 400

2. 要求设置三道或三道以上防水的屋面防水等级是( )。

    A. Ⅰ        B. Ⅱ        C. Ⅲ        D. Ⅳ

3. 防水混凝土的钢筋保护层厚度,处在迎水面应不小于多少? 当直接处于侵蚀性介质中时,保护层厚度不应小于多少? 以下正确的选项是( )。

    A. 35 mm,50 mm                B. 25 mm,50 mm

    C. 35 mm,25 mm                D. 25 mm,35 mm

4. 大体积防水混凝土的养护时间不得少于( )d。

    A. 7        B. 14        C. 21        D. 28

5. 防水保护层采用下列材料时,须设置分格缝的是( )。

    A. 绿豆砂        B. 云母        C. 蛭石        D. 水泥砂浆

6. 合成高分子防水涂料不包括( )。

    A. 氯丁橡胶改性沥青涂料        B. 聚氨酯防水涂料

    C. 丙烯胶防水涂料        D. 有机硅防水涂料

7. 当屋面防水坡度(　　)时,沥青防水卷材应垂直屋脊铺贴且必须采取固定措施。

    A. 小于 3%　　　　　　　　　　　　　　B. 为 3%～15%

    C. 大于 15%　　　　　　　　　　　　　　D. 大于 25%

8. Ⅲ级防水屋面要求防水层耐用年限为(　　)年。

    A. 25　　　　　　　　B. 15　　　　　　　　C. 10　　　　　　　　D. 5

三、简答题

1. 卷材防水屋面的优缺点有哪些?

2. 简述涂膜防水屋面的施工工艺。

3. 简述地下工程采用外防外贴法铺贴卷材时的施工要点。

4. 房屋、卫生间渗漏原因及堵漏措施有哪些?

5. 地下防水施工缝留置要求有哪些?

# 模块八 装饰工程

## 知识目标

1.了解抹灰工程的组成和分类,掌握一般抹灰和装饰抹灰的施工方法。

2.掌握大理石(花岗石、预制水磨石)饰面板施工工艺、金属饰面板安装施工工艺、内墙釉面砖安装施工工艺、外墙面砖安装施工工艺。

3.了解楼地面工程的分类和组成,掌握块料地面的施工方法。

4.了解涂饰工程材料质量要求和基础处理要求,掌握涂饰工程的施工方法。

5.掌握木门窗、铝合金门窗、塑料门窗安装的施工工艺。

6.掌握木龙骨吊顶施工方法、轻钢龙骨吊顶施工方法、铝合金龙骨吊顶施工方法。

## 能力目标

1.具有组织抹灰、饰面、楼地面、涂饰、门窗、吊顶装饰工程等施工的能力。

2.能够掌握抹灰、饰面、楼地面、涂饰、门窗、吊顶装饰工程的施工工艺。

## 单元一 抹灰工程

### 一、抹灰工程的分类和组成

#### 1.抹灰工程分类

抹灰工程按使用的材料及其装饰效果,可分为一般抹灰和装饰抹灰。

(1)一般抹灰。一般抹灰是指采用石灰砂浆、水泥混合砂浆、水泥砂浆、聚合物水泥砂浆、麻刀灰、纸筋石灰和石膏灰等抹灰材料进行的抹灰工程施工。按建筑物标准和质量要求,一般抹灰可分为以下两类:

1)高级抹灰。高级抹灰由一层底层、数层中层和一层面层组成。抹灰要求阴阳角找方,设置标筋,分层赶平、修整。表面压光,要求表面光滑、洁净,颜色均匀,线角平直,清晰美观,无抹纹。高级抹灰用于大型公共建筑物、纪念性建筑物和有特殊要求的高级建筑物等。

2)普通抹灰。普通抹灰由一层底层、一层中层和一层面层(或一层底层和一层面层)组成。抹灰要求阳角找方,设置标筋,分层赶平、修整。表面压光,要求表面洁净,线角顺直、清晰,接槎平整。普通抹灰用于一般居住、公用和工业建筑以及建筑物中的附属用房,如汽车库、仓库、锅炉房、地下室、储藏室等。

（2）装饰抹灰。装饰抹灰是指通过操作工艺及选用材料等方面的改进，使抹灰更富于装饰效果，其主要有水刷石、斩假石、干粘石和假面砖等。

**2.抹灰层组成**

为了使抹灰层与基层粘结牢固，防止起鼓开裂，并使抹灰层的表面平整，保证工程质量，抹灰层应分层涂抹。抹灰层的组成如图8-1所示。

（1）底层。底层主要起与基层粘结的作用，厚度一般为5～9 mm。

（2）中层。中层起找平作用，砂浆的种类基本与底层相同，只是稠度较小，每层厚度应控制在5～9 mm。

（3）面层。面层主要起装饰作用，要求面层表面平整、无裂痕、颜色均匀。

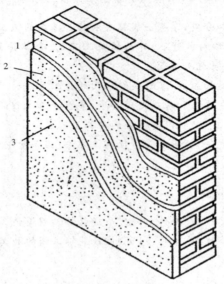

图8-1 抹灰层的组成
1—底层；2—中层；3—面层

**3.抹灰层的总厚度**

抹灰层的平均总厚度要根据具体部位及基层材料而定。钢筋混凝土顶棚抹灰厚度不大于15 mm；内墙普通抹灰厚度不大于20 mm，高级抹灰厚度不大于25 mm；外墙抹灰厚度不大于20 mm；勒脚及凸出墙面部分不大于25 mm。

## 二、一般抹灰施工

### （一）基层处理

抹灰前应对基层进行必要的处理，对于凹凸不平的部位应剔平补齐，填平孔洞沟槽；对表面太光的部位要凿毛，或用1∶1水泥浆掺10％环保胶薄抹一层，使其易于挂灰。不同材料交接处应铺设金属网，搭缝宽度从缝边起每边不得小于100 mm，如图8-2所示。

一般抹灰施工
质量验收标准

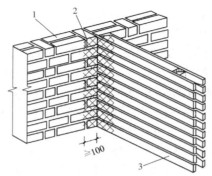

**图 8-2 不同材料交接处铺设金属网**

1—砖墙；2—金属网；3—板条墙

## （二）施工方法

一般抹灰的施工,按部位可分为墙面抹灰、顶棚抹灰和楼地面抹灰。

### 1.墙面抹灰

(1)找规矩,弹准线。对普通抹灰,先用托线板全面检查墙面的垂直平整程度,根据检查的实际情况及抹灰等级和抹灰总厚度,决定墙面的抹灰厚度(最薄处一般不小于 7 mm)。对高级抹灰,先将房间规方,小房间可以一面墙做基线,用方尺规方即可;如果房间面积较大,要在地面上先弹出十字线,作为墙角抹灰的准线,在距离墙角约为 10 mm 处用线坠吊直,在墙面弹一立线,再按房间规方地线(十字线)及墙面平整程度,向里反弹出墙角抹灰准线,并在准线上下两端挂通线,作为抹灰饼、冲筋的依据。

(2)贴灰饼。首先,用与抹底层灰相同的砂浆做墙体上部的两个灰饼,其位置距离顶棚约为 200 mm,灰饼大小一般为 50 mm 见方,厚度由墙面平整垂直的情况而定。然后,根据这两个灰饼用托线板或线坠挂垂直,做墙面下角两个标准灰饼(高低位置一般在踢脚线上方 200~250 mm 处),厚度以垂直为准,再在灰饼附近墙缝内钉上钉子,拴上小线挂好通线,并根据通线位置加设中间灰饼,间距为 1.2~1.5 m,如图 8-3 所示。

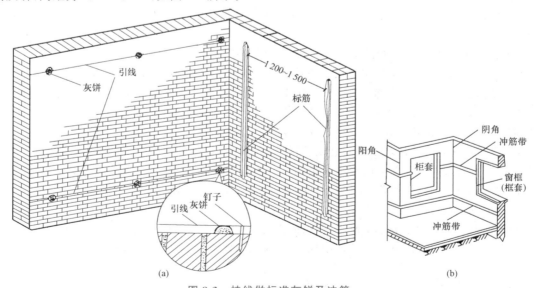

**图 8-3 挂线做标准灰饼及冲筋**

(a)灰饼、标筋位置示意;(b)水平横向标筋示意

（3）设置标筋（冲筋）。待灰饼砂浆基本进入终凝后，用抹底层灰的砂浆在上、下两个灰饼之间抹一条宽约为 100 mm 的灰梗，用刮尺刮平，厚度与灰饼一致，用来作为墙面抹灰的标准，这就是冲筋，如图 8-3 所示。同时，还应将标筋两边用刮尺修成斜面，使其与抹灰层接槎平顺。

（4）阴阳角找方。普通抹灰要求阳角找方，对于除门窗外还有阳角的房间，则应首先将房间大致规方，其方法是：先在阳角一侧做基线，用方尺将阳角先规方，然后在墙角弹出抹灰准线，并在准线上、下两端挂通线做灰饼。高级抹灰要求阴阳角都要找方，因此，阴阳角两边都要弹出基线。为了便于做角和保证阴阳角方正，必须在阴阳角两边做灰饼和标筋。

（5）做护角。室内墙面、柱面的阳角和门窗洞的阳角，当设计对护角线无规定时，一般可用1：2 水泥砂浆抹出护角，护角高度不应低于 2 m，每侧宽度不小于 50 mm。其做法是：根据灰饼厚度抹灰，然后粘好八字靠尺，并找方吊直，用 1：2 水泥砂浆分层抹平。待砂浆稍干后，再用量角器和水泥浆抹出小圆角。

（6）抹底层灰。当标筋稍干后，用刮尺操作不致损坏时，即可抹底层灰。抹底层灰前，应先对基体表面进行处理。其做法是：应自上而下地在标筋间抹满底灰，随抹随用刮尺对齐标筋刮平。刮尺操作用力要均匀，不准将标筋刮坏或使抹灰层出现不平的现象。待刮尺基本刮平后，再用木抹子修补、压实、搓平、搓毛。

（7）抹中层灰。待底层灰凝结，达七八成干后（用手指按压不软，但有指印和潮湿感），就可以抹中层灰，依冲筋厚以抹满砂浆为准，随抹随用刮尺刮平压实，再用木抹子搓平。中层灰抹完后，对墙的阴角用阴角抹子上下抽动抹平。中层砂浆凝固前，也可以在层面上交叉画出斜痕，以增强与面层的粘结。

（8）抹面层灰（也称罩面）。中层灰干至七八成后，即可抹面层灰。如果中层灰已经干透发白，应先适度洒水湿润后，再抹罩面灰。用于罩面的常有麻刀灰、纸筋灰。抹灰时，应用铁抹子抹平，并分两遍压光，使面层灰平整、光滑、厚度一致。

### 2. 顶棚抹灰

（1）找规矩。顶棚抹灰通常不做灰饼和标筋，而用目测的方法控制其平整度，以无明显高低不平及接槎痕迹为准。先根据顶棚的水平面，确定抹灰厚度，然后在墙面的四周与顶棚交接处弹出水平线，作为抹灰的水平标准。弹出的水平线只能从结构中的"50 线"向上量测，不允许直接从顶棚向下量测。

（2）底层、中层抹灰。顶棚抹灰时，由于砂浆自重的影响，一般在底层抹灰施工前，先以水胶比为 0.4 的素水泥浆刷一遍作为结合层。该结合层所采用的方法宜为甩浆法，即用扫帚蘸上水泥浆，甩于顶棚。如顶棚非常平整，甩浆前可对其进行凿毛处理。待其结合层凝结后就可以抹底层、中层砂浆，其配合比一般采用水泥：石灰膏：砂＝1：3：9 的水泥混合砂浆或 1：3 水泥砂浆，然后采用刮尺刮平，随刮随用长毛刷子蘸水刷一遍。

（3）面层抹灰。待中层灰达到六七成干后，即用手按不软但有指印时，再开始面层抹灰。面层抹灰的施工方法及抹灰厚度与内墙抹灰相同。一般分两遍成活：第一遍抹得越薄越好，紧接着抹第二遍，抹子要稍平，抹平后待灰浆稍干，再用铁抹子顺着抹纹压实、压光。

### 3. 楼地面抹灰

楼地面抹灰主要为水泥砂浆面层，常用配合比为 1：2，面层厚度不应小于 20 mm，强度等级不应小于 M15。厨房、浴室、厕所等房间的地面，必须将流水坡度找好，有地漏的房间，要在地漏四周找出不小于 5% 的泛水，以利于流水畅通。

面层施工前，先将基层清理干净，浇水湿润，刷一道水胶比为 0.4～0.5 的结合层，随即进行面层的铺抹，随抹随用木抹子拍实，并做好面层的抹平和压光工作。压光一般分三遍成活：第一遍宜轻压,以压光后表面不出现水纹为宜;第二遍压光在砂浆开始凝结、人踩上去有脚印但不下陷时进行,并要求用钢皮抹子将表面的气泡和孔隙清除,把凹坑、砂眼和脚印都压平;第三遍压光在砂浆终凝前进行,此时人踩上去有细微脚印,抹子抹上去不再有抹子纹,并要求用力稍大,把第二遍压光留下的抹子纹、毛细孔等压平、压实、压光。

地面面积较大时,可以按设计要求进行分格。水泥砂浆面层如果遇管线等出现局部面层厚度减薄处在 10 mm 以下时,必须采取防止开裂措施,一般沿管线走向放置钢筋网片,或者符合设计要求后方可铺设面层。

踢脚板底层砂浆和面层砂浆分两次抹成,可以参照墙面抹灰工艺操作。

水泥砂浆面层按要求抹压后,应进行养护,养护时间不少于 7 d。还应该注意对成品的保护,水泥砂浆面层强度未达到 5 MPa 以前,不得在其上行走或进行其他作业。对地漏、出水口等部位要做好保护措施,以免灌入杂物,造成堵塞。

## 三、装饰抹灰施工

### (一)水刷石

水刷石主要用于室外的装饰抹灰,具有外观稳重、立体感强、无新旧之分、能使墙面达到天然美观艺术效果的优点。

装饰抹灰质量验收标准

底层和中层抹灰操作要点与一般抹灰相同,抹好的中层表面要划毛。中层砂浆抹好后,弹线分格,粘分格条。当中层砂浆达到六成干时(终凝之后),先浇水湿润,紧接着薄刮水胶比为0.4~0.7的水泥浆一遍作为结合层,随即抹水泥石粒浆或水泥石灰膏石粒浆。抹水泥石粒浆时,应边抹边用铁抹子压实、压平,待稍收水后再用铁抹子整面,将露出的石粒尖棱轻轻拍平使表面平整密实。待面层凝固尚未硬化(用手指按上无压痕时),即用刷子蘸清水自上而下刷掉面层水泥浆,使石粒露出灰浆面1~2 mm 高度。最后用喷水壶由上往下将表面水泥浆洗掉,使外观石粒清晰,分布均匀,紧密平整,色泽一致,不得有掉粒和接槎痕迹。

水刷石完成第二天起要经常洒水养护,养护时间不应少于 7 d。

### (二)干粘石

干粘石是将干石粒直接粘在砂浆层上的一种装饰抹灰做法。其装饰效果与水刷石相似,但湿作业量少,既可节约原材料,又能明显提高工效。其具体做法是:在中层水泥砂浆上洒水湿润,粘贴分格条后刷一道水胶比为 0.4~0.5 的水泥浆结合层,在其上抹一层 4~5 cm 厚的聚合物水泥砂浆粘结层[水泥:石灰膏:砂:108 胶=100:50:200:(5~15)],随即将小八厘彩色石粒甩上粘结层,先甩四周易干部位,然后甩中间。要由上而下快速进行,做到大面均匀,边角和分格条两侧不露粘。石粒使用前应用水冲洗干净晾干,甩时要用托盘盛装和盛接,托盘底部用窗纱钉成,以便筛净石粒中的残留粉末,粘结上的石粒随即要用铁抹子将石粒拍入粘结层 1/2 深度,要求拍实、拍平,但不得将石浆拍出而影响美观。在干粘石墙面达到表面平整、石粒饱满后,即可将分格条取出,并用小溜子和水泥浆将分格条修补好,达到顺直、清晰。待成品达到一定强度后,须洒水养护。

### (三)斩假石

斩假石又称剁斧石,是仿制天然石料的一种建筑饰面,但由于其造价高、工效低,一般用于小面积的外装饰工程。

施工时,底层与中层表面应划毛,涂抹面层砂浆前,要认真浇水湿润中层抹灰,并满刮水胶比为 0.37~0.40 的纯水泥浆一道,按设计要求弹线分格,粘贴分格条。罩面时一般分两次进行:先薄抹一层砂浆,稍收水后再抹一遍砂浆,用刮尺与分格条赶平,待收水后再用木抹子打磨压实。面层抹灰完成后,不得受烈日暴晒或遭冰冻,应在常温下养护 2~3 d,其强度应控制在 5 MPa。然后,开始试斩,以石子不脱落为准。斩剁前,应先弹顺线,相距约为 100 mm,按线操作,以免剁纹跑斜。斩剁时应由上而下进行,先仔细剁好四周边缘和棱角,再斩中间墙面。在墙角、柱子等处,宜横向剁出边条或留有 15~20 mm 宽的窄小条不剁。

斩假石装饰抹灰要求剁纹均匀顺直、深浅一致、质感典雅。阳角处横剁和留出不剁的边条,应宽窄一致,棱角不得有损坏。

# 单元二  饰面工程

饰面工程是在墙、柱表面镶贴或安装具有保护和装饰功能的块料而形成的饰面层。块料的种类可分为饰面板和饰面砖两大类。

## 一、饰面板安装

饰面板工程是将天然石材、人造石材、金属饰面板等安装到基层上,以形成装饰面的一种施工方法。建筑装饰用的天然石材主要有大理石和花岗石两大类,人造石材一般有人造大理石(花岗石)和预制水磨石饰面板。金属饰面板主要有铝合金板、塑铝板、彩色涂层钢板、彩色不锈钢板、镜面不锈钢面板等。

饰面板安装
质量验收标准

### (一)大理石、花岗石、预制水磨石饰面板施工

大理石、花岗石、预制水磨石板等安装工艺基本相同,以大理石为例,其安装工艺流程:材料准备与验收→基层处理→板材钻孔→饰面板固定→灌浆→清理→嵌缝→打蜡。

1.材料准备与验收

大理石拆除包装后,应按照设计要求挑选规格、品种、颜色一致,无裂纹、缺边、掉角及局部污染变色的块料,分别堆放。按设计尺寸要求在平地上进行试拼,校正尺寸,使宽度符合要求,缝隙平直均匀,并调整颜色、花纹,力求色调一致,上下左右纹理通顺,不得有花纹横、竖突变现象。试拼后分部位逐块按安装顺序予以编号,以便安装时对号入座。对轻微破裂的石材,可用环氧树脂胶粘剂粘结;对表面有洼坑、麻点或缺棱、掉角的石材,可用环氧树脂腻子修补。

2.基层处理

安装前检查基层的实际偏差,墙面还应检查垂直度、平整度情况,偏差较大者应剔凿、修补。对表面光滑的基层进行凿毛处理,然后将基层表面清理干净,并浇水湿润,抹水泥砂浆找平层。待找平层干燥后,在基层上分块弹出水平线和垂直线,并在地面上顺墙(柱)弹出大理石外廊尺寸线,在外廊尺寸线上再弹出每块大理石板的就位线,板缝应符合相关规定。

3.饰面板湿挂法铺贴工艺

湿挂法铺贴工艺适用于板材厚为 20~30 mm 的大理石、花岗或预制水磨石板,墙体为砖墙或混凝土墙。

湿挂法铺贴工艺是传统的铺贴方法,即在竖向基体上预挂钢筋网,用铜丝或镀锌钢丝绑扎板材并灌水泥砂浆粘牢。这种方法的优点是牢固可靠,其缺点是工序烦琐、卡箍多样、板材上钻孔易损坏,特别是灌注砂浆时易污染板面和使板材移位。

采用湿挂法铺贴工艺,墙体应设置锚固体。砖墙体应在灰缝中预埋 φ6 钢筋钩,钢筋钩中距为 500 mm 或按板材尺寸。当挂贴高度大于 3 m 时,钢筋钩改用 φ10 钢筋,钢筋钩埋入墙体内深度应

不小于 120 mm,伸出墙面 30 mm;混凝土墙体可射入 Φ3.7×62 的射钉,中距也为 500 mm 或按板材尺寸,射钉打入墙体内 30 mm,伸出墙面 32 mm。

挂贴饰面板之前,将 Φ6 钢筋网焊接或绑扎于锚固件上。钢筋网双向中距为 500 mm 或按板材尺寸。在饰面板上、下边各钻不少于两个 Φ5 的孔,孔深为 15 mm,清理饰面板的背面。用双股 18 号铜丝穿过钻孔,把饰面板绑牢于钢筋网上。饰面板的背面距墙面应不小于 50 mm。饰面板的接缝宽度可垫木楔调整,应确保饰面板外表面平整、垂直及板的上沿平顺。

每安装好一行横向饰面板后,即进行灌浆。灌浆前,应浇水将饰面板背面及墙体表面湿润,在饰面板的竖向接缝内填塞 15～20 mm 深的麻丝或泡沫塑料条以防漏浆(光面、镜面和水磨石饰面板的竖缝,可用石膏灰临时封闭,并在缝内填塞泡沫塑料条)。

拌和好 1:2.5 的水泥砂浆,将砂浆分层灌注到饰面板背面与墙面之间的空隙内,每层灌注高度为 150～200 mm,且不得大于板高的 1/3,并插捣密实。待砂浆初凝后,应检查板面位置,如有移动错位应拆除重新安装;若无移位,方可安装上一行板。施工缝应留没在饰面板水平接缝以下 50～100 mm 处。凸出墙面的勒脚饰面板安装,应待墙面饰面板安装完工后进行。待水泥砂浆硬化后,将填缝材料清除。饰面板表面清洗干净。光面和镜面的饰面经清洗晾干后,方可打蜡擦亮。

4.饰面板干挂法铺贴工艺

干挂工艺是利用高强度螺栓和耐腐蚀、强度高的柔性连接件,将石材挂在建筑结构的外表面,石材与结构之间留出 40～50 mm 的空隙。此工艺多用于 30 m 以下的钢筋混凝土结构,不适用于砖墙或加气混凝土墙,如图 8-4 所示。其施工工艺如下:

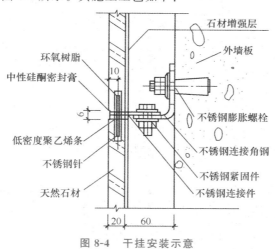

图 8-4 干挂安装示意

(1)石材准备。根据设计图纸要求在现场进行板材切割并磨边,要求板块边角挺直、光滑。然后,在石材侧面钻孔,用于穿插不锈钢销钉连接固定相邻板块。在板材背面涂刷防水材料,以增强其防水性能。

(2)基体处理。清理结构表面,弹出安装石材的水平和垂直控制线。

(3)固定锚固体。在结构上定位钻孔,埋置膨胀螺栓;支底层饰面板托架,安装连接件。

(4)安装固定石材。先安装底层石板,将连接件上的不锈钢针插入板材的预留接孔中,调整面板,当确定位置准确无误后,即可紧固螺栓;然后,用环氧树脂或密封膏堵塞连接孔。底层石板安装完毕后,经过检查合格可依次循环安装上层面板,每层应注意上口水平、板面垂直。

(5)嵌缝。嵌缝前,先在缝隙内嵌入泡沫塑料条,然后用胶枪注入密封胶。为防止污染板面,注胶前应沿面板边缘粘贴胶纸带覆盖缝两边板面,注胶后将胶带揭去。

### （二）金属饰面板安装

#### 1. 彩色涂层钢板饰面安装

（1）施工顺序。彩色涂层钢板安装施工顺序为预埋连接件→立墙筋→安装墙板→板缝处理。

（2）施工要点。

1）安装墙板要按照设计节点详图进行，安装前要检查墙筋位置，计算板材及缝隙宽度，进行排板、画线定位。

2）要特别注意异形板的使用。在窗口和墙转角处使用异形板可以简化施工，增加防水效果。

3）墙板与墙筋用铁钉、螺钉及木卡条连接。安装板的原则是按节点连接做法，沿一个方向顺序安装，方向相反则不易施工。如墙筋或墙板过长，可用切割机切割。

4）板缝处理。尽管彩色涂层钢板在加工时其形状已考虑了防水性能，但若遇到材料弯曲、接缝处高低不平，其形状的防水功能可能会失去作用，在边角部位这种情况尤为明显，因此，对一些板缝填放防水材料也是必要的。

#### 2. 铝合金板饰面安装

铝合金板饰面安装施工要点如图 8-5 所示。

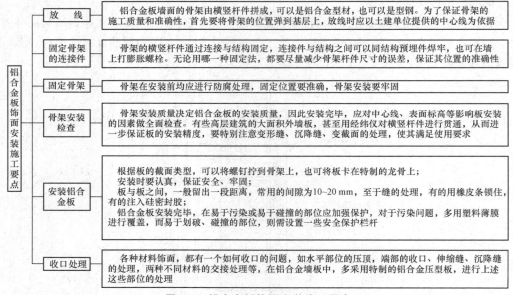

图 8-5　铝合金板饰面安装施工要点

## 二、饰面砖安装

### （一）内墙釉面砖安装施工

#### 1. 镶贴前找规矩

用水平尺找平，校核方正。计算好纵横皮数和镶贴块数，画出皮数杆，定出水平标准，进行排序，特别是阳角必须垂直。

#### 2. 连接处理

（1）在有脸盆镜箱的墙面，应按脸盆下水管部位分中，往两边排砖。肥皂盒、电器开关插座等，可按预定尺寸和砖数排砖，尽量保证外表美观。

饰面砖工程
质量验收标准

（2）根据已弹好的水平线，稳好水平尺板，作为镶贴第一层瓷砖的依据，一般由下往上逐层镶贴。为了保证间隙均匀、美观，每块砖的方正可采用塑料十字架，镶贴后在半干时再取出十字架，进行嵌缝。

（3）一般采用掺108胶素水泥砂浆做粘结层，当温度在15℃以上时（不可使用防冻剂），可随调随用。将水泥砂浆满铺在瓷砖背面，中间鼓、四角低，逐块进行镶贴，随时用塑料十字架找正，全部工作应在3 h内完成。一面墙不能一次贴到顶，以防塌落。随时用干布或棉纱将缝隙中挤出的浆液擦干净。

（4）镶贴后的每块瓷砖，可用小铲轻轻敲打牢固。工程完工后，应对其加强养护。同时，可用稀盐酸刷洗表面，随时用水冲洗干净。

（5）粘贴48 h后，用同色素水泥擦缝。

（6）工程全部完成后，应根据不同的污染程度用稀盐酸刷洗，随即再用清水冲洗。

3. 基层凿毛甩浆

对于坚硬光滑的基层，如混凝土墙面，必须对基层先进行凿毛、甩浆处理。凿毛的深度为5～10 mm、间距为30 mm，毛面要求均匀，并用钢丝刷子刷干净，用水冲洗。然后，在凿毛面上甩水泥砂浆，其配合比为水泥：中砂：胶粘剂＝1：1.5：0.2。甩浆厚度为5 mm左右，甩浆前先润湿基层面，甩浆后注意养护。

4. 贴结牢固检查

凡敲打瓷砖面发出空声时，证明贴结不牢或缺灰，应取下瓷砖重贴。

（二）外墙面砖安装施工

1. 基层为混凝土墙的外墙面砖安装

（1）吊垂直、找方、找规矩、贴灰饼。若建筑物为高层时，应在四大角和门窗口用经纬仪打垂直线找直；如果建筑物为多层，可从顶层开始用特制的大线坠绷钢丝吊垂直，然后根据面砖的规格尺寸分层设点、做灰饼。横线则以楼层为水平基线交圈控制，竖向则以四周大角和通天柱、垛子为基线控制，应全部是整砖。每层打底时则以此灰饼作为基准点进行冲筋，使其底层灰做到横平竖直。同时，要注意找好凸出檐口、腰线、窗台、雨篷等饰面的流水坡度。

（2）抹底层砂浆。先刷一遍水泥素浆，紧接着分遍抹底层砂浆（常温时采用配合比为1：0.5：4水泥白灰膏混合砂浆，也可用1：3水泥砂浆）。第一遍厚度宜为5 mm，抹后用扫帚扫毛；待第一遍达到六七成干时，即可抹第二遍，厚度为8～12 mm，随即用木杠刮平，木抹搓毛，终凝后浇水养护。

（3）弹线分格。待基层灰达到六七成干时，即可按图纸要求进行分格弹线，同时进行面层贴标准点的工作，以控制面层出墙尺寸及墙面垂直、平整。

（4）排砖。根据大样图及墙面尺寸进行横竖排砖，以保证面砖缝隙均匀，符合设计图纸要求，注意大面和通天柱、垛子排整砖及在同一墙面上的横竖排列，均不得有一行以上的非整砖。非整砖行应排在次要部位，如窗间墙或阴角处等，但也要注意一致和对称。如遇凸出的卡件，应用整砖套割吻合，不得用非整砖拼凑镶贴。

（5）浸砖。外墙面砖镶贴前，首先要将面砖清扫干净，放入净水中浸泡2 h以上，取出待表面晾干或擦干净后方可使用。

（6）镶贴面砖。在每一分段或分块内的面砖，均为自下向上镶贴。从最下一层砖下皮的位置线先稳好靠尺，以此托住第一皮面砖。在面砖外皮上口拉水平通线，作为镶贴的标准。

在面砖背面宜采用1：2水泥砂浆或水泥：白灰膏：砂＝1：0.2：2的混合砂浆镶贴。砂浆厚度为6～10 mm，贴上后用灰铲柄轻轻敲打，使其附线，再用钢片开刀调整竖缝，并用小杠通过标准点调整平面垂直度。另一种做法是用1：1水泥砂浆加含水率20%的胶粘剂，在砖背面抹

3～4 mm厚粘贴即可。但此种做法基层灰浆必须抹得平整,而且砂子必须过筛后使用。

(7)面砖勾缝与擦缝。宽缝一般为8 mm以上,用1∶1水泥砂浆勾缝,先勾水平缝再勾竖缝,勾好后要求凹进面砖外表面2～3 mm。若横竖缝为干挤缝,或小于3 mm者,应用白水泥配颜料进行擦缝处理。面砖缝勾完后,用布或棉丝蘸稀盐酸擦洗干净。

### 2.基层为砖墙的外墙面砖安装

基层为砖墙的外墙面砖安装施工要点如图8-6所示。

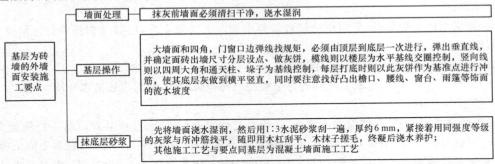

图8-6 基层为砖墙的外墙面安装施工要点

### (三)玻璃马赛克安装施工

玻璃马赛克与陶瓷马赛克的差别在于坯料中掺入了石英材料,故烧成后呈半透明玻璃质状。其规格为20 mm×20 mm×4 mm,反贴在纸板上,每张标准尺寸为325 mm×325 mm(即每张纸板上粘贴有225块玻璃马赛克)。玻璃马赛克安装施工工艺及要点如下。

(1)中层表面的平整度,阴阳角垂直度和方正偏差宜控制在2 mm以内,以保证面层的铺贴质量。中层做好后,要根据玻璃马赛克的整张规格尺寸弹出水平线和垂直线。如要求分格,应根据设计要求定出留缝宽度,制备分格条。

(2)注意选择粘结灰浆的颜色和配合比。用白水泥浆粘贴白色和淡色玻璃马赛克,用加颜料的深色水泥浆粘贴深色玻璃马赛克。白水泥浆配合比为水泥∶石灰膏＝1∶(0.15～0.20)。

(3)抹粘结灰浆时要注意使其填满玻璃马赛克之间的缝隙。铺贴玻璃马赛克时,先在中层上涂抹粘结灰浆一层,厚度为2～3 mm。再在玻璃马赛克底面薄薄地涂抹一层粘结灰浆,涂抹时要确保缝隙中(即粒与粒之间)灰浆饱满,否则用水洗刷玻璃马赛克表面时,易产生砂眼洞。

(4)铺贴时要力求一次铺准,稍做校正,即可达到缝格对齐、横平竖直的要求。铺贴后,应将玻璃马赛克拍平、拍实,使其缝中挤满粘结灰浆,以保证其粘结牢固。

(5)要掌握好揭纸和洗刷余浆时间,过早会影响粘结强度,易产生掉粒和小砂眼洞现象;过晚则难洗净余浆,而影响表面清洁度和色泽。一般要求上午铺贴的要在上午完成,下午铺贴的要在下午完成。

(6)擦缝刮浆时,不能在表面满涂满刮,否则水泥浆会将玻璃毛面填满而失去光泽。擦缝时,应及时用棉丝将污染玻璃马赛克表面的水泥浆擦洗干净。

# 单元三　楼地面工程

楼地面工程是人们工作和生活中接触最频繁的一个分部工程,其反映楼地面工程档次和质量水平,具有地面的承载能力、耐磨性、耐腐蚀性、抗渗漏能力、隔声性能、弹性、光洁程度、平整度等指标以及色泽、图案等艺术效果。

## 一、楼地面工程组成和分类

### 1.楼地面的组成

楼地面是房屋建筑底层地坪与楼层地坪的总称,由面层、垫层和基层等部分构成。

### 2.楼地面的分类

(1)按面层材料划分,楼地面可分为土、灰土、三合土、菱苦土、水泥砂浆混凝土、水磨石、陶瓷马赛克、木、砖和塑料地面等。

(2)按面层结构划分,楼地面可分为整体面层(如灰土、菱苦土、三合土、水泥砂浆、混凝土、现浇水磨石、沥青砂浆和沥青混凝土等)、块料面层(如缸砖、塑料地板、拼花木地板、陶瓷马赛克、水泥花砖、预制水磨石块、大理石板材、花岗石板材等)和涂布地面等。

## 二、整体地面

现浇整体地面一般包括水泥砂浆地面和水磨石地面,现以水泥砂浆地面为例,简述整体地面的施工技术要求和方法。

### 1.施工准备

(1)材料。

1)水泥:优先采用硅酸盐水泥、普通硅酸盐水泥,强度等级不低于 42.5 级,严禁不同品种、不同强度等级的水泥混用。

2)砂:采用中砂、粗砂,含泥量不大于 7%,过 8 mm 孔径筛子;如采用细砂,砂浆强度偏低,易产生裂缝;采用石屑代砂,粒径宜为 6~7 mm,含泥量不大于 7%,可拌制成水泥石屑浆。

(2)地面垫层中各种预埋管线已完成,穿过楼面的方管已安装完毕,管洞已落实,有地漏的房间已找泛水。

(3)施工前应在四周墙身弹好 50 cm 的水平墨线。

(4)门框已立好,再一次核查找正,对于有室内外高差的门口位,如果是安装有下槛的铁门时,还应顾及室内、外能各在下槛两侧收口。

(5)墙、顶抹灰已完成,屋面防水已做好。

### 2.施工方法

(1)基层处理。水泥砂浆面层是铺抹在楼面、地面的混凝土、水泥炉渣、碎砖三合土等垫层上,垫层处理是防止水泥砂浆面层空鼓、裂纹、起砂等质量通病的关键工序。因此,要求垫层应具有粗糙洁净和潮湿的表面,一切浮灰、油渍、杂质必须清除,否则会形成一层隔离层,使面层结合不牢。基层处理方法:将基层上的灰尘扫掉,用钢丝刷和錾子刷净,剔掉灰浆皮和灰渣层,用 10% 的火碱水溶液刷掉基层上的油污,并用清水及时将碱液冲净。对表面比较光滑的基层,应凿毛并用清水冲洗干净。冲洗后的基层最好不要上人。

(2)抹灰饼和标筋(或称冲筋)。根据水平基准线,再把楼地面层上皮的水平基准线弹出。面积不大的房间,可根据水平基准线直接用长木杠标筋,施工中进行几次复尺即可。对面积较大的房间,应根据水平基准线,在四周墙角处每隔 1.5~2.0 m 用 1∶2 水泥砂浆抹标志块,标志块大小一般是 8~10 cm 见方。待标志块结硬后,再以标志块的高度做出纵横方向通长的标筋以控制面层的厚度。标筋用 1∶2 水泥砂浆,宽度一般为 8~10 cm。做标筋时,要注意控制面层厚度,面层的厚度应与门框的锯口线吻合。

（3）设置分格条。为防止水泥砂浆在凝结硬化时体积收缩产生裂缝，应根据设计要求设置分格缝。首先根据设计要求在找平层上弹线确定分格缝位置，然后在分格线位置上粘贴分格条，分格条应粘结牢固。若无设计要求，可在室内与走道邻接的门扇下设置；当开间较大时，在结构易变形处设置。分格缝顶面应与水泥砂浆面层顶面相平。

（4）铺设砂浆。铺设砂浆要点如下：

1）水泥砂浆的强度等级不应小于 M15，水泥与砂的体积比宜为 1∶2，其稠度不宜大于 35 mm，并应根据取样要求留设试块。

2）水泥砂浆铺设前，应提前一天浇水湿润。铺设时，在湿润的基层上涂刷一道水胶比为 0.4～0.5 的水泥素浆作为加强粘结，随即铺设水泥砂浆。水泥砂浆的标高应略高于标筋，以便刮平。

3）当水泥砂浆凝结到六七成干时，用木刮杠沿标筋刮平，并用靠尺检查平整度。

（5）面层压光。

1）第一遍压光。砂浆收水后，即可用铁抹子进行第一遍压光，直至出浆。如砂浆局部过干，可在其上洒水湿润后再进行压光；如局部砂浆过稀，可在其上均匀撒一层体积比为 1∶2 的干水泥砂吸水。

2）第二遍压光。砂浆初凝后，当人站上去有脚印但不下陷时，即可进行第二遍压光，用铁抹子边抹边压，使表面平整，要求不漏压，平面出光。

3）第三遍压光。砂浆终凝前，即人踩上去稍有脚印，用抹子压光无抹痕时，即可进行第三遍压光。抹压时用力要大且均匀，将整个面层全部压实、压光，使表面密实、光滑。

（6）养护。水泥砂浆面层抹压后，应在常温湿润条件下养护。养护要适时，浇水过早易起皮，浇水过晚则会使面层强度降低而加剧其干缩和开裂倾向。一般夏季应在 24 h 后养护，春秋季节应在 48 h 后养护，养护时间一般不少于 7 d。最好是在铺上锯末屑（或以草垫覆盖）后再浇水养护，浇水时宜用喷壶喷洒，使锯末屑（或草垫等）保持湿润即可。如采用矿渣水泥时，养护时间应延长到 14 d。在水泥砂浆面层强度达不到 5 MPa 之前，不准在上面行走或进行其他作业，以免损坏地面。

## 三、块料地面

### 1.陶瓷地砖地面

（1）铺设找平层。将基层清理干净后提前浇水湿润。铺设找平层时应先刷素水泥浆一道，随刷随铺砂浆。

（2）排砖弹线。根据 +50 cm 水平线在墙面上弹出地面标高线。根据地面的平面几何形状尺寸及砖的大小进行计算排砖。排砖时统筹兼顾以下几点：一是尽可能对称；二是房间与通道的砖缝应相通；三是不割或少割砖，可利用砖缝宽窄、镶边来调节；四是房间与通道如用不同颜色的砖，分色线应留置于门扇处。排后直接在找平层上弹纵横控制线（小砖可每隔四块弹一控制线），并严格控制好方正。

（3）选砖。由于砖的大小及颜色有差异，铺砖前一定要选砖分类。将尺寸大小及颜色相近的砖铺设在同一房间内。同时，保证砖缝均匀顺直、砖的颜色一致。

（4）铺砖。纵向先铺几行砖，找好位置和标高，并以此为准，拉线铺砖。铺砖时应从里向外退向门口的方向逐排铺设，每块砖应跟线。铺砖的操作是，在找平层上刷水泥浆（随刷随铺），将预先浸水晾干的砖的背面朝上，抹 1∶2 水泥砂浆粘结层，厚度不小于 10 mm。将抹好砂浆的砖铺砌到找平层上，砖上楞应跟线找正、找直，用橡皮锤敲实。

（5）拨缝修整。拉线拨缝修整，将缝找直，并用靠尺板检查平整度，将缝内多余的砂浆扫出，将砖拍实。

(6)勾缝。铺好的地面砖,应养护 48 h 才能勾缝。勾缝用 1 : 1 水泥砂浆,要求勾缝密实、灰缝平整光洁、深浅一致,一般灰缝低于地面 3~4 mm;如设计要求不留缝,则需要灌缝擦缝,可用撒干水泥并喷水的方法灌缝。

#### 2.大理石及花岗石地面

(1)弹线。根据墙面 0.5 m 标高线,在墙上做出面层顶面标高标志,室内与楼道面层顶面标高应一致。当大面积铺设时,用水准仪向地面中部引测标高,并做出标志。

(2)试拼和试排。在正式铺设前,对每个房间使用的图案、颜色、花纹应按照图样要求进行试拼。试拼后按两个方向排列编号,然后按编号排放整齐。板材试拼时,应注意与相通房间和楼道的协调关系。

试排时,在房间两个垂直的方向,铺两条干砂带,其宽度大于板块,厚度不小于 30 mm。根据图样要求把板材排好,核对板材与墙面、柱、洞口等的相对位置;板材之间的缝隙宽度,当设计无规定时不应大于 1 mm。

(3)铺结合层。将找平层上试排时用过的干砂和板材移开,清扫干净,将找平层湿润,刷一道水胶比为 0.4~0.5 的水泥浆,但面积不要刷得过大,应随刷随铺砂浆。结合层采用 1 : 2 或 1 : 3 的水泥砂浆,稠度为 25~35 mm,用砂浆搅拌机拌制均匀,应严格控制加水量,拌好的砂浆以手握成团、手捏或手颠即散为宜。砂浆厚度控制在放上板材时高出地面顶面标高 1~3 mm 即可。铺好后用刮尺刮平,再用抹子拍实、抹平,铺摊面积不得过大。

(4)铺贴板材。所采用的板材应先用清水浸湿,但包装纸不得一同浸泡,待擦干或晾干后铺贴。铺贴时应根据试拼时的编号及试排时确定的缝隙,从十字控制线的交点开始拉线铺贴。铺贴纵横行后,可分区按行列控制线依次铺贴,一般房间宜由里向外,逐步退至门口。

铺贴时为了保证铺贴质量,应进行试铺。试铺时,搬起板材对好横纵控制线,水平下落在已铺好的干硬性砂浆结合层上,用橡胶锤敲击板材顶面,振实砂浆至铺贴高度后,将板材掀起移至一旁;检查砂浆表面与板材之间是否吻合,如发现有空虚之处,应用砂浆填补,然后正式铺贴。正式铺贴时,先在水泥砂浆结合层上均匀浇一层水胶比为 0.5 的水泥浆,再铺板材,安放时四角同时在原位下落,用橡胶锤轻敲板材,使板材平实,根据水平线用水平尺检查板材平整度。

(5)擦缝。在板材铺贴完成 1~2 d 后进行灌浆擦缝。根据板材颜色,选用相同颜色的矿物颜料和水泥拌和均匀,调成 1 : 1 稀水泥浆,将其徐徐灌入板材之间的缝隙内,至基本灌满为止。灌浆 1~2 h 后,用棉纱蘸原稀水泥浆擦缝并与板面擦平;同时,将板面上的稀水泥浆擦除干净,接缝应保证平整、密实。完成后,面层加以覆盖,养护时间不应少于 7 d。

(6)打蜡。当水泥砂浆结合层抗压强度达到 11.2 MPa 后,各工序均完成,将面层表面用草酸溶液清洗干净并晾干后,将成品蜡放于布中薄薄地涂在板材表面,待蜡干后,用木块代替油石进行磨光,直至板材表面光滑、洁亮为止。

# 单元四　涂饰工程

涂料敷于建筑物表面并与基体材料很好地粘结,干结成膜后,既对建筑物表面起到一定的保护作用,又具有建筑装饰的效果。

## 一、涂饰工程材料质量要求

### 1.涂料质量要求

（1）涂料工程所用的涂料和半成品（包括施涂现场配制的），均应有品名、种类、颜色、制作时间、储存有效期、使用说明和产品合格证书、性能检测报告及进场验收记录。

（2）内墙涂料要求耐碱性、耐水性、耐粉化性良好，以及有一定的透气性。

（3）外墙涂料要求耐水性、耐污染性和耐候性良好。

### 2.腻子质量要求

涂料工程使用的腻子的塑性和易涂性应满足施工要求，干燥后应坚固，无粉化、起皮和开裂，并按基层、底涂料和面涂料的性能配套使用。另外，处于潮湿环境的腻子应具有耐水性。

涂饰工程质
量验收标准

## 二、涂饰工程基层处理要求

（1）基体或基层的含水率：混凝土和抹灰表面涂刷溶剂型涂料时，含水率不得大于8%；涂刷乳液型涂料时，含水率不得大于10%；木料制品含水率不得大于12%。

（2）新建建筑物的混凝土或抹灰基层在涂饰涂料前，应涂刷抗碱封闭底漆；旧墙面在涂刷涂料前应清除疏松的旧装修层，并涂刷界面剂。

（3）涂饰工程墙面基层，表面应平整、洁净，并有足够的强度，不得酥松、脱皮、起砂、粉化等。

## 三、涂饰工程施工方法

### 1.刷涂

刷涂宜采用细料状或云母片状涂料。刷涂时，用刷子蘸上涂料直接涂刷于被涂饰基层表面，其涂刷方向和行程长短应一致。涂刷层次，一般不少于两度。在前一度涂层表面干燥后，再进行后一度涂刷。两度涂刷间隔时间与施工现场的温度、湿度有关，一般不少于2～4 h。

### 2.喷涂

喷涂宜采用含粗填料或云母片的涂料。喷涂是借助喷涂机具将涂料呈雾状或粒状喷出，分散沉积在物体表面上。喷射距离一般为40～60 cm，施工压力为0.4～0.8 MPa。喷枪运行中喷嘴中心线必须与墙面垂直，喷枪与墙面平行移动，运行速度保持一致。室内喷涂一般先喷顶后喷墙，两遍成活，间隔时间约为2 h；外墙喷涂一般为两遍，较好的饰面为三遍。

### 3.滚涂

滚涂宜采用细料状或云母片状涂料。滚涂是利用涂料辊子蘸匀适量涂料，在待涂物体表面施加轻微压力上下垂直来回滚动，避免歪扭呈蛇形，以保证涂层的厚度、色泽、质感一致。

### 4.弹涂

弹涂宜采用细料状或云母片状涂料。先在基层刷涂1或2道底色涂层，待其干燥后进行弹涂。弹涂时，弹涂器的出口应垂直对正墙面，距离为300～500 mm，按一定速度自上而下、自左至右地弹涂。注意弹点密度均匀、适当，上下左右接头不明显。

# 单元五　门窗工程

　　常见的门窗类型有木门窗、铝合金门窗、塑料门窗、钢门窗、彩板门窗和特种门窗等。门窗工程的施工可分为两大类:一类是由工厂预先加工拼装成型,在现场安装;另一类是在现场根据设计要求加工、制作,即时安装。

## 一、木门窗安装

### 1. 放线找规矩

　　以顶层门窗位置为准,从窗中心线向两侧量出边线,用垂线或经纬仪将顶层门窗控制线逐层引下,分别确定各层门窗的安装位置;再根据室内墙面上已确定的"50线",确定门窗安装标高;然后,根据墙身大样图及窗台板的宽度,确定门窗安装的平面位置,在侧面墙上弹出竖向控制线。

木门窗安装
质量验收标准

### 2. 洞口修复

　　门窗框安装前,应检查洞口尺寸大小、平面位置是否准确,如有缺陷应及时进行剔凿处理。检查预埋木砖的数量及固定方法,并应符合以下要求:

　　(1)高为 1.2 m 的洞口,每边预埋 2 块木砖;高为 1.2～2 m 的洞口,每边预埋 3 块木砖;高为 2～3 m 的洞口,每边预埋 4 块木砖。

　　(2)当墙体为轻质隔墙和 120 mm 厚的隔墙时,应采用预埋木砖的混凝土预制块,混凝土强度等级不低于 C20。

### 3. 门窗框安装

　　门窗框安装时,应根据门窗扇的开启方向,确定门窗框安装的裁口方向;有窗台板的窗,应根据窗台板的宽度确定窗框位置;有贴脸的门窗,立框应与抹灰面齐平;中立的外窗以遮盖住砖墙立缝为宜。门窗框安装标高以室内"50线"为准,用木楔将框临时固定于门窗洞口内,并立即使用线坠检查,达到要求后塞紧固定。

### 4. 嵌缝处理

　　门窗框安装完经自检合格后,在抹灰前应进行塞缝处理,塞缝材料应符合设计要求。无特殊要求者用掺有纤维的水泥砂浆嵌实缝隙,经检验无漏嵌和空嵌现象后,方可进行抹灰作业。

### 5. 门窗扇安装

　　安装前,按图样要求确定门窗的开启方向及装锁位置,以及门窗口尺寸是否正确。将门扇靠在框上,画出第一次修刨线,如扇小应在下口和装合页的一面绑粘木条,然后修刨合适。第一次修刨后的门窗扇,应以能塞入口内为宜。第二次修刨门窗扇后,缝隙尺寸合适,同时在框、扇上标出合页位置,定出合页安装边线。

## 二、铝合金门窗安装

　　铝合金门窗框一般是用后塞口方法安装。门窗框加工的尺寸应比洞口尺寸略小,门窗框与结构之间的间隙,应视不同的饰面材料而定。

　　安装前,应逐个检查门、窗洞口的尺寸与铝合金门、窗框的规格是否相适应,对于尺寸偏差较大的部位,应剔凿或填补处理。然后,按室内地面弹出的"50线"和垂直线,标出门窗框安装的基准线。要求同一立面的门窗在水平与垂直方向应做到整齐一致。按在洞口弹出的门窗位置线,将门窗框立于墙体中心线部位或内侧,并用木楔临时固定,待检查立面垂直度、左右间隙、上下位置等符合要求后,

　　将镀锌锚固板固定在门窗洞口内。锚固板是铝合金门、窗框与墙体固定的连接件,锚固板的一端固定在门窗框的外侧,另一端固定在密实的洞口墙内,锚固板形状如图 8-7 所示。锚固板与结构的固定方法有射钉固定法、膨胀螺栓固定法和燕尾铁脚固定法。

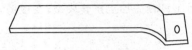

图 8-7　锚固板形状示意

　　铝合金门窗框安装固定后,应按设计要求及时处理窗框与墙体缝隙。若设计未规定具体堵塞材料,应采用矿棉或玻璃棉毡分层填塞缝隙,外表面留 5～8 mm 深槽口,槽内填嵌密封材料。

　　门窗扇的安装,需要在室内外装修基本完成后进行,框装上扇后应保证框扇的立面在同一平面内,窗扇就位准确,启闭灵活。平开窗的窗扇安装前,应先将合页固定在窗框上,再将窗扇固定在合页上;推拉式门窗扇,应先装室内侧门窗扇,后装室外侧门窗扇;固定扇应安装在室外侧,并固定牢固,确保使用安全。

　　玻璃安装是铝合金门、窗安装的最后一道工序,包括玻璃裁割、玻璃就位、玻璃密封与固定。玻璃裁割时,应根据门窗扇的尺寸来计算下料尺寸。玻璃单块尺寸较小时,可用双手夹住就位;若单块玻璃尺寸较大,可用玻璃吸盘就位。玻璃就位后,及时用橡胶条固定。玻璃应放在凹槽的中间,内、外侧间距不应小于 2 mm,也不宜大于 5 mm。同时,为防止因玻璃的胀缩而造成型材的变形,型材下凹槽内可放置 3 mm 厚氯丁橡胶垫块将玻璃垫起。

　　铝合金门窗交工前,应将型材表面的保护胶纸撕掉,如有胶迹,可用香蕉水清理干净,玻璃应用清水擦洗干净。

## 三、塑料门窗安装

### 1.工艺流程

　　弹线找规矩→门窗洞口处理→安装连接件的检查→塑料门窗外观检查→按图示要求运到安装地点→塑料门窗安装→门窗四周嵌缝→安装五金配件→清理。

### 2.工艺要点

　　(1)本工艺应采用后塞口施工,不得先立口后再进行结构施工。

　　(2)检查门窗洞口尺寸是否比门窗框尺寸大 30 mm,否则应先进行剔凿处理。

　　(3)按图样尺寸放好门窗框的安装位置线及立口的标高控制线。

　　(4)安装门窗框上的铁脚。

　　(5)安装门窗框,并按线就位找好垂直度及标高,用木楔临时固定,检查正、侧面垂直及对角线,合格后用膨胀螺栓将铁脚与结构固定牢固。

　　(6)嵌缝:门窗框与墙体的缝隙应按设计要求的材料嵌缝。如设计无要求,可用沥青麻丝或泡沫塑料填实,表面用厚度为 5～8 mm 的密封胶封闭。

　　(7)门窗附件安装:安装时应先用电钻钻孔,再用自攻螺钉拧入。严禁用铁锤或硬物敲打,防止损坏框料。

　　(8)安装后注意成品保护,防污染,防焊接火花烧伤。

# 单元六  吊顶工程

吊顶是室内装饰工程的一个重要组成部分,具有保温、隔热、隔声、吸声等作用,也是安装照明、暖卫、通风空调、通信和防火、报警管线设备的隐蔽层。

## 一、吊顶的构造

吊顶从形式上可分为直接式和悬吊式两种。其中,悬吊式吊顶是目前采用最广泛的技术。悬吊装配式顶棚的构造主要由基层、悬吊件、龙骨和面层组成。

(1)基层。基层为建筑物结构件,主要为混凝土楼(顶)板或屋架。

(2)悬吊件。悬吊件是悬吊式顶棚与基层连接的构件,一般埋在基层内,属于悬吊式顶棚的支撑部分。其材料可以根据顶棚不同的类型,选用钢丝、钢筋、型钢吊杆(包括伸缩式吊杆)等。

(3)龙骨。龙骨是固定顶棚面层的构件,并将所承受面层的重量传递给支撑部分。

(4)面层。面层是顶棚的装饰层,使顶棚达到既具有吸声、隔热、保温、防火等功能,又具有美化环境的效果。

## 二、木龙骨吊顶施工

(1)弹水平线。首先将楼地面基准线弹在墙上,并以此为起点,弹出吊顶高度水平线。

(2)主龙骨的安装。主龙骨与屋顶结构或楼板结构连接主要有三种方式:用屋面结构或楼板内预埋铁件固定吊杆;用射钉将角铁等固定于楼底面固定吊杆;用金属膨胀螺栓固定铁件,再与吊杆连接。

主龙骨安装后,沿吊顶标高线固定沿墙木龙骨,木龙骨的底边与吊顶标高线齐平。一般是使用冲击电钻在标高线以上 10 mm 处墙面打孔,孔内塞入木楔,将沿墙龙骨钉固定于墙内木楔上。然后将拼接组合好的木龙骨架托到吊顶标高位置,整片调整调平后,将其与沿墙龙骨和吊杆连接。

(3)罩面板的铺钉。罩面板多采用人造板,应按设计要求切成方形、长方形等。板材安装前,按照分块尺寸弹线,安装时由中间向四周呈对称排列,顶棚的接缝与墙面交圈应保持一致。面板应安装牢固且不得出现折裂、翘曲、缺棱、掉角和脱层等缺陷。

## 三、轻钢龙骨吊顶施工

利用薄壁镀锌钢板带经机械冲压而成的轻钢龙骨,即为吊顶的骨架型材。施工前,先按龙骨的标高在房间四周的墙上弹出水平线,再根据龙骨的要求按一定间距弹出龙骨的中心线,找出吊点中心,将吊杆固定在预埋件上。吊顶结构未设预埋件时,要按确定的节点中心用射钉固定螺钉或吊杆。吊杆长度计算好后,在一端套丝,丝口的长度要考虑紧固的余量,并分别配好紧固用的螺母。

在主龙骨的吊顶挂件连在吊杆上校平调正后,拧紧固定螺母,然后根据设计和饰面板尺寸要求确定的间距,用吊挂件将次龙骨固定在主龙骨上,调平调正后安装饰面板。

U 形轻钢龙骨吊顶构造组成如图 8-8 所示。

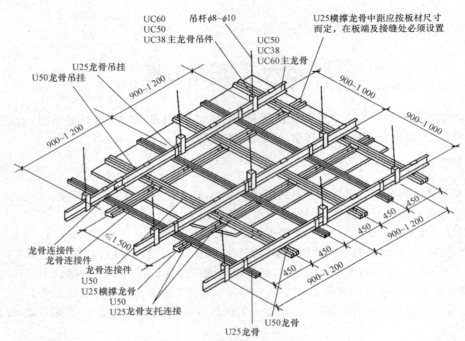

图 8-8　U 形轻钢龙骨吊顶构造组成

饰面板的安装方法有以下几种：

（1）搁置法。将饰面板直接放在 T 形龙骨组成的格框内。考虑到有些轻质饰面板，在刮风时会被掀起（包括空调口、通风口附近），可用木条、卡子固定。

（2）嵌入法。将饰面板事先加工成企口暗缝，安装时将 T 形龙骨两肢插入企口缝内。

（3）粘贴法。将饰面板用胶粘剂直接粘贴在龙骨上。

（4）钉同法。将饰面板用钉、螺钉、自攻螺钉等固定在龙骨上。

（5）卡固法。多用于铝合金吊顶，板材与龙骨直接卡接固定。

## 四、铝合金龙骨吊顶

铝合金龙骨吊顶按罩面板的要求不同，可分为龙骨地面不外露和龙骨地面外露两种形式，如图 8-9 所示。

铝合金龙骨吊顶的施工工艺如下：

（1）弹线。弹线根据设计要求在顶棚及四周墙面上弹出顶棚标高线、造型位置线、吊挂点位置、灯位线等。如采用单层吊顶龙骨骨架，吊点间距为 800～1 500 mm；如采用双层吊顶龙骨骨架，吊点间距≤1 200 mm。

（2）安装吊点紧固件。按照设计要求，将吊杆与顶棚之上的预埋铁件进行连接。连接应稳固，并使其安装龙骨的标高一致，如图 8-10、图 8-11 所示。

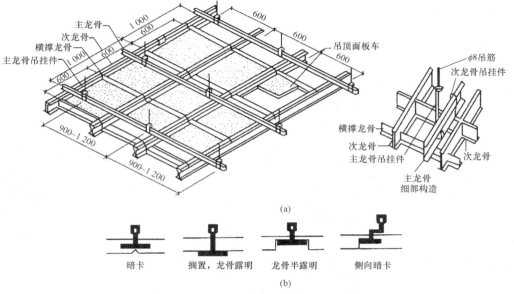

图 8-9　龙骨地面不外露和龙骨地面外露

(a)吊顶龙骨布置；(b)龙骨地面外露情况

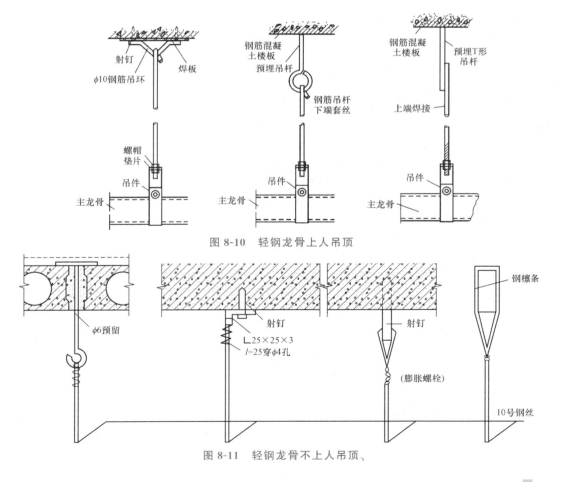

图 8-10　轻钢龙骨上人吊顶

图 8-11　轻钢龙骨不上人吊顶、

(3)安装大龙骨。采用单层龙骨时,大龙骨 T 形断面高度采用 38 mm,适用于轻型级不上人明龙骨吊顶。有时采用一种中龙骨,纵横交错排列,避免龙骨纵向连接,龙骨长度为 2～3 个方格。单层龙骨安装方法是:首先沿墙面上的标高线固定边龙骨,边龙骨地面与标高线齐平,在墙上用 φ20 钻头钻孔,间距为 500 mm,将木楔子打入孔内,边龙骨钻孔,用木螺钉将龙骨固定于木楔上,也可用 φ6 塑料膨胀管木螺钉固定,然后再安装其他龙骨,吊挂吊紧龙骨,吊点采用 900 mm× 900 mm 或 900 mm×1 000 mm,最后调平、调直、调方格尺寸。

(4)安装中、小龙骨。首先安装边小龙骨,边龙骨底面沿墙面标高线齐平固定墙上,并和大龙骨挂接,然后安装其他中龙骨。中、小龙骨需要接长时,用纵向连接件,将特制插头插入插孔即可。插件为单向插头,不能拉出。在安装中、小龙骨时,为保证龙骨间距的准确性,应制作一个标准尺杆,用来控制龙骨间距。由于中、小龙骨露于板外,因此,龙骨的表面要保证平直一致。在横撑龙骨端部用插接件,插入龙骨插孔即可固定,插件为单向插接,安装牢固。要随时检查龙骨方格尺寸。当整个房间安装完工后,进行检查,调直、调平龙骨。

吊顶工程质量验收标准

(5)安装罩面板。当采用明龙骨时,龙骨方格调整平直后,将罩面板直接摆放在方格中,由龙骨翼缘承托饰面板四边。为了便于安装饰面板,龙骨方格内侧净距一般应大于饰面板尺寸 2 mm;当采用暗龙骨时,用卡子将罩面板暗挂在龙骨上即可。

## 模块小结

本模块的重点是装饰工程中各种工程的施工工艺。墙面、顶棚、楼地面一般抹灰的施工工艺是装饰工程的基础,必须熟练掌握。饰面板安装和饰面砖安装的施工工艺是装饰工程的重点和难点,学习时应结合工程实际理解领会。楼地面工程是装饰工程中的重点内容,可通过整体地面和块料地面的学习掌握施工方法。门窗、吊顶、涂饰工程部分,应掌握施工工艺。

## 思考与练习

**一、填空题**

1.抹灰工程按使用的材料及其装饰效果,可分为_____和_____。

2.抹灰层的平均总厚度要根据_____及_____而定。

3.一般抹灰的施工,按部位可分为_____、_____和_____。

4.铺好的地面砖,应养护_____才能勾缝。

5.门窗框安装时,应根据门窗扇的_____,确定门窗框安装的裁口方向。

6.吊顶从形式上分,有_____和_____两种。

**二、选择题**

1.在抹灰工程中,下列各层中起找平作用的是(    )。

A.基层            B.中层            C.底层            D.面层

2.以下做法中,不属于装饰抹灰的是(    )。

A.水磨石          B.干挂石          C.斩假石          D.水刷石

3. 在下列各种抹灰中,属于一般抹灰的是(      )。

    A. 拉毛灰            B. 防水砂浆抹灰        C. 磨刀灰          D. 水磨石

4. 墙面抹灰用的砂最好是(      )。

    A. 细砂            B. 粗砂            C. 中砂           D. 特细砂

5. 一般抹灰中,内墙高级抹灰的总厚度不得大于(      )mm。

    A. 18            B. 20            C. 25           D. 30

6. 一般抹灰中,外墙墙面抹灰的总厚度不得大于(      )mm。

    A. 18            B. 20            C. 25           D. 30

7. 装饰抹灰与一般抹灰的区别在于(      )。

    A. 面层不同         B. 基层不同         C. 底层不同         D. 中层不同

8. 在水泥砂浆楼地面施工中,下列做法不正确的是(      )。

    A. 基层应密实、平整、不积水、不起砂

    B. 铺抹水泥砂浆前,先涂刷水泥砂浆粘结层

    C. 水泥砂浆初凝前完成抹平和压光

    D. 地漏周围做出不小于5%的泛水坡度

9. 水泥砂浆楼地面抹完后,养护时间不得少于(      )d。

    A. 3             B. 5            C. 7           D. 10

10. 水刷石面层施工应在中层抹灰(      )。

    A. 抹完后立即进行                B. 初凝后进行

    C. 终凝后进行                 D. 达到设计强度后进行

11. 下列材料中,不适用于粘贴面砖的是(      )。

    A. 石灰膏                   B. 水泥砂浆

    C. 掺胶的水泥浆             D. 掺石灰膏的水泥混合砂浆

12. 适用于室内墙面安装小规格饰面石材的方法是(      )。

    A. 粘贴法         B. 干挂法         C. 挂钩法         D. 挂装灌浆法

13. 墙面石材直接干挂法所用的挂件,其制作材料宜为(      )。

    A. 钢材         B. 塑料         C. 铝合金         D. 不锈钢

## 三、简答题

1. 普通抹灰由哪些组成?抹灰的要求有哪些?

2. 墙面抹灰做护角的做法是什么?

3. 简述大理石的安装工艺流程。

4. 简述饰面板干挂法铺贴的施工工艺。

5. 什么是楼地面?楼地面由哪几部分组成?

6. 涂饰工程的施工方法有哪些?

7. 简述木龙骨吊顶施工工艺。

8. 饰面板的安装方法有哪几种?

# 模块九 建筑节能工程

## 知识目标

1. 了解建筑节能工程的概念与发展方向，掌握建筑节能工程的意义和管理规定。
2. 了解建筑遮阳的形式，掌握房间自然通风的设计。
3. 了解供暖空调新途径，掌握采暖节能方法。
4. 了解空调节能的重要性，掌握集中式空调、中央空调节能途径。
5. 掌握建筑照明节能的途径。
6. 了解可再生能源利用与建筑节能。

## 能力目标

树立建筑节能的思想，具有采用节能手段打造节能建筑的能力。

## 单元一 建筑节能工程概述

### 一、建筑节能概念

建筑节能是指在居住建筑和公共建筑的规划、设计、建造和使用过程中，通过执行现行建筑节能标准，提高建筑围护结构热工性能，采用节能型用能系统和可再生能源利用系统，切实降低建筑能源消耗的活动。

"节约—保持—充分利用"是建筑节能的三层含义：一是在建筑中节约能量，即单纯地抑制需求，减少能耗量；二是在建筑中保持能量，减少热损失；三是提高建筑中的能源利用率，即积极意义上的节能。第一层含义和第二层含义是高能耗阶段；第三层含义则是高能量效率阶段，可以大量利用可再生能源和新能源。在我国，现在通称的建筑节能，其内含应为第三层含义。根据气温分析，我国绝大部分地区的居住建筑都需要采取一定的技术措施来保证冬夏两季的室内舒适环境。北方严寒地区和寒冷地区主要考虑冬季采暖，南方夏热冬暖地区主要考虑夏季降温，而地处长江中下游的夏热冬冷地区，则要兼顾夏季降温和冬季采暖。经过 30 多年的努力，我国建筑节能工作已经取得巨大进展，但与发达国家相比，差距仍然较大。我国在建筑节能方面要缩小与发达国家的差距，任重而道远。

### 二、节能建筑发展方向

#### 1. 节能建筑

节能建筑是按节能设计标准进行设计和建造，使其在使用过程中降低能耗的建筑。节能建筑与普通建筑相比具有如下特征：

（1）冬暖夏凉。门、窗、墙体等使用的材料保温隔热性能良好，房屋东西向尽量不开窗或开小窗。

（2）通风良好。自然通风与人工通风结合，兼顾每个房间。

（3）光照充足。尽量采用自然光，天然采光与人工照明相结合。

（4）智能控制。采暖、通风、空调、照明等设备均可按程序集中管理（逐步达到）。

### 2.绿色建筑

绿色建筑是指为人们提供健康、舒适、安全的居住、工作和活动的空间，同时，在建筑全生命周期（物料生产、建筑规划、设计、施工、运营维护及拆除过程）中实现高效率地利用资料（能源、土地、水资源、材料），最低限度地影响环境的建筑物。

绿色建筑与普通建筑的区别如下：

（1）普通建筑能耗非常大，在建造和使用过程中消耗了全球50%的能源，产生了34%的污染；而绿色建筑耗能可降低70%～75%，有些发达国家达到零能源、零污染、零排放。

（2）普通建筑采用的是商品化的生产技术，建造过程的标准化、产业化，造成建筑风格大同小异，千城一面；而绿色建筑强调的是采用本地的文化、本地的原材料，注重本地的自然和气候条件，风格上完全本地化。

（3）普通建筑是封闭的，与自然环境隔离，室内环境往往不利于健康；而绿色建筑的内部与外部采取有效的连通方法，会随气候变化自动调节。

（4）普通建筑形式仅仅在建造过程或使用过程中对环境负责；而绿色建筑强调的是从原材料的开采、加工、运输一直到使用，直至建筑物的废弃、拆除，都要对环境负责。

### 3.生态建筑

生态建筑是尽可能利用建筑物当地的环境特色与相关的自然因素，如地势、气候、阳光、空气、水流，使之符合人类居住，并且降低各种不利于人类身心健康的环境因素作用，同时，尽可能不破坏当地环境因素的循环，确保生态体系健全运行的建筑。

### 4.可持续建筑

可持续建筑是指以可持续发展观规划的建筑。其内容包括建筑材料、建筑物、城市区域规模大小，以及与它们有关的功能性、经济性、社会文化和生态因素。

世界经济合作与发展组织（OECD）对可持续建筑给出了四个原则和一个评定因素：一是资源的应用效率原则；二是能源的使用效率原则；三是污染的防止原则（室内空气质量、二氧化碳的排放量）；四是环境的和谐原则。评定因素是对以上四个原则内容的研究评定，以评定结果来判断是否为可持续建筑。

可持续建筑的理念就是追求降低环境负荷，与环境相融合，且有利于居住者健康。其目的是减少能耗、节约用水、减少污染、保护环境、保护生态、保护健康、提高生产力、有益于子孙后代。为实现可持续建筑，必须反映不同区域的状态和重点，以及需要根据不同区域的特点建立不同的模型去执行。

### 5.节能省地型住宅与公共建筑

节能省地型住宅与公共建筑是指在保证住宅功能和舒适度的前提下，坚持开发与节约并举，把节约放在首位，在建筑规划、设计、建造、使用、维护全生命周期中，尽量减少能源、土地、水和材料等资源的消耗，并尽可能对资源进行循环利用的建筑。其核心内容为节能、节地、节水、节材与环境保护，即"四节一环保"。

### 三、建筑节能意义

**1.建筑节能有利于缓解能源供给的紧张局面**

由于我国的建筑用能缺口很大,仅靠单方面加强能源的投入和基础设施建设,难以满足快速增长的社会发展需求和改变能源供给的紧缺局面。我国提出了"节能优先,结构多元,环境友好,市场推动"的可持续能源战略,将节能降耗目标与经济增长指标摆在同等重要的位置。

**2.建筑节能有利于改善大气环境,实现可持续发展**

全球变暖将使世界环境发生重大变化,对人类的生存构成了严重威胁。这几年我国由于气候变化引起的特大灾害十分频繁,如特大洪水、持续干旱、荒漠化加剧和沙尘暴频发等,已使我国蒙受了巨大的经济损失。减排温室气体,保护地球大气和生态环境,将对建筑节能提出更高的要求。

**3.建筑节能有利于提高人民生活水平**

我国地域辽阔,冬季南北温差大,气候条件比较严酷。我国居室冬季温度偏低,夏季偏高,居住热环境差,影响广大人民群众的身体健康。每年冬天,感冒、气管炎、关节炎等疾病的发病率明显增高;盛夏季节室内闷热,特别是处在顶层和西向房间的人们感受最为明显。开展建筑节能后,上述情况可得到改善,实现冬暖夏凉,提高人民群众的生活质量和健康水平。

**4.建筑节能有利于保护耕地资源**

由于我国是一个发展中国家,人口众多。人均耕地低于联合国粮食组织规定的 0.8 亩危险线以下的城市约有 170 个,耕地资源十分有限。我国传统建筑的墙体材料以实心黏土砖为主,每年新建建筑使用的实心黏土砖,不仅毁掉良田,而且其保温性能达不到国家对建筑的节能要求。建筑节能极大地推动了我国墙体材料革新,对保护耕地和生态环境起到了积极作用。

### 四、建筑节能管理

国务院住房城乡建设主管部门负责全国民用建筑节能的监督管理工作,县级以上地方人民政府住房城乡建设主管部门负责本行政区域内民用建筑节能的监督管理工作,国务院住房城乡建设主管部门根据国家节能规划,制定国家建筑节能专项规划;省、自治区、直辖市及设区城市人民政府建设主管部门应当根据本地节能规划,制定本地建筑节能专项规划,并组织实施。

国务院住房城乡建设主管部门根据建筑节能发展状况和技术先进、经济合理的原则,组织制定建筑节能相关标准,建立和完善建筑节能标准体系;省、自治区、直辖市人民政府住房城乡建设主管部门应当严格执行国家民用建筑节能有关规定,可以制定严于国家民用建筑节能标准的地方标准或者实施细则。

鼓励民用建筑节能的科学研究和技术开发,推广应用节能型的建筑、结构、材料、用能设备和附属设施及相应的施工工艺、应用技术和管理技术,促进可再生能源的开发利用。

(1)新型节能墙体和屋面的保温、隔热技术与材料。

(2)节能门窗的保温隔热和密闭技术。

(3)集中供热和热、电、冷联产联供技术。

(4)供热采暖系统温度调控和分户热量计量技术与装置。

(5)太阳能、地热等可再生能源应用技术及设备。

(6)建筑照明节能技术与产品。

(7)空调制冷节能技术与产品。

(8)其他技术成熟、效果显著的节能技术和节能管理技术。

鼓励推广应用和淘汰的建筑节能部品及技术的目录,由国务院住房城乡建设主管部门制定;省、自治区、直辖市住房城乡建设主管部门可以结合该目录,制定适合本区域的鼓励推广应用和淘汰的建筑节能部品及技术的目录。国家鼓励多元化、多渠道投资既有建筑的节能改造,投资人可以按照协议分享节能改造的收益;鼓励研究制定本地区既有建筑节能改造资金筹措办法和相关激励政策。

建筑工程在施工过程中,县级以上地方人民政府住房城乡建设主管部门应当加强对建筑物的围护结构(含墙体、屋面、门窗、玻璃幕墙等)、供热采暖和制冷系统、照明和通风等电气设备是否符合节能要求的监督检查。新建民用建筑应当严格执行建筑节能标准要求,民用建筑工程扩建和改建时,应当对原建筑进行节能改造。

既有建筑节能改造应当考虑建筑物的寿命周期,对改造的必要性、可行性及投入收益比进行科学论证。节能改造要符合建筑节能标准要求,确保结构安全,优化建筑物使用功能。寒冷地区和严寒地区既有建筑节能改造应当与供热系统节能改造同步进行。

采用集中采暖制冷方式的新建民用建筑应当安设建筑物室内温度控制和用能计量设施,逐步实行基本冷热价和计量冷热价共同构成的两部制用能价格制度。供热单位、公共建筑所有权人或者其委托的物业管理单位应当制定相应的节能建筑运行管理制度,明确节能建筑运行状态、各项性能指标、节能工作诸环节的岗位目标责任等事项。供热单位、房屋产权单位或者其委托的物业管理等有关单位,应当记录并按有关规定上报能源消耗资料。鼓励新建民用建筑和既有建筑实施建筑能效测评。

从事建筑节能及相关管理活动的单位,应当对其从业人员进行建筑节能标准与技术等专业知识的培训。建筑节能标准和节能技术应当作为注册城市规划师、注册建筑师、勘察设计注册工程师、注册监理工程师、注册建造师等继续教育的必修内容。

建设单位应当按照建筑节能政策要求和建筑节能标准委托工程项目的设计。不得以任何理由要求设计单位、施工单位擅自修改经审查合格的节能设计文件,降低建筑节能标准。房地产开发企业应当将所售商品住房的节能措施、围护结构保温隔热性能指标等基本信息在销售现场显著位置予以公示,并在《住宅使用说明书》中予以载明。设计单位应当依据建筑节能标准的要求进行设计,保证建筑节能设计质量。施工图设计文件审查机构在进行审查时,应当审查节能设计的内容,在审查报告中单列节能审查章节;不符合建筑节能强制性标准的,施工图设计文件审查结论应当定为不合格。施工单位应当按照审查合格的设计文件和建筑节能施工标准的要求进行施工,保证工程施工质量。监理单位应当依照法律、法规及建筑节能标准、节能设计文件、建设工程承包合同与监理合同对节能工程建设实施监理。

对超过能源消耗指标的供热单位、公共建筑的所有权人或者其委托的物业管理单位,责令限期达标。对擅自改变建筑围护结构节能措施,并影响公共利益和他人合法权益的,责令责任人及时予以修复,并承担相应的费用。

建设单位在竣工验收过程中,有违反建筑节能强制性标准行为的,按照《建设工程质量管理条例》的有关规定,重新组织竣工验收。建设单位未按照建筑节能强制性标准委托设计,擅自修改节能设计文件,明示或暗示设计单位、施工单位违反建筑节能设计强制性标准,降低工程建设质量的,处 20 万元以上 50 万元以下罚款。设计单位未按照建筑节能强制性标准进行设计的,应当修改设计。未进行修改的,给予警告,处 10 万元以上 30 万元以下罚款;造成损失的,依法承担赔偿责任;两年内,累计三项工程未按照建筑节能强制性标准设计的,责令停业整顿,降低资质等级或者吊销资质证书。对未按照节能设计进行施工的施工单位,责令改正;整改所发生的工程费用,由施工单位负责;可以给予警告,情节严重的,处工程合同价款 2% 以上 4% 以下的罚款;两年内,累计三项工程未按照符合节能标准要求的设计进行施工的,责令停业整顿,降低资质等级或者吊销资质证书。

# 单元二　建筑遮阳与自然通风技术

## 一、建筑遮阳

建筑遮阳主要在两个方面对于建筑节能起到重要作用：一方面，遮阳措施能有效阻挡大量的太阳辐射进入室内，降低建筑物夏季空调制冷负荷；另一方面，遮阳板能将直射阳光转化成柔和的漫射光，改善室内光环境质量，从而减少日间人工照明能耗。建筑遮阳的形式和种类非常多，遮阳设施从总体上可分为临时性和永久性两大类。临时性遮阳是指在窗口设置布帘、竹帘、软百叶、帆布篷等；永久性遮阳是指在建筑围护结构上各部位安装的长期使用的遮阳构件。夏季太阳辐射造成室内过热的途径可分为通过窗口直接进入室内和加热外围护结构表面两种。以遮挡太阳辐射传热途径为依据可将建筑遮阳划分为窗口遮阳、屋顶遮阳、墙面遮阳和入口遮阳。

### （一）窗口遮阳（活动、固定）

夏季采取窗口遮阳，可以防止直射阳光进入室内而引起的室内过热。另外，窗口遮阳还可以防止直射阳光引起的炫目现象，防止直射阳光使某些物品变质、老化。窗口遮阳是建筑遮阳技术中最重要和最常见的遮阳方式。

#### 1.按遮阳构件能否随季节和时间变换调节划分

窗口遮阳按照遮阳构件能否随季节与时间变换进行角度和尺寸的调节，甚至在冬季便于拆卸的性能，可以划分为固定式遮阳和活动式遮阳（可调节式遮阳）两大类型。

固定式遮阳经常是结合建筑立面、造型处理和窗过梁位置，用钢筋混凝土、塑料或铝合金等材料做成的永久性构件，常成为建筑物不可分割和变动的组成部分。固定式遮阳的优点在于简单、成本低、维护方便；缺点在于不能遮挡住所有时间段的直射光线，以及对采光和视线、通风的要求缺乏灵活应对性。

与固定式遮阳相反，可调节式遮阳可以根据季节、时间的变化及天空的阴暗情况，任意调整遮阳板的角度；在寒冷季节，为了避免遮挡太阳辐射、争取日照，还可以将其拆除。这种遮阳灵活性大，使用科学合理，因此，近年来在国内外得到了广泛的应用。可调节式遮阳根据调节主体不同，又可分为手控（或遥控）可调节遮阳和自控可调节遮阳。

手控可调节遮阳的优点是造价低、设备简单；缺点是需要工作人员不停地根据室外环境参数进行调节，使室内环境处于最优。手控可调节遮阳往往会由于人为操作的失误而降低其效率，尤其是住宅中由于白天无人控制而使大量热量进入室内，起不到应有的节能效果。自控可调节遮阳常用于公共建筑，优点是能够根据室外日照情况自动调节遮阳板的角度甚至收缩，使室内具有良好的光环境；缺点是造价较高，而且一旦出现故障，修理较困难，从而可能长时间丧失遮阳调节功能。

#### 2.从遮阳的适用范围划分

从遮阳的适用范围划分，窗口遮阳的形式可分为水平式、垂直式、综合式和挡板式四种，如图9-1所示。

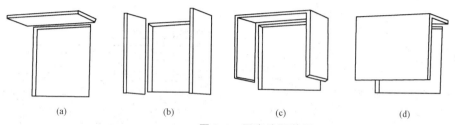

图 9-1 固定遮阳装置

(a)水平式;(b)垂直式;(c)综合式;(d)挡板式

(1)水平式遮阳。水平式遮阳能够有效地遮挡高度角较大的、从窗户上方照射下来的阳光,另一个优点在于合理的遮阳板设计宽度及位置能非常有效地遮挡夏季日光而让冬季日光最大限度地进入室内。

(2)垂直式遮阳。垂直式遮阳能有效地遮挡高度角较小的、从窗侧面斜射过来的阳光,不能遮挡高度角较大的、从窗户上方照射下来的阳光或接近日出日落时分正对窗口平射过来的阳光。它主要适用于东北、西北及北向附近的窗户。

(3)综合式遮阳。综合式遮阳其由水平式及垂直式遮阳板组合而成,能有效地遮挡中等太阳高度角从窗前斜射下来的阳光,遮阳效果比较均匀。这种形式的遮阳适用于东南或西南附近的窗口。

(4)挡板式遮阳。挡板式遮阳为平行于窗口的遮阳措施,能有效地遮挡高度角比较低、正射窗口的阳光。需要注意的是,挡板式遮阳对建筑的采光和通风都有比较严重的阻挡,所以一般不宜采用固定式的建筑构件,而宜采用活动式或方便拆卸的挡板式遮阳。

在实际工程中,遮阳板可以由基本形式演变出造型丰富的其他形式。如为避免单层水平式遮阳板的出挑尺寸过大,可以将水平式遮阳重复设置成双层或多层,如图 9-2(a)所示;当窗间墙较窄时,将综合式遮阳板连续设置,如图 9-2(b)、(c)所示;挡板式遮阳结构建筑物立面处理,或连续、或间断,如图 9-2(d)所示。

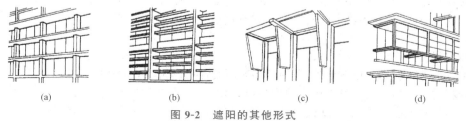

图 9-2 遮阳的其他形式

## (二)屋顶遮阳(固定)

图 9-3 和图 9-4 分别为北京地区全年太阳辐射总量图和广州地区主要朝向的太阳辐射强度图,结合两张图可以看出,在整个建筑围护结构中,水平面接受的太阳辐射量最大,因而对屋顶的遮阳隔热就显得非常必要。从图 9-3 中可以看出,水平屋顶接受的太阳辐射量约是西墙接受辐射量的两倍。屋顶传热形成的空调负荷 $CL$,是在室外综合温度 $t_{sa}$(太阳辐射的当量温度和空气温度的叠加)与室内温度 $t_i$ 之差作用下形成的,即 $CL = KF(t_{sa} - t_i)$,综合温度中的太阳辐射当量温度的峰值通常要接近空气温度峰值的 70%,而通过遮阳技术控制屋顶的太阳辐射照度 $I$,则屋顶的传热负荷可削减近 70%,节能效果十分显著,同时,也大大改善了顶层房间的热环境状况。而且,通过对建筑屋顶的遮阳,可以减小屋顶日温度波幅,从而减小其产生热裂的可能性。

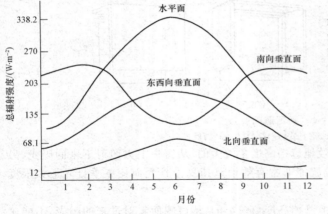

图9-3 北京地区全年太阳辐射总量图

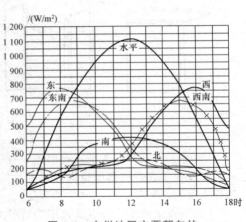

图9-4 广州地区主要朝向的
太阳辐射强度图

### （三）墙面遮阳（固定）

无论对于居住建筑还是公共建筑，外墙作为建筑的主要组成部分，是影响室内热环境和建筑能耗的重要部位。由图9-3和图9-4可知建筑外墙所接受的太阳辐射仅次于屋顶，因而遮阳就显得很有必要。而外墙遮阳设计，尤其是西墙"西晒"怎样处理的问题，一直是整个建筑界非常关注的问题，同时外墙作为整个建筑物最主要的部分，与建筑的整体艺术造型效果息息相关，因而，墙面遮阳设计要综合考虑其遮阳隔热效果和建筑艺术效果。墙体遮阳设计的方法有很多，总体来讲，墙面遮阳主要有以下两种方式。

#### 1. 墙面整体遮阳

墙面整体遮阳要综合考虑遮挡太阳辐射和建筑形体艺术效果。一般的做法有两种：一种是在建筑的外墙外部设置可调节遮阳板或可回收的遮阳帘布；另一种做法是设置"防晒墙"。防晒墙一般用于建筑的东西墙，这面墙完全与建筑脱开，在夏季与过渡季节，可以完全遮挡西晒的直射阳光。同时，防晒墙与建筑主体之间的空隙不仅有利于室内外空气的流通，还可以保证主体建筑室内的均匀天然光照明。

#### 2. 绿化遮阳

除上述的外墙整体遮阳方法外，目前外墙遮阳设计用得较多的是外墙垂直绿化遮阳。落叶植物（树木或藤蔓植物）在夏季可以最大限度地遮挡阳光，而在冬季叶片脱落，阳光可以穿越而进入室内。植物吸收的能量中，40％通过对流扩散，42％通过蒸腾作用扩散，其余的通过长波辐射向外发射。一般来说，藤蔓植物可以让夏季西墙的热流量降低30％。植物绿化遮阳需要注意的问题：一是正确选择植物种类；二要做好植物攀爬使用的固定构件设计，不要让植物直接附着在外墙上，否则既减弱了墙体自身的散热性能，也会使建筑显得形态臃肿，建筑轮廓模糊，容易使建筑产生年老失修的感觉；三要防止藤蔓植物带来的虫害。

### （四）入口遮阳

建筑物入口作为连接建筑室外与室内的过渡空间，除具有很重要的引导功能外，还是进入建筑或经过建筑的人员暂时停留或通过的空间。为了给人们提供一个良好的热环境，需要对建筑入口做遮阳处理。入口遮阳主要有两种方式：一是在入口上方架设水平遮阳构架，以达到遮阳防晒的目的，同时还能防雨；二是通过建筑自身构件形成的阴影实现有效遮阳。

## 二、房间自然通风

建筑物内的通风十分必要，它是决定室内人体健康和热舒适的重要因素之一。合理的建筑自然通风不但可以为人们提供新鲜空气,降低室内气温和相对湿度,促进人体汗液蒸发降温,提高人们的舒适感,而且可以有效减少空调开启时间,降低建筑运行能耗。

### (一)自然通风的降温效果

建筑利用自然通风达到被动式降温的目标主要采用两种方式:一种是直接的生理作用,即降低人体自身的温度和减少因为皮肤潮湿带来的不舒适感。通过开窗将室外风引入室内,提高室内空气流速,增加人体与周围空气的对流换热和人体表面皮肤的水分蒸发速度,增加人体因对流换热和皮肤表面水分蒸发所消耗的热量,这样就加大了人体散热,从而达到降低人体温度、提高人体热舒适的目的,此种自然通风可称为"舒适自然通风",舒适自然通风的降温效果主要体现在人体热舒适的改善方面;另一种是间接的作用,通过降低围护结构的温度,达到对室内人的降温作用。利用室内外的昼夜温差,白天紧闭门窗以阻挡室外高温空气进入室内,同时依靠建筑围护结构自身的热惰性维持室温在较低的水平,夜间打开窗户将室外低温空气引入室内以降低室内空气温度,同时,加速围护结构的冷却为下一个白天储存冷量,这种自然通风可称为"夜间通风"。

### (二)自然通风的设计方法

#### 1. 主导风向原则

为了组织好房间的自然通风,在建筑朝向上应使房屋纵轴尽量垂直于建筑所在地区的夏季主导风向。例如,夏季我国南方在建筑热工设计上有防热要求的地区(夏热冬暖地区和夏热冬冷地区)的主导风向都是南、偏南或东南。因此,这些地区的传统建筑多为"坐北朝南",即房屋的主要朝向多朝向南向或偏南。从防辐射角度来看,也应将建筑物布置在偏南方向。

#### 2. 窗的可开启面积比例

要了解窗的可开启面积对室内通风状况的影响,首先要了解建筑物的开口大小对于房间自然通风的影响。建筑物的开口面积是指对外敞开部分而言,对一个房间来说,只有门窗是开口部分。从表 9-1 中可以看出,如果进、出风口的面积相等,开口越大,流场分布的范围就越大、越均匀,通风状况也越好;开口小,虽然风速相对加大了,但流场分布的范围却缩小了。据测定,当开口宽度为开间宽度的 1/3～2/3,开口的大小为地板面积的 15%～25% 时,室内通风效果最佳,当比值超过 25% 后,空气流动基本上不受进、出风口面积的影响。

表 9-1　进出风口比例不同对室内通风状态的影响

| 进风口面积/外墙面积 | 出风口面积/外墙面积 | 室外风速/(m·s$^{-1}$) | 室内平均风速/(m·s$^{-1}$) | | 室内最大风速/(m·s$^{-1}$) | |
|---|---|---|---|---|---|---|
| | | | 风向垂直 | 风向偏斜 | 风向垂直 | 风向偏斜 |
| 1/3 | 3/3 | 1 | 0.44 | 0.44 | 1.37 | 1.52 |
| 3/3 | 1/3 | 1 | 0.32 | 0.42 | 0.49 | 0.67 |

# 单元三　供热采暖系统节能

## 一、供热采暖系统节能途径

#### 1. 热源部分

提高燃烧效率、增加热量回收,力争将采暖期锅炉平均运行效率达到新节能标准提出的 0.68;热源装机容量应与采暖计算热负荷相符;提高生产(或热力站)运行管理水平,提高运行量化管理。

### 2. 管网部分

管网系统要实现水力平衡;循环水泵选型应符合水输送系数规定值;管道保温符合规定值,效率力争达到新节能标准中提出的 $\eta=0.90$ 的要求。

### 3. 用户末端

提高围护结构保温性/门窗密闭性能;充分利用自由热;室内温度控制,既可以根据负荷需要调节供暖量,又可以调节温度以改变需求量,经济运行。

### 4. 供热采暖按热量计费

只有供热采暖按热量计费,依靠市场经济杠杆,才能使更多的人关注节能,真正落实节能措施,实现节能目标。

## 二、采暖节能方法

### (一)促进辐射热进入室内

#### 1. 满足阳光透过的条件

建筑用地的形状与其他建筑物的位置关系,树木、围墙等,都可能成为妨碍辐射热到达的因素。为不遮挡阳光对其他建筑物和建筑物周围土地的照射,建筑用地最好是向南的斜坡地,或相邻建筑之间留有充足的间距(图9-5)。在建筑物的周围植树时,要根据不同的位置选用不同的树种。建筑物的南侧适宜植落叶树(图9-6),并且最好没有障碍物。但有时为了遮挡外面的窥视视线,又必须设置遮挡物,利用视线水平级差或通过遮挡物的形式挡住视线,但不能妨碍太阳辐射线进入室内。

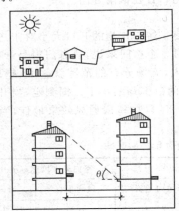

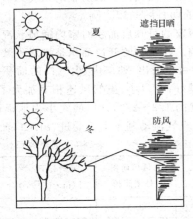

图9-5　向阳斜坡地和相邻建筑的间距　　　　图9-6　建筑物的南侧植落叶树,北侧植常绿树

需要太阳辐射线通过开口部射到室内时,要保证开口的方向和开口面积,并要考虑到开口对热线的透明度问题。一般情况下,朝南设置较大的开口。但由于相邻住户的关系,不便使开口向南时,可以采用设天窗的方法弥补。

#### 2. 形成反射的条件

太阳的辐射虽然很多,但由于它遍布全球,所以辐射密度并不太高。为收集更多的能,要有很大的受热面积,而且只有正好对着太阳的一面才能受热,因此,还必须考虑到利用阳光反射提高能的密度,使背阴的一侧也能得到太阳辐射,即利用物体表面受到太阳辐射时的反射和再辐射。对此,可以研究反射面的面积、反射率(对于热线的反射率及再辐射率)、反射方向等。例如,在建筑物的北侧设反射面(墙壁、陡壁坡、百叶式反射板),也能使北侧的房间得到太阳辐射热(图9-7);或者扩大朝南的开口部位尺寸,增加辐射热的受热面积;或者把受热面上反射出来的辐射线,再返回到受热面上去。

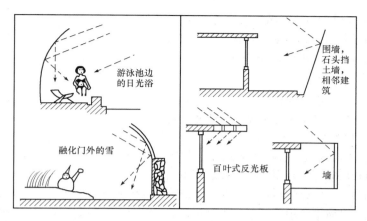

图 9-7　利用反射面得到太阳辐射的方法(这种方法也可以用在室外)

### (二)抑制辐射热损失

#### 1. 从表面的辐射

表面积和外表面材料的辐射、温度差等越小越好。寒冷地区的建筑为了减小表面积,平面方向和立面方向都不做成凹凸形状。在非常寒冷的地方,为了避免散热,有的建筑物根本就不设阳台或女儿墙等凸出的部分,为减小建筑物的表面积,有时把建筑物拐角做成圆弧状,甚至有时把整个建筑物建成穹顶状或拱顶状。

对于像北侧外墙这样的建筑部位,只需要解决辐射热的损失时,用表面光滑的金属板等辐射少的饰面材料,也可以减少热损失。

另外,辐射造成的热损失,因物体之间有温度差产生,所以一个物体的外表面与周围的物体温度相同时,这个物体就不会有热损失。如果提高建筑物的屋顶和墙体的保温性能,尽量降低建筑物的外表面温度,就能减少由辐射造成的热损失。从这一方面,也能解释保温的作用。

#### 2. 从开口部位的辐射

如果考虑与促进辐射线进入室内的场合完全相反的情况,以不设开口为好。在需要采光和眺望时,最好把开口的尺寸控制在必要的最低限度之内。在特殊情况下,例如,在非常寒冷的条件下,可以这样设计,但在一般情况下,还是需要有开口部位的。因此,一般来说,要求开口应有可变性,即在需要有开口时,就把开口打开,在不需要开口的夜间等情况下,为防止辐射线通过开口部位,就可以把开口关闭。对于辐射线来说,开口部位还可做成不透明的,使辐射线向室内产生反射或再辐射。采用这种方法时的可动部位,一般是使用窗帘、百叶窗、推拉门窗、木板套窗等。但是,设可动部位的缺点是需要操作,有操作就要耗能,开闭和收藏时要占用必要的空间,还会有耐久性的问题等。较为理想的是,可动部位的材质可随着外界条件的变化自然地进行变化,但这样的材料很难找到。因此,建议采用操作简单,而且所采用的保温材料不仅能防止辐射传热,也能有效地防止导热传热的方法,如把泡沫塑料的碎块和空气一起吹入双层玻璃之间空隙的方法。

### (三)蓄热效果的利用

太阳辐射和气温等外界条件经常有变动。白天的太阳辐射,根据太阳的高度不同而发生变化;夜间外界气温降低,形成建筑物向外部空间进行辐射;天气不同,太阳辐射、气温、风等也有变化。如果建筑物能把所吸收的热储存起来,在吸热量少的时候使用,就可以减少室内环境条件的波动。另外,如果室内的建筑部位热容量大,在停止暖通空调的运转之后,也不会很快使室内环境条件恶化。这时,最好采用外保温方法。

通过适当地增大屋顶和墙等围护结构的热容量,不仅可以减小室内环境条件随外界条件变化的幅度,而且能够错开向室内散热的时间。如果把时间调配合适,可使室内白天凉快,夜间温暖,这是不用任何设备和可动部分就能得到的。

### (四)抑制对流热损失

关于对流传热,应考虑从部位表面向空气中的热传递、空气的进出和冷风吹到人体上三种现象。其中空气的进出,可以认为是主要的对流传热现象。

建筑物必须设有人出入的开口部位,为了减少热损失,可以采用人能出入但不通风的方法(图9-8),或采取无人出入即刻关门的方法。但一般的建筑,不宜采用过于复杂的结构装置。通常,在设计上采用开门时不让外面的风直接进入室内的方法。

一般的建筑部位不能有缝隙,这是应该考虑到的,但在开口部位很容易出现缝隙。在可动部位和窗框之间,一般可通过采用气密材料进行压接、采用双层窗框或采取关闭木板套窗的方法,冬季等长期不需要打开的时候,也可把接缝贴封起来(图9-9)。一般部位的缝隙量是缝隙率(每单位面积的缝隙量)和全部表面积的乘积,开口部位的缝隙量与其周围长度成正比例。减小建筑物的表面积,也可以减少缝隙。

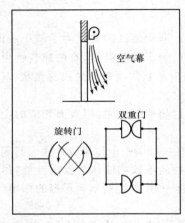

图9-8 人可出入,但不通风

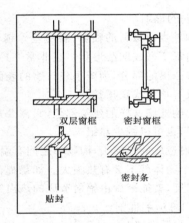

图9-9 堵塞开口部位的缝隙

## 三、供暖空调新途径

人对热环境的感觉65%取决于表面温度,35%取决于空气温度。同时,辐射传热比对流更有效。所以,将供暖空调末端装置改进成辐射式的,是近年来的一项革新技术。其具体方式包括地面辐射供暖、辐射板供热/供冷、独立新风系统+干式风机盘管等。

### (一)地面辐射供暖

地面辐射供暖是目前国内外暖通界公认的最为理想舒适的供暖方式之一。埋管式地面辐射供暖具有温度梯度小、室内温度均匀、垂直温度梯度小、脚感温度高等特点,在同样舒适的情况下,辐射供暖房间的设计温度可比对流供暖房间低2℃~3℃,而且其实感温度比非地面供暖时的实感温度要高2℃,具有明显的节能效果。

目前,地面辐射供暖应用主要有水暖和电暖两种方式,电暖可分为普通地面供暖和相变地面供暖。

### (二)辐射板供热/供冷

安装于顶棚的辐射板供热/供冷装置是一种可改善室内热舒适并节约能耗的新方式。这种装置供热时内部水温 23 ℃～30 ℃,供冷时内部水温 18 ℃～22 ℃,同时,辅以置换式通风系统,采取下送风、风速低于 0.2 m/s 的方式,换气次数 0.5～1 次/h,实现夏季除湿、冬季加湿的功能。

这种装置可以消除吹风感的问题。同时,由于夏季水温较高,而且新风独立承担湿负荷,还可以避免采用风机盘管时由于水温较低容易在集水盘管产生霉菌而降低室内空气品质的问题。

近年来,辐射冷却系统得到了充分发展。按辐射板结构划分,形成了“水泥核心”型、“三明治”型、“冷网格”型等不同辐射板形式。另一方面,不同的通风方式,如传统的混合送风、新型置换通风或个体化送风等,分别与辐射冷却系统配合,构成特点不同的室内环境控制系统。

### (三)独立新风系统＋干式风机盘管

独立新风系统＋干式风机盘管是另外一种新型供暖空调形式。新风承担室内的湿负荷,风机盘管的运行在于工况情况,不再有冷凝水产生,从而使得风机盘管不需要装设凝水盘,结构更加简单和紧凑。

# 单元四　建筑空调节能

## 一、空调节能的重要性

空气调节是将经过各种空气处理设备(空调设备)处理后的空气送入要求调节的建筑物,并达到室内所要求的空气参数,即温度、湿度、速度和洁净度及噪声控制等。

根据不同的建筑特征和工艺要求,采用不同的空调方式(包括空气处理设备和空调系统)。为此,需要消耗的能量很大,据美国对公共建筑和居住建筑能耗的统计,1/4 用于空调,可见空调节能十分重要。

近年来,我国各大城市都在兴建现代化办公楼和综合性服务建筑群(包括商场和娱乐设施)及住宅小区,这些建筑中多需设置空调,因此,空调节能在我国是一个迫切需要解决的问题。

## 二、集中式空调节能途径

集中式空调是由集中冷热源、空气处理机组(又称组合式空调机组)、末端设备和输送管道所组成。由于输送介质参数和方式不同,出现了各种不同的系统形式。无论何种形式,都必须有空气处理和末端设备,因此,空调设备高效节能是必不可少的措施。

### 1. 空间设备节能措施

组合式空调机组是集中式空调方式的主要设备也是主要耗能设备。其技术性能指标 14 项,主要项目是机组的风量、风压、供冷量和供热量,如果匹配不当,耗能较大,而且达不到效果。因此,具体要求如下:

(1)机组风量、风压匹配,选择最佳经济点运行,要求风机噪声低、效率高。

(2)机组整机漏风要少,根据《组合式空调机组》(GB/T 14294—2008)的规定,机内静压保持正压段 700 Pa、负压段－400 Pa 时,机组漏风率不得大于 2%;用于净化空调系统的机组,机组内静压应保持在 1 000 Pa 时,机组漏风率不得大于 1%。

(3)空气热回收设备的利用。空气热回收设备有显热回收器和全热回收器两种,每一种又可分为静止式和转轮式。无论哪一种都是两种不同状态的空气同时进行热湿交换的设备,它主要用于回收空调系统中排风的能量,并将其回收的能量直接传递给新风。在夏季,利用排风或回风比新风温湿度低来降低新风的温湿度。在冬季则相反,利用排风或回风与新风的热交换来提高新风的温湿度。该设备可单独设置在空调新排风系统中，也可作为组合式空调机组的一个功能段，一般可节省新风负荷量70%左右。

20世纪70年代初世界能源危机以来，一些工业发达国家把空气热回收设备的利用作为空调行业的节能措施之一，得到比较广泛的应用。我国从1979年也开始研制这种显热和全热交换器，由于要增加一次投资，同时国内产品较少，目前尚未广泛使用。随着空调节能技术的发展，今后将会很快得到应用。

(4)尽量利用可再生热源如太阳能、地热、空气自身供冷能力等。在春秋季，尽量加大新风量，以节省冷量。因此，在设计空调机组时要考虑加大新风量的可能性。

**2. 空调系统和室内送风方式**

因建筑物功能要求不同，空调系统和末端设备会有很大差别。

(1)公共建筑如体育馆、影剧院、会堂、博物馆、商场等，其特点是人员较多，空间高大，有舒适性空调要求。但空调负荷较大，设计时必须考虑节能措施，室内送风方式可利用下列方式：

1)高速喷口诱导送风方式。由于送风速度大，一般在4~10 m/s，诱导室内空气量多，送风射程长，因而可以加大送风温差，一般可取8 ℃~10 ℃，减少送风量，也就节省能量。

2)分层空调技术。在高大空间建筑物中，利用空气密度随着垂直方向温度变化而自然分层的现象，仅对下部工作区域进行空调，而上部较大空间(非空调区)不予空调或通风排热，经实验和工程实例证明，既能保持下部工作所要求的环境条件，又能有效降低空调负荷，从而节省初投资和运行费用。相对于全室空调而言，一般可节省冷量30%~50%。空间越大，节能效果越显著。

3)下送风方式或座椅送风方式。由于这种下送风方式是由房间下部或座椅风口向上送风，只考虑工作区或人员所在处的负荷，且又是直接送入需要空调部位，因此，这也是一种节能措施，但这种方式只能应用于一般的舒适性空调(如影剧院)等。

(2)对于现代化办公和商业服务建筑群、宾馆等常用空调方式有以下几种：

1)新风机组＋末端风机盘管机组。新风机组＋末端风机盘管机组是目前现代化办公建筑应用最广泛的一种空调方式。这种空调方式的最大特点是灵活性大。对于不同建筑平面布置形式，特别是层高较低时，都可以适应，而且可根据不同朝向房间进行就地控制，不使用房间的空调可关闭，有利于节约能量。

但由于这种方式设计时的新风量是按每人最小新风量乘以设计人数确定的，因此，在春秋季无法充分利用室外空气降温而节约能源，特别是在寒冷地区更为显著。

2)变风量空调方式。变风量空调方式是一种节能空调方式，是按各个空调房间的负荷大小和相应室内温度变化，自动调节各自送风量，达到所要求的空气参数。它可以避免任何冷热抵消的情况，可以利用室外空气冷却(在春秋过渡季节)，节约制冷量。由于变风量空调的冷却量不必按全部冷负荷峰值之和来确定，而是按某一时间各朝向冷负荷之和来确定，因此，它比风机盘管系统冷却能力可降低20%左右。

国外20世纪60年代就开始使用变风量空调方式，一直以来都获得广泛使用，而在我国至今还未大量推广，主要原因是其价格高昂和维护保养技术复杂，比新风机组＋末端风机盘管方式价格高2.5倍。

## 三、中央空调系统节能

中央空调是指集中处理空调负荷的系统形式。空调用冷热量通过一定的介质输送到空调房间。

中央空调系统的节能途径与采暖系统相似，可主要归纳为以下两个方面：一是系统自身，即在建造方面采用合理的设计方案并正确地进行安装；二是依靠科学的运行管理方法，使空调系统真正地为用户节省能源。

### (一)中央空调系统节能新技术

#### 1. "大温差"技术

"大温差"是指空调送风或送水的温差比常规空调系统采用的温差大。大温差送风系统中,送风温差达到 14 ℃~20 ℃;冷却水的大温差系统,冷却水温差达到 8 ℃左右。当媒介携带的冷量加大后循环流量将减小,可以节约一定的输送能耗并降低输送管网的初投资。

#### 2. 冷却塔供冷技术

冷却塔供冷技术是指在室外空气湿球温度较低时,关闭制冷机组,利用流经冷却塔的循环水直接或间接地向空调系统供冷,提供建筑物所需要的冷量,从而节约冷水机组的能耗。这种技术又称为免费供冷技术,它是近年来国外发展较快的节能技术。

### (二)运行管理节能

#### 1. 合理调整室内参数

在运行过程中,可以根据实际的人群特点、室外气候状况来适当调整室内参数。例如,在初夏时节,可以使室内温度位于设计值的低限,如 24 ℃,但当进入盛夏以后,就可以提高到 26 ℃甚至28 ℃,因为这时人们已经适应高温天气,并且这也符合人体健康要求。冬天则反之,入冬时室温可稍高,深冬时节反而可以略微降低一些。

#### 2. 合理设定设备的启动和停止时间

在系统间歇运行时,应根据围护结构、室内物品等的热工特性、气候的变化及房间使用功能等确定预热、预冷的时间和提前停机时间。这往往要在实际运行中总结规律。

#### 3. 调节新风量

新风量负荷占总负荷的比例较大。在实际使用中,并不是每时每刻都需要设计新风量。有的系统利用室内 $CO_2$ 的浓度来进行新风量调节,但这种方法往往并不准确可靠。在一些人员变化有规律的场所,运行人员可以根据人员的变化进行新风量的调节。对于间歇运行的系统,在预冷或预热的过程中,应该关闭新风。在供冷季当室外空气的焓值低于室内空气焓值时,就应该尽量利用新风供冷。此时,应尽可能开启非空调区域的门窗。

#### 4. 管路系统的检漏、检垢

空调系统中的水或空气都是携带冷量或热量的介质。它们从系统中泄漏就直接造成了能量的损失。所以,经常对管路设备进行检查并采取相应措施是很有必要的。在一些保温管道表面,如果泄漏的水打湿了保温材料,就会大大降低保温性能,造成能量损失。当风系统中过滤器上截留的杂物过多时,阻力升高,导致风机压力上升、能耗增加,并且增加了漏风的可能性,应时常对其进行清洗或更换。对于风冷热泵冷热水机组,还要注意保证空气流动的畅通、换热器外表面的清洁和不受腐蚀。

## 单元五　建筑照明节能

### 一、采用高效率节能光源

光源在照明系统节能中是一个非常重要的环节,生产推广优质高效光源是技术进步的趋势,工程中设计选用先进光源又是一个易于实现的步骤。为减少能源浪费,在选用光源方面应遵循以下原则。

**1.尽量减少白炽灯的使用量**

由于白炽灯光效低、能耗大、寿命短,应尽量减少其使用量,在一些场所应禁止使用白炽灯,无特殊需要不应采用150 W以上大功率白炽灯。如需采用白炽灯,宜采用光效高的双螺旋白炽灯、充氪白炽灯、涂反射层白炽灯或小功率的高效卤钨灯。

**2.倡导使用细管径荧光灯和紧凑型荧光灯**

荧光灯光效较高,寿命长,获得普遍应用。在室内照明场所中重点推广细管径(26 mm)T8型、T5型荧光灯和各种形状的紧凑型荧光灯以代替粗管径(38 mm)荧光灯和白炽灯。

**3.积极推广高光效、长寿命的金属卤化物灯和高压钠灯**

在大型公建照明、工业厂房照明、道路照明及室外景观照明工程中,推广使用高光效、长寿命的金属卤化物灯和高压钠灯。逐步减少高压汞灯的使用量,特别是不应随意使用自镇流高压汞灯。

## 二、采用高效率节能灯具及器件

(1)在满足眩光限制要求下,应选择直接型灯具,室内灯具的效率不宜低于75%。应尽量少采用格栅式灯具和带保护罩的灯具,室外灯具的效率不宜低于55%。

(2)根据使用场所的不同采用配光合理的灯具,如蝙蝠翼式配光灯具、块板式高效灯具、多平面反光镜定向射灯等。

(3)选用光通量维持率好的灯具,如反射面涂二氧化硅保护膜,反射器采用真空镀铝工艺,反射板蒸镀反射材料和光学多层膜反射材料等。

(4)采用利用系数高的灯具,所采用的灯具应使光尽量射到工作面上,以提高利用系数。

(5)采用照明与空调一体化的灯具,夏天时灯具所产生的热量不进入室内,由空调系统带到室外,可以减少夏季室内的制冷负荷;而在冬天时,使灯具产生的热量进入室内,以减少冬天空调的制热量,从而减少用电量。

(6)灯具的反射器采用计算机辅助设计(CAD),使其更科学合理,将光充分地从反射器中反射出来,以提高灯具效率。

另外,器件使用上应注意多选用电子镇流器。荧光灯用电感镇流器一般功耗为灯管额定功率的20%,而高强度气体放电灯(HID灯)的镇流器功耗为额定功率的15%～16%。而电子镇流器其本身功耗比电感镇流器降低50%～75%,同时,又具有启动电压低、噪声小、温升低、质量轻、无频闪等优点,节能效果显著。

## 三、选用合理的照明方式

照明度要求较高的场所采用混合照明方式(即一般照明方式与局部照明方式的组合)较为节约电能;少采用一般照明方式,因为该方式较费电能;适当采用分区一般照明方式。在一些场所也可采用一般照明与重点照明相结合的方式,灯具安装在家具上或半隔墙上的照明方式,以及高灯低挂方式。

## 四、照明控制节能

选用适宜的控制方法和控制开关,也可达到节能目的。

(1)合理选择照明控制方式,充分利用天然光的照度变化决定照明的点亮范围。

(2)根据照明使用特点,可采取分区控制灯光,适当增加照明灯的开关点。

(3)采用各种类型的节电开关和管理措施,如定时开关、调光开关、光电自动控制器、节电控制器、限电器、电子控制门锁节电器及照明智能控制管理系统等。

（4）公共场所照明、室外照明可采用集中控制的遥控管理方式或采用自动控光装置等。

（5）低压配电系统设计，应便于按经济核算单位装表计量。

## 五、充分利用天然光

充分利用天然光就是从建筑物的被动采光向积极利用天然光方向发展。

**1.利用各种集光装置进行采光**

（1）反射镜方式。利用设在顶层的反射镜，自动跟踪太阳并将光反射到需要采光的场所。

（2）光导纤维方式。由菲涅尔透镜集光自动跟踪太阳，在透镜的焦点附近设置光导纤维，将所集的太阳光由光导纤维传输到需采光的场所。

（3）导光管方式。利用具有高反射率的导光管，将天然光导入室内。

**2.从建筑设计方面充分利用天然光**

（1）在综合考虑保暖、隔热和空调的情况下，尽量使侧面和顶部的采光面积加大，特别是平天窗式采光窗的采光效率为最高。

（2）利用天井空间采光，可以使面向天井一面的房间得到一定的天然光。

（3）利用屋顶采光，如在全天候的足球场和运动场采用充气透光薄膜屋面采光等。

# 单元六　可再生能源利用与建筑节能

## 一、太阳能与建筑节能

太阳能是新能源和可再生能源中最引人注目、开发研究最多、应用最广的清洁能源，可以说，太阳能是未来全球的主流能源之一。

### （一）太阳能应用的必要性

太阳能是从太阳发出的，以电磁辐射形式传递到地球表面的能量，这些能量可被转换为热能和电能。太阳能具有洁净、环保而且取之不尽、用之不竭的特点，通过对太阳能技术的利用，可以减少采暖、空调和照明以及提供生活热水所使用的常规能源。当代世界太阳能科学技术发展有两大趋势：一是光电与光热的结合；二是太阳能与建筑的结合。太阳能建筑系统是绿色能源和新建筑理念两大革命的交汇点，太阳能是人类未来最适合、最安全、最理想的替代能源。

但太阳能也有其缺点：一是太阳辐射的能量密度较低，在开发利用太阳能时需要较大的采光面积；二是太阳能有一定的局限性。由于夜晚得不到太阳辐射，需要考虑配备储能设备供夜晚使用，或增加辅助热源，才能全天使用；三是太阳能具有不稳定性。太阳能随天气变化而变化，再加上季节的变异及其他因素，都会影响太阳能利用的稳定性。所以，在利用太阳能的领域，储存能量技术是关键，必须加强研究。

### （二）太阳能在建筑节能中的应用形式

太阳能利用技术与建筑一体化的设计应做到在建筑设计过程中，把太阳能设备作为建筑中的一个不可缺少的构件来考虑，使建筑美学与太阳能技术有机结合。目前，太阳能在建筑节能领域主要的应用形式有太阳能采暖技术、太阳能热水器、太阳能光电利用、太阳能热泵和空调等。

是否采用机械设备获取太阳能是区分主动式、被动式太阳能建筑的主要标志。把通过适当的建筑设计无须机械设备获取太阳能采暖的建筑称为被动式太阳能建筑；而需要机械设备获取太阳能采暖的建筑称为主动式太阳能建筑。

## 二、热泵节能技术

所谓"热泵",就是利用高位能,使热量从低位热源流向高位热源的节能装置。目前,热泵技术已经应用于住宅、公共建筑及工业建筑中以提供暖通空调所需的热量。

### (一)地源热泵系统

#### 1. 地源热泵空调系统

地源热泵空调系统是一种通过输入少量的高位能,实现从浅层地能(土壤热能、地下水或地表水中的低位热能)向高位热能转移的空调系统,它包括使用土壤、地下水和地表水作为低位热源(或热汇)的热泵空调系统。

#### 2. 地埋管地源热泵系统

地埋管地源热泵系统是一种利用地下浅层(400 m)以上土壤热的高效节能空调系统。地源热泵系统主要由两部分组成,一部分是由地表以上的水源热泵机组构成;另一部分由埋设于地表下的换热盘管构成。

### (二)空气源热泵系统

空气源热泵使空气侧温度降低,将其热量传送至另一侧的空气或水中,使其温度升至采暖所要求的温度。由于此时电用来实现热量从低温向高温的提升,因此,当外温为 0 ℃时,1 kW/h 电可产生约 3.5 kW/h 的热量,效率为 350%。考虑发电的热电效率为 33%,空气源热泵的总体效率约为 110%,高于直接燃煤或燃气的效率。该技术目前已经很成熟,实际上现在的窗式和分体式空调器中相当一部分(即通常的冷暖空调器)都已具有此功能。

与其他热泵相比,空气源热泵的主要优点在于其热源获取的便利性。只要有适当的安装空间,并且该空间具有良好的获取室外空气的能力,该建筑便具备了安装空气源热泵的基本条件。

### (三)太阳能热源热泵系统

太阳能热源热泵采暖就是将太阳能集热器和热泵组合成一个系统,由太阳能为热泵提供所需要的热源,并将低品位热能提升为高品位热能,为建筑物进行供热。例如,利用太阳能集热器使水温达到 10 ℃~20 ℃,再用热泵进一步将水温提高到 30 ℃~50 ℃,满足建筑物采暖的要求。因此,太阳能热泵采暖系统仅消耗少量电能而得到几倍于电能的热量,可以有效地利用低温热源,减少集热器面积,延长太阳能采暖的使用时间。

## 三、风能与建筑节能

风是人类最常见的自然现象之一,风形成的主要原因是太阳辐射所引起的空气流动。到达地球表面的太阳能约有 2% 转变成风能。

风能是目前最有开发利用前景和技术最为成熟的一种新能源和可再生能源。地球上的风能资源十分丰富,可以利用的风能储量约为 2.53 亿 kW。

风能利用的主要形式如下。

#### 1. 风力发电

风力发电是目前使用最多的形式,其发展趋势:一是功率由小变大,陆上使用的单机最大发电量已达 2 MW;二是由一户一台扩大到联网供电;三是由单一风电发展到多能互补,即"风力—光伏"互补和"风力机—柴油机"互补等。

#### 2. 风力提水

我国适合风力提水的区域辽阔,提水设备的制造和应用技术也非常成熟。我国东南沿海、内蒙古、青海、甘肃和新疆北部等地区,风能资源丰富,地表水源也丰富,是我国可发展风力提水的较好区域。风力提水可用于农田灌溉、海水制盐、水产养殖、滩涂改造、人畜饮水及草场改良等,具有较好的经济、生态与社会效益,发展潜力巨大。

### 3.风力致热

风力致热与风力发电、风力提水相比,具有能量转换效率高等特点。由机械能转变为电能时不可避免地要产生损失,而由机械能转变为热能时,理论上可以达到100%的转换效率。

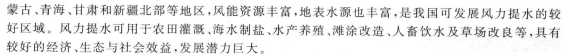

## 模块小结

本模块主要介绍了建筑节能工程的各种方法与途径。节能建筑是按节能设计标准进行设计和建造,使其在使用过程中降低能耗的建筑。为了今后的可持续发展,应积极采取措施发展节能建筑。本模块是对现有建筑节能施工技术的一个概要介绍,应明确未来建筑发展的方向,掌握相关的施工方法与途径。

## 思考与练习

### 一、填空题

1.节能建筑是按节能设计标准进行设计和建造,使其在使用过程中_____的建筑。

2.以遮挡太阳辐射传热途径为依据可将建筑遮阳划分为_____、_____、_____和_____。

3.从遮阳的适用范围划分,窗口遮阳的形式可以分为_____、_____、_____和_____四种。

4.寒冷地区的建筑,为了减小表面积,平面方向和立面方向都不做成_____。

5.机内静压保持正压段700 Pa,负压段-400 Pa时,机组漏风率不得大于_____。

### 二、问答题

1.简述建筑节能的三层含义。

2.简述绿色建筑与普通建筑的区别。

3.自然通风的降温效果有哪些?

4.供热采暖系统节能途径有哪些?

5.什么是地面辐射供暖?

6.充分利用天然光进行建筑照明节能的措施有哪些?

7.简述太阳能应用的优缺点。

## 参考文献

[1]杨正凯,张华明.建筑施工技术[M].北京:中国电力出版社,2009.

[2]吴洁,杨天春.建筑施工技术[M].北京:中国建筑工业出版社,2009.

[3]钟汉华,李念国.建筑施工技术[M].北京:北京大学出版社,2009.

[4]郭正兴.土木工程施工[M].南京:东南大学出版社,2007.

[5]刘宗仁.土木工程施工[M].北京:高等教育出版社,2003.

[6]郑天旺,李建峰.土木工程施工[M].北京:中国电力出版社,2005.

[7]刘建明,韩明.土木工程施工[M].天津:天津大学出版社,2004.